弗洛伊德论自我意识

Sigmund Freud

[奥地利] 西格蒙德·弗洛伊德 著

石磊 编译

中国商业出版社

图书在版编目（CIP）数据

弗洛伊德论自我意识／（奥）西格蒙德·弗洛伊德著；石磊编译. —北京：中国商业出版社，2016.2（2021.6 重印）
ISBN 978 – 7 – 5044 – 9269 – 2

Ⅰ．①弗…Ⅱ．①弗…②石…Ⅲ．①弗洛伊德，S.（1856～1939）—自我意识—研究Ⅳ．①B84 – 065

中国版本图书馆 CIP 数据核字（2016）第 021086 号

责任编辑　姜丽君

中国商业出版社出版发行
010 – 63180647　www.c – cbook.com
（100053　北京广安门内报国寺 1 号）
新华书店经销
三河市悦鑫印务有限公司
＊　＊　＊　＊
890 毫米×1260 毫米　16 开　16 印张　234 千字
2016 年 4 月第 1 版　2021 年 6 月第 3 次印刷
定价：48.00 元
＊　＊　＊　＊
（如有印装质量问题可更换）

序

弗洛伊德是一位离经叛道的精神分析大师。他像一个幽灵在我们这个时代已经徘徊了很久，像人类历史上许许多多的人物一样，他们的出现都没有受到人们的欢迎，不是被视为"异类"，就是被视为"洪水猛兽"。他们的思想也往往被人们误解和歪曲，遭到世人的冷落和唾骂。幸运的是，并非所有人的思想都是那么狭隘、那么虚伪和目光短浅，社会的进步使这位精神病理学家有了一定的发展空间，尽管目前人们还没有完全看到其学说的意义，但他创造的心理分析理论，作为现代心理学中的一个重要流派，因其在治疗神经官能症中的运用和广泛传播，得到了人们越来越广泛的认同。

心理分析理论的产生和任何学说一样都不是偶然的，无论是荒诞的理论还是科学的学说，都不可能是学者的凭空杜撰，它必然是学者用心观察世界，用心观察现实，脚踏实地地研究具体对象的结果。弗洛伊德从研究病人的病理出发，窥探到了人类心灵世界中的秘密。此可谓是一个伟大的创举，这也是使他的理论赢得世人瞩目的原因，尽管也有人把他贬得一文不值，甚至把他说成是写淫秽作品的"下流作家"，但他却拥有了众多的读者和崇拜者；其心理分析也成为了心理学领域最有影响、最重要的派别。

第一次世界大战以后，心理分析理论逐渐渗透到文学、哲学、艺术、教育、宗教各领域，在随后的几十年中，得到了更广泛的传播，并影响到社会科学各领域和社会生活的各方面。可以说，凡是与人类精神生活有关的文化科学活动，以及探讨人类命运和本质的各种学说，几乎都或多或少地受到了心理分析理论的影响。

弗洛伊德的书成了最畅销也最流行的书。他虽然还没有摆脱饱受争议的阴影，但作为20世纪最重要的思潮——弗洛伊德主义的创造人，他成为了当时最伟大的心理学家、精神病理学家。然而这只是弗洛伊德主义最表面的反应，当这个理论在社会及各个文化领域得到了更深层次的反应后，弗洛伊德主义更上一层楼，从而汇入了20世纪哲学非理性主义的思潮，并为非理性主义哲学提供了心理学和生物学的根据。因为以心理分析学说为基础的弗洛伊德主义能深入到人的内心世界，表达了人存在的性质，确定了文明的使命，在现代西方哲学思想发展史上，成为了一种最有声望的思想体系。弗洛伊德的名字，甚至时常与哥白尼、达尔文、爱因斯坦等伟大科学家联系在一起，也因此有人把他称为20世纪最伟大的天才。

在人类漫长的发展历程中，科学方法是最有价值的贡献。弗洛伊德的学说发展了一种新的理论工具，开辟了一个新的知识领域——人的内在生活。虽然这些发现是在解除精神创伤的过程中获得的，但它们依然有助于我们对日常活动、对创造性劳动的理解，因为我们的心理生活带有如此浓重的痛苦色彩，我们的成功需要超越理性的原动力。人的成功发展，除了需要理性的思考、理性的热情以外，更需要本能的冲动、非理性的热情。在弗洛伊德看来，理性维持着人们现实生活稳定的秩序和健康的发展，而非理性则是在人们最关键的时候，爆发出的有力冲刺。尽管大多数时候，本能都直接地影响着人们的行为，甚至是歪曲地反映在人们的生活中，但它的最终爆发，是必不可少的。长期的压抑，不仅会导致疾病而且也是违反人性的。本书首次把社会发展和人的本能的冲突与对抗明确地提出来，并试图找到互相妥协的可能与意义，这是为了更进一步地了解弗洛伊德的人性本能对个人成功奋斗的意义。

在弗洛伊德看来，决定人类生活目的（或是人性本能）的是快乐原则。这个原则一开始就控制了人的精神器官的活动。而文明则是对本能的限制，但弗洛伊德并没有否认文明是人类的进步。在他看来，所谓的幸福就是被深深压抑的那些本能需要的满足。文明虽然不一定具有获得幸福的手段之价值，但它却把人类的生活与人类祖先类人猿的动物性区别开来。在弗洛伊德看来，文明可以从两个方面来考察：第一个方面，人类改造自然的活动具有文化性质；第二个方面，工具是推动人类文明的强大动力。弗洛伊德说："文明不过是意指人类对自然之防卫及人际关系之调整所累积而造成的结果。""如果我们追溯过去，我们发现文明的最初行动是使用工具，控制火和建造住房……每一种工具的使用都使人类改善了他的运动器官或感觉器官，或者说消除了这些器官的限制。运用工具为人提供巨大的力量，就如同人们可以随心所欲地使用肌肉一样。有了船和飞机，水和空气就不能阻碍人的运动；有了眼镜，人纠正了眼球晶体的缺陷；有了望远镜，人看到了很远的地方；有了显微镜，人克服了视网膜结构造成的视力限制；在照相机中，人创造了一种可以保留转瞬即逝的视觉印象的仪器，就像唱片可以保留转瞬即逝的听觉印象一样。"弗洛伊德从物质工具的进步出发，来探讨文明的关系，是难能可贵的。在这里，弗洛伊德的主张与马克思主义是一致的，都认为推动人类社会进步的动力是生产力，是以工具的进步为标志的生产力。

弗洛伊德在强调工具的推动作用时，并没有忽视人的作用，他强调文明的一个重要特点是调节人际关系以及人的社会联系的方式。他认为，在人类进入文明社会之前，社会关系受个人随心所欲地支配，体格比较强壮的人根据自己的利益和本能冲动来决定社会关系。进入文明社会以后，集体的力量被认为是正确的。个体的力量被集体的力量所代替是文明发展中具有决定意义的一步。文明的进一步发展似乎使法律不再代表一个小集体的意愿，即一个等级或者人类一个阶层或者一个种族群体的意愿，最终的结果便是所有的人通过牺牲他们的本能创造了法律规则。

在这里，弗洛伊德清楚地肯定了集体力量在文明中的作用，看到了社会对人类文明发展的意义。同时，我们要意识到在创造性的探索活动中，即个人成功的最有前途的领域，理性与非理性是人的两条腿。理性离不开非理性，非理性亦离不开理性。它们的相互作用，才是成功的保证，人类的活动一面是走向未来，一面是走进历史，我们在看到文明的未来的同时，也会看到我们对文明的不满。

本书本着通俗易懂、短小精练、哲理性强、寓意深刻的原则，从弗洛伊德早中晚三个时期的主要作品中编译了42个经典名篇，并参考了一些英译本。为了适合读者要求，我们在编译的过程中，对个别篇幅较长的文章按其层次添加了部分标题，使读者更易于理解，若有因句子段落的删节而使论述有欠或标题立意有欠缜密之处请读者见谅。

最后尚需说明的是，由于时代的局限和弗洛伊德个人的偏见，本书一些作品中的唯心主义和自然主义表现得比较明显，有些观点和论述显然是错误的，请读者在阅读中予以鉴别，取其精华，去其糟粕。

目录

- 一、自我和本我 …………………… 001
- 二、自我和超我 …………………… 007
- 三、意识与潜意识 ………………… 015
- 四、无意识的现象 ………………… 019
- 五、暗示与力比多 ………………… 025
- 六、等级区别 ……………………… 029
- 七、压抑的状态 …………………… 033
- 八、悲痛与抑郁 …………………… 040
- 九、理智的判断 …………………… 048
- 十、诙谐的作用 …………………… 054
- 十一、心理能量的释放 …………… 059
- 十二、梦的神秘 …………………… 067
- 十三、心理感应 …………………… 071
- 十四、梦的解释 …………………… 073
- 十五、记忆的特性 ………………… 080
- 十六、遗忘的本因 ………………… 086
- 十七、痛苦的记忆 ………………… 093

十八、数字和迷信⋯⋯⋯⋯⋯⋯ 101

十九、数字与名字⋯⋯⋯⋯⋯⋯ 108

二十、我与别人的区别⋯⋯⋯⋯ 111

二十一、对口误的讨论⋯⋯⋯⋯ 119

二十二、依赖关系⋯⋯⋯⋯⋯⋯ 123

二十三、认同作用⋯⋯⋯⋯⋯⋯ 131

二十四、两类本能⋯⋯⋯⋯⋯⋯ 135

二十五、爱和催眠⋯⋯⋯⋯⋯⋯ 141

二十六、女性气质⋯⋯⋯⋯⋯⋯ 145

二十七、兴趣的转移⋯⋯⋯⋯⋯ 151

二十八、成熟女性的心理特质⋯ 159

二十九、自恋倾向⋯⋯⋯⋯⋯⋯ 163

三十、性欲的本能⋯⋯⋯⋯⋯⋯ 171

三十一、宗教与艺术⋯⋯⋯⋯⋯ 176

三十二、幸福与痛苦⋯⋯⋯⋯⋯ 179

三十三、对于文明的理解⋯⋯⋯ 186

三十四、爱的态度⋯⋯⋯⋯⋯⋯ 195

三十五、良心与内疚⋯⋯⋯⋯⋯ 199

二十六、特殊群体⋯⋯⋯⋯⋯⋯ 207

三十七、原始群体⋯⋯⋯⋯⋯⋯ 212

三十八、群居本能⋯⋯⋯⋯⋯⋯ 216

三十九、共同的特性⋯⋯⋯⋯⋯ 220

四十、宇宙观的取向⋯⋯⋯⋯⋯ 223

四十一、科学的回答⋯⋯⋯⋯⋯ 231

四十二、生活的真正价值⋯⋯⋯ 238

一、自我和本我

病理学的研究把我们的兴趣完全集中到被压抑的方面。"自我"这个词在其本来意识上也是潜意识的，我们就希望更多地了解自我。到目前为止，从事研究唯一的指导是区分意识和潜意识的不同特点，最后我们却发现这个性质本身的意义就不明确。

现在我们的一切知识都总是和意识密切相连的，即使潜意识的知识也只有使它成为意识的才能获得。这是怎样成为可能的呢？当我们说"使它成为意识"的时候，这是什么意思呢？它是如何发生的呢？

就此而言，我们已经知道在这一方面必需的出发点是什么。意识是心理结构的外表。也就是说，人们把它作为一种能划归在空间上最靠近外部世界的系统了。

从外部（感知觉）和内部——我们称为感觉和情感——获得的一切知觉从一开始就是意识的。但它是怎样在思维过程的名义下和我们可以——模糊地、不确切地——概括起来的那些内部过程联系起来呢，它们代表心理能量的移置，而这种能量在付诸行动的过程中，就在结构内部的某个地方获得了。它们是向着允许意识发展的外表前进呢，还是意识向着它们走来？这显然是当一个人开始严肃地采用心理生活的空间概念，或心理地形学的概念时所遇到的困难之一。这两种可能性同样都是不可想象的，要解决这个问题必须要有一个第三种可能性。

潜意识观念和前意识观念之间的真正差别就在于此：前者是在未被认识到的某种材料中产生出来的，而后者则另外和言语表象联系着。这是为前意识和无意识系统，而不是为它们和意识的关系，找到一个明显标记的第一次尝试。于是把"一件事情怎样成为意识的呢"这个问题说成"一件事情怎样成为前意识的"就可能更有利。且答案就会是:"通过和与之相应的言语表象建立联系而成的。"

这些言语表象就是记忆痕迹:它们一度曾经是知觉,像一切记忆痕迹一样,它们是可以再次成为意识的。在进一步论述其性质之前,我们开始认识到一个新的发现,即只有那些曾经是意识知觉的东西才能成为意识的,从内容(情感除外)产生的任何东西,要想成为意识的,必须努力把自己转变成外部知觉:这可以通过记忆痕迹的形式来实现。

我们把记忆痕迹想象为包含在直接与前意识——意识知觉系统相连的系统中,这样,关于记忆痕迹的精力贯注就可以很快地扩展到后一系统的成分上,这里立刻使我想起了幻觉,想起了这个事实,即最生动的记忆总是可以从幻觉中又能从外部知觉中区分出来的。但是我们还将发现,当一个记忆恢复时,记忆系统中的精力贯注仍将有效,而当精力贯注不仅从记忆痕迹向前意识知觉的成分扩展,而且完全越过了它时,就会产生一种不能从知觉中区分开来的幻觉。

言语痕迹主要是从听知觉获得的,这样就可以说,前意识系统有一个特殊的感觉源。言语表象的视觉成分是第二位的,是通过阅读获得的,可以把它先放在一边,除了聋哑人之外,那些起辅助作用的词的感觉运动表象也是这样的。一个词的实质毕竟是被听见的那个词的记忆痕迹。

我们决不要为了简化而被引入歧途,以致忘记了视觉记忆痕迹的重要性——那些(和语词不同的)东西的重要性——或者否认通过视觉痕迹的恢复,思维过程就能成为意识的。在许多人看来,这似乎是一种适当的方法。在沃伦冬克的观察中,研究梦和前意识幻想就能向我们提供这种视觉思维的特殊性质的观念。我们知道,成为意识的一般说来只是具体的思维主题,但却不能对这个使思维具有独特特点的主题——各成分之间的关系做出视觉的反映。因此,图像思维只是成为意识的一种很不完全的形式。在某种程度上,它比言语思维更接近于潜意识过程,而且毫无疑问在个体发生和种系发生上都比后者更加古老。

如果本身就是潜意识的东西借以成为前意识的方法，那么对于被压抑的东西怎样才能成为（前）意识的这个问题，我们就可以做出如下回答：通过分析工作来提供前意识的中间联系就可以做到。因此，意识就保持在原位；但潜意识不上升到意识中。

鉴于外部知觉和自我之间的关系是相当清楚的，而内部知觉和自我之间的关系则需要做特别的研究，它再次引起了一种怀疑，即把整个意识归属于一个前意识知觉——意识的外表系统是否真有道理。

内部知觉产生过程感觉，而过程感觉是以多种多样的形式，当然也是从心理结构的最深层产生的。关于这些感觉和情感我们所知甚少，我们所知道的关于它们的最好例子还是那些属于快乐、痛苦系列的东西。它们比从外部产生的知觉更主要、更基本，甚至当意识朦胧不清时它们也能产生。我曾在别处对其伟大的经济学意义及其心理玄学的基础表示过我的观点。这些感觉就像外部知觉一样是多层次的，它们可能同时来自不同的地方，并可能因此具有不同的，甚至相反的性质。

快乐性质的感觉并不具有任何内在推动性的特点，而"痛苦"的感觉则在很大的程度上具有这种性质。后者促进变化，促进释放，这就是为什么我们把"痛苦"解释为提高能量贯注，把快乐解释为降低能量贯注的原因。假设我们把在快乐和"痛苦"形式下成为意识的东西，描述为在心理事件过程中的一种量和质"都尚未确定的成分"，那么问题就会是，该成分是否能在它实际所在的地方成为意识的，或者是否必须先把它转换到前意识知觉系统中。

临床经验做了对后者有利的决定，它向我们表明这个"未确定的成分"的举动就像一个被压抑的冲动。如果自我不注意强制，它就会施加内驱力。直到对该强制产生抵抗，释放行动被阻止，这个"未确定的成分"才能迅速成为"痛苦"的意识。同样，由身体需要而产生的紧张可保持为潜意识的，身体的痛苦也可如此——它是介于内外知觉之间的一种东西，甚至当其根源在外部世界时，它行动起来也像一种内部知觉。因此，它再次真实地表明，感觉和情感只有到达前意识知觉系统才能成为意识的。如果前进的道路受阻，即使在兴奋过程中与它们一致的那个"不确定的成分"和它们做的一样，它们也不会作为感觉出现。于是我们就以一种凝缩的，并不完全正确的方式来谈论潜意识情感，它是和并不完全正确的潜意识观念相似的。实际上差异在于，和潜意识观念的联系必须在它们被带入意识之前就得形成，而对本身可以直接转换的情感来说则无此必要了。换句话说，意识和前意识的区分对情感来讲是没有意义的，前意识在这里可以不予考虑——情感要么是意识的，要么是潜意识的。甚至当它们和言语表象联系在一起时，它们之所以成为意识的也并非由于那种情况，而是直接这样形成的。

言语表象所起的作用现在已完全清楚了。由于它们的作用，内部思维过程变成了知觉，它就像对该原理的证明一样，即一切知识在外部知觉中都有其根源。有时会出现这种情况，即发生思维过程的过度贯注，在这种情况下，思想是在实际意义上被感知的——好像这些词来自外界一样——并因此被认为是真实的。

在对外部知觉与内部知觉和前意识知觉——意识的表面系统之间的关系作了这种阐述之后，我们就可以继续研究自我概念了。我们发现这显然要从它的中心，前意识知觉系统着手，并且一开始就要抓住接近记忆痕迹的前意识。但这个自我，如我们所知，也是潜意识的。

有一个作家从个人动机出发，徒劳地坚持认为他和纯科学的严密性不相干，现在我认为，遵照他的建议我们将得到很多好处。我说的是乔治·格劳代克。他坚持认为，在我们所谓自我的生活中表现出来的行为基本上是被动的，正如他所表明的，我们是在不知道的、无法控制的力量下"生活"着。我们都有同样的印象，即使它们没能使我们不顾其他一切情况，在为格劳代克的发现在科学结构中找到一席之地，我们觉得没有必要犹豫不决。我提议通过回忆从前意识知觉系统出发，以及从作为前意识的自我开始，并且步格劳代克的后尘，将"本我"的名字赋予心理的另一部分。从回忆这个实体加以考虑，该实体向其他部分扩展，而其他部分行为就好像是潜意识的。

不久我们将看到这个概念是否在理解上使我们有所收获，或者在描述目的方面给我们带来了什么好处。现在将一个人看作一个未知的、潜意识的心理本我，在它的外表就是从其中心，从前意识知觉系统发展而来的自我。如果我们努力对此加以形象化的想象，我们就会补充说，自我并不包括整个本我，但只有这样做才能在一定程度上使前意识知觉系统形成（自我的）外表，这多少有点像卵细胞上的胚胎层。自我并未同本我截然分开，它的较低部分拼合到本我中去了。

但是被压抑的东西也合并到本我中去了，并且简直就是它的一部分。被压抑的东西只是由于压抑的抵抗作用而和自我截然隔开，它可以通过本我而和自我交往。我们立即认识到通过对病理学的研究所勾画出来的几乎一切界限，都只和心理结构的表面水准有关——这是我们所知道的唯一水准。虽然必须说明所选定的形式对任何特殊应用来说没有任何夸张，而只想为说明的目的服务。

我们或许可以补充说，自我有一个掌管听觉的脑叶，正如我们从脑解剖中所知道的，它只在一边有，正如人们所说的，它是歪斜的。

显而易见，自我是本我的一部分，即通过前意识知觉——意识的媒介已被外部世界的直接影响所改变的那一部分。在一定意义上说它是表面——分化的一种扩展。再者，自我有一种把外界的影响施加给本我的倾向，并努力用现实原则代替在本我中占主导地位的快乐原则。在自我中，知觉起的作用就是在本我中转移给本能的作用。自我代表我们所谓的理性和常识的东西，它和含有热情的本我形成对照。所有这一切都和我们所熟悉的通常的区别一致，但同时只能认为这种区别在一种平均的或"理想的"情况下才适用。

自我把对能动性的正常控制转移给本我。这样在它和本我的关系中，自我就像一个骑在马背上的人，它得有控制马的较大力量，所不同的是，骑手是通过寻求用自己的力量做到这一点的，而自我则使用借力。如果一个骑手不想同他的马分手，常常被迫引导它到它想去的地方。同样如此，自我经常把本我的希望付诸实施，好像是它自己所希望的那样。

看来除了前意识知觉系统的影响之外，还有另一个因素已经对形成自我并使之从本我中分化出来起了作用。一个人的身体本身，首先是它的外表，是外部知觉和内部知觉都可由此产生的一个地方。这一点可以用像任何其他客体一样的方式看到，但它把两种感觉让给了触觉，其中一种相当于内部知觉。心理生理学已全面讨论了身体以此在知觉世界的其他客体中获得其特定位置的方式。痛苦似乎在这个过程也起作用，我们在病痛期间借以获得的关于器官的新知识的方式，或许就是获得自己身体观念的原型。

自我首先是一个身体的自我，它不仅是一个表面的实体，而且还是一种表面的投射。如果我们想为它找一种解剖学上的类比，就可以很容易地把它等同于解剖学家所谓的"大脑皮层上的小人"，它在大脑皮层上是倒置的，它脚朝天，脸朝后，左侧是它的语言区。

自我和意识的关系前文已经多次探究过了，但在这方面还有一些重要的事实有待描述。由于我们习惯于不论走到哪里，都携带着我们的社会和道德的价值标准，因此，当我们在无意识中看到低级情欲的活动场所时，我们并不感到惊讶；另外，任何心理功能在我们的价值量表上级别愈高，就会愈容易发现它接近意识的道路。但是这里精神分析的经验却使我们失望。我们有证据表明，即使一般要求努力集中精力的精细的和复杂的智力操作，也同样可以在前意识中进行，而不必进入意识。这种例子是无可争辩的。例如，它们可以在睡眠状态中出现，如我们所表明的，当某人睡醒后立即发现，他知道了一个几天前还苦苦思索的困难的数学问题或其他问题的解决方法。

但是还有另一个更奇怪的现象。在我们的分析中，我们发现在某些人身上自我批评和良心的官能——这是一些心理活动，即作为特别高级的活动——是潜意识的，并且潜意识地产生着最重要的影响。因此，在分析中保持潜意识抵抗的例子决不是唯一的。这个新的发现不管我们自我批判如何，都强迫我们谈论一种"潜意识罪疚感"。这比其他发现更使我们糊涂得多，而且产生了新的问题，特别是当我们逐渐发现，在大量的神经官能症里，这种潜意识的罪疚感起着决定性的实际作用，并在疾病恢复的道路上设置了最强大的障碍物。如果重返我们的价值量表，我们就不得不承认在自我中不仅最低级的东西，而且最高级的东西也可以是潜意识的。就像是给我们提供了一个我们刚刚断言的有意识自我的证明，即它首先是一个身体的自我。

二、自我和超我

如果自我只是被知觉系统所影响,即真正外部世界在心灵中的代表所改变的本我的一部分,那么我们要处理的事态就很简单了。但情况却是更为复杂的。

我们假定在自我之中存在着一个等级,一个自我内部的分化阶段,可以称为"自我理想"或"超我",对这个问题的看法我已在别处提出过了,它们仍然适用。现在必须探究的新问题就是,自我的这一部分和意识的联系不如其他部分和意识的联系密切。

在这一点上,必须稍微扩大一下我们的范围。我们通过假设(在那些患忧郁症的人里面),失去了的对象又在自我之内恢复原位,也就是说,对象贯注被一种认同作用所取代,这样我们就成功地解释了忧郁症的痛苦障碍。然而,在当时,我们并没有意识到该过程的全部意义,也不知道它的平凡和典型程度如何。自此我们开始理解,这种替代作用在确定自我所具有的形式方面起着重要的作用,在形成它的所谓"性格"方面也做出了很大的贡献。

最初,在人一生的原始口欲期,对象贯注和认同作用无疑是很难相互区别开来的。我们只能假设,对象贯注在以后是从本我中产生的,在本我中性的倾向是作为需要而被感觉到的。在开始的时候还很不强壮的自我后来就意识到了对象贯注,并且要么默认它们,要么试图通过压抑过程来防备它们。

当一个人不得不放弃一个性对象时,在他的自我中常常会发生一种变化,这种变化只能被描述为对象在自我之内的一种复位,就像在抑郁症里发生的那样,这种替换的确切性质迄今尚未为我们所知。通过这种心力内投，一种退行到口欲期的机制，可能使自我更容易放弃一个对象，或使该过程更容易成为可能。这种认同作用甚至可能是本我能够放弃其对象的唯一条件。无论如何，这个过程，特别是在发展的早期阶段，都是一个经常发生的过程，它说明了这个结论，即自我的性格就是被放弃的对象贯注的一种沉淀物，它包含着那些对象——选择的历史。当然从一开始就必须承认，有各种程度的抵抗能力，正如在某种程度上所表明的，任何特殊人物的性格都在一定程度上接受或抵抗其性对象选择的历史的影响。在有过多次恋爱经历的女人中，似乎并不难在其性格特质中发现其对象贯注的痕迹。我们也必须考虑同时发生的对象贯注和认同作用的情况——也就是说，在这种情况下，对象被放弃之前，它还会发生性格上的变化。在这种情况下，性格的变化将能从对象关系中幸存下来，并且在某种意义上保存它。

从另一种观点来看，或许可以说，一个性对象选择的这种向自我的变化也是自我借以获得对本我的控制，并加深和它的联系的一种方法——确实，在很大程度上是以默认本我的经验为代价的。当自我假定对象的特征时，可以这么说，它把自己作为一个恋爱对象强加给本我，并试图赔偿该对象的损失。它说："瞧，我这么像那个对象，你也可以爱我。"

这样发生的从对象——力比多向自恋力比多的转变，显然指的是对性目的的放弃，即一种失性欲化的过程——所以，它是一种升华作用。的确，这个问题应该得到认真的考虑，即是否为升华作用所走的普遍道路，是否一切升华作用都不是由于自我的媒介作用而发生的，自我通过把性对象——力比多转变为自恋力比多，然后，或许继续给自我提供另一个目的。以后我们将不得不考虑其他本能变化，是否也有可能不是由这种转变造成的。例如，是否这种转变不会造成已经融合在一起的各种本能又分解。

虽然这有点离题，但是我们不可避免地要把注意力扩展到注意自我的对象——认同作用。假如这些认同作用占了上风，并且变得为数过多、过分强大，且互不相容，那么取得病理学的成果将为期不远了。由于不同的认同作用被抵抗所相互隔断，可能会引起自我的分裂，或许所谓多重人格这种情况的秘密就是各种认同作用轮流占有意识。即使事情不致如此，在四分五裂的自我的几种认同作用之间存在着冲突问题，这些冲突毕竟是不能描述成完全病理学的。

但是，不论对这种被放弃的对象贯注的影响进行抵抗的性格能力，在数年之后，其结果可能是什么，童年最早期的第一次认同作用的影响将是深刻而持久的。这就把我们领回到自我理想的起源。因为在自我理想的背后隐藏着第一个而且是最重要的认同作用（以父亲认同的作用），这是在每个人的史前期就曾发生的。这显然并不是最初对象贯注的结果，而是一种直接的、即刻的认同作用，比任何对象都早。但是，属于最早的性欲期，并且与父母有关的这种对象选择，正常说来，似乎会在被讨论的那种认同作用中发现其结果，因此而强化前一种认同作用。然而，全部问题是如此复杂，有必要更细致地探究它。问题的错综复杂归之于两种因素：奥狄帕斯情结的三角特征和每一个人身体上的雌雄同体。

男孩子的情况可以简单地叙述如下。在年龄还很小的时候，小男孩就发展了对他母亲的一种对象贯注，它最初和母亲的乳房有关，是在所依赖的原型上最早的对象选择的例子，男孩子用以父亲认同的方法来对付他的父亲。这两种关系一度同时存在，直到对母亲的性愿望变得更加强烈，而把父亲看作是他们的障碍，这就引起奥狄帕斯情结。于是以父亲认同的作用就带上了一种敌对色彩，并且变成了驱逐父亲以取代他对母亲的位置。此后和父亲的关系就有了心理上的矛盾，在认同作用中这种内在的矛盾心理好像从一开始就表现出来了。对父亲的矛盾态度和对母亲的那种充满纯粹深情的对象关系，构成了男孩子身上简单积极的奥狄帕斯情结的内容。

随着奥狄帕斯情结的退化，对母亲的对象贯注就必须被放弃。它的位置可被这两种情况之一所取代：要么加强与母亲认同的作用，要么加强与父亲认同的作用。我们习惯上认为后一结果更为正常，它允许把对母亲的深情关系看作是保留的一部分。这样，奥狄帕斯情结的解除，将加强男孩性格中的男子气。小女孩身上奥狄帕斯态度的结果，以完全类似的方式，可能就是加强以其母亲认同的作用——这种结果将以女子气表现儿童的性格。

由于这些认同作用并不包括把被放弃的对象吸收到自我中去，因此，它们并不是我们所期望的东西。但是这种二择一的结果也可能出现，在女孩子身上比在男孩子身上更容易观察到。分析常常表明，当一个小姑娘不再把她的父亲看作恋爱对象之后，就把她的男子气突显出来，并且与其父亲认同，即与失去的对象认同，来代替与其母亲认同。这将明显地依赖于她的素质中男子气是否足够强烈——而不管它可能是由什么构成的。

由此看来，在两种性别中，男性素质和女性素质的相对强度，是确定奥狄帕斯情结的结果，将是一种与父亲认同还是与母亲认同的作用，这是雌雄同体借以取代后来发生了变化的奥狄帕斯情结的方式之一。另一种方式更为重要，因为人们得到的印象是，简单的奥狄帕斯情结根本不是它最普遍的形式，而是代表一种简化或图式化。的确，这对实际目的来说常常是非常恰当的。更深入的研究通常能揭示更全面的奥狄帕斯情结，这种情结是双重的（消极的和积极的），并且归之于最初在童年表现出来的那种雌雄同体。也就是说，一个男孩子不仅对其父亲有一种矛盾态度，对其母亲有一种深情的对象选择；而且他还同时像一个女孩那样，对他的父亲表示出一种深情的女性态度，对母亲表示出相应的敌意和妒忌。正是这种由雌雄同体所带来的复杂因素使人难以获得一种与最早的对象——选择和认同作用有联系的清楚的事实观念，而且更难以明白易懂地描述它们，甚至可能把在与父母的关系中表现出来的矛盾心理完全归咎于雌雄同体，如我刚才所说，它不是从竞争和从认同作用中发展起来的。

在我看来，特别是涉及神经症患者时，假定存在着完全奥狄帕斯情结是可取的，精神分析的经验则表明，在很多情况下它的构成成分总要有一方或另一方的消失，除了那些只有依稀可辨的痕迹之外，这样就可以形成一个系列，即一端是正常的、积极的奥狄帕斯情结，另一端则是倒置的、消极的奥狄帕斯情结，而其中间的成分将展示两个成分中占优势的那种完全的类型。随着奥狄帕斯情结的分解，它所包含的四种倾向将以这样的方式把自己组织起来，以产生一种父亲认同作用和母亲认同作用。父亲认同作用将保留原来属于积极情结的对母亲的对象——关系，同时将取代以前属于倒置情结的对父亲的对象——关系；母亲认同作用除在细节上做必要修正外，将同样是真实的。任何人身上两种认同作用的相对强度总要在他身上反映出两种性的素质中的某一种优势。

受奥狄帕斯情结支配的性欲期的广泛普遍的结果，被看作是在自我中形成的一种沉淀物，是由以某种方式结合到一起的这两种认同作用构成的。自我的这种变化保留着它的特殊地位，它以一种自我理想或超我的形式与自我的其他成分形成对照。

但是，超我不仅是被本我的最早的对象选择所遗留下来的一种沉淀物，而且它也代表反对那些选择的一种能量反向作用。它和自我的关系并不限于这条规则，即"你应该如此如此（就像你的父亲那样）"；它也包括这条禁律，即"你决不能如此如此（就像你的父亲那样），就是说，你不能做他所做的一切，有许多事情是他的特权"。自我理想的这种两面性是从这个事实中获得的，即自我理想有对奥狄帕斯情结施加压抑作用的任务。显然，压抑奥狄帕斯情结决非易事。父亲特别是父亲被看作是实现奥狄帕斯愿望的障碍，这样，儿童的自我便获得了强化，在自身之内建立这个同样的障碍以帮助其进行压抑。做到这一点的力量可以说是从父亲那里借来的，这种出借是一个非常重大的行动。超我保持着父亲的性格，当奥狄帕斯情结愈强烈，并且愈迅速地屈从于压抑时，超我对自我的支配，愈到后来就愈加严厉——以良心的形式或者以一种潜意识罪疚感的形式出现。我在后面将提出一条以这种方式支配权力的根源的建议。这个根源，就是以一种绝对必要的形式表现出来的其强迫性格的根源。

如果我们再次考虑一下已经描述过的超我的根源，将它看作是两个非常重要的因素的结果，一个是生物因素，另一个是历史因素，即在一个人身上长期存在的童年期的无能和依赖性，以及他的奥狄帕斯情结的事实和我们已经表明的那种压抑，都和力比多潜伏期的发展中断有关，而且也和人的性生活的活动特别的双重发动能力有关。根据一个精神分析学的假设，人们最近提到的那个对于人类来说似乎很独特的现象，是冰河时期文化发展的一个遗产。于是我们发现，超我从自我中分化出来无非是个机遇问题：它代表着个人发展和种族发展中最重要的特点。的确，由于它永远反映着父母的影响，因此，它把其根源归之于这些因素的永远存在。

精神分析一再受到指责，说它不顾人类本性中较高级的、道德的、精神的方面。这种指责在历史学和方法论这两方面都是不公正的。因为，首先，我们从一开始就把进行压抑的功能归之于自我中道德的和美学的倾向；其次，一般人都拒绝承认精神分析研究能产生一种全面、完善的理论结构，就像一种现成的哲学体系那样。但不得不通过正常的和变态现象的分析解剖，沿着通往理解心理的错综复杂的道路，一步一步地找到它的出路。只要研究心理上这个被压抑的部分是我们的任务，就没有必要对存在着更高级的心理生命感到不安和担心。但是，既然我们已着手进行自我的分析，我们就可以对所有那些道德感受到震惊的人，以及那些抱怨说人体中一定有某种更高级性质的人做出回答。我们可以说："千真万确，在这个自我理想或超我中，确有那种更高级性质，它是我们和父母关系的代表，当我们还是小孩子的时候，就知道这些更高级性质了。我们既羡慕这些高级性质又害怕它们，后来把它们纳入到我们自身中来了。"

因此，自我理想是奥狄帕斯情结的继承者，因而也表示在本我中力比多所体验到的、最有力的冲动和最重要的变化。通过建立这个自我理想，自我掌握了它的奥狄帕斯情结，同时使自己处于本我的支配之下。鉴于自我主要是外部世界的代表，是现实的代表，而超我则和它形成对照，是内部世界的代表，是本我的代表。自我和理想之间的冲突，正如现在我们准备发现的那样，将最终反映真实的东西和心理的东西之间、外部世界和内部世界之间的这种对立。

通过理想的形成、生物的发展和人类种族，所经历的变迁遗留在本我中的一切痕迹被自我接受过来，并在每个人身上又由自我重新体验了一遍。由于它所形成的方式，自我理想和每一个人在种系发生上的天赋——他的古代遗产——有很多联系点。因此，正是这种我们每个人心理生活中最深层的东西，通过理想的形成才变成我们所评价的人类心灵中最高级的东西。试图给自我理想定位，甚至在已经给自我确定了位置的意义上，或者试图对自我理想进行任何类比，都只能是白费力气。

显而易见，自我理想在一切方面都符合我们所期望的人类的更高级性质。它是一种代替做父亲的渴望。自我理想包含着一切宗教都由此发展而来的萌芽。宣布自我不符合其理想的这个自我判断，使宗教信仰者产生了一种以证明其渴望的无用感。随着儿童的长大，父亲的作用就由教师或其他权威人士继续承担下去。他们把指令权和禁律权都交给了自我理想，并且继续以良心的形式发挥对道德的稽查作用。在良心的要求和自我的实际成就之间的紧张，是作为一种罪疚感被体验到的。社会情感就建立在以别人自居且和它们一样的自我理想的基点上。

宗教、道德和社会感——人类最高级的东西的主要成分，最初是同一个东西。根据我在《图腾与禁忌》中提出的假设，它们的获得从种系发生上讲出自恋父情结，即在掌握奥狄帕斯情结本身的实际过程中，表现出来的宗教和道德的限制，以及为了克服由此而保留在年轻一代成员之间的社会情感。在发展所有这些道德的东西时，似乎男性居领先地位，然后通过交叉遗传转移给女性。甚至在今天，社会情感也是在对其兄弟姐妹的妒忌和竞争的冲动的基础上产生的。由于敌意不能令人满意，便发展了一种对以前对手的认同作用。研究同性恋的温和情况进一步证实了这种怀疑，即认同作用代替了继敌意、攻击性态度之后的深情对象——选择。

然而，随着种系发生的提出，新的问题产生了，使人们想从这里沮丧地退缩回去。但是，这是毫无益处的，因为我们必须做出尝试——尽管害怕它将揭露我们建立起来的整个结构的不适当，问题在于：究竟是哪一个，是原始人的自我还是他的本我，在它们的早期就从恋父情结中获得了宗教和道德？假如是他的自我，为什么我们不略述一下这些被自我所遗传的东西呢？假如是本我，它是怎样和本我的性质相一致的呢？或者说，我们把自我、超我和本我之间的分化带到这样早的时期是错误的吗？我们不应该老老实实地承认，关于自我里面的这一过程的整个概念对理解种系发生毫无帮助,也不能应用于它吗?

让我们先回答容易回答的问题。自我和本我的分化不仅要归因于原始人,甚至要归因于更简单的生命形式,因为这是外界影响的必然表示。根据我们的假设,超我实际上起源于导致图腾崇拜的经验。到底是自我还是本我体验到,并且获得了这些东西的问题,不久就不再有什么意义了。思考立刻向我们表明,除了自我之外,没有什么外部变化能够被本我所体验到,自我是外部世界通往本我的代表。因此,根据自我来谈论直接遗传是不可能的。正是在这里,实际个体和种系概念之间的鸿沟才变得明显起来。另外,人们一定不要把自我和本我之间的差异看得过分严重,但也不要忘记,自我基本上是经过特殊分化的本我的一部分。自我的经验似乎从一开始就遗留给了后代,但是,当这些经验足够经常地重复,并在许多代人身上有了足够的强度之后,就转移到本我的经验中去了,即成为遗传所保留下来的那种痕迹。因此,在能被遗传的本我中,贮藏着由无数自我所导致的存在遗迹,并且当自我形成它的脱出本我的超我时,它或许只是恢复已经逝去的自我的形象,并且保证它们的复活。

超我借以产生的方式解释了自我和本我的对象——贯注的早期冲突是怎样得以继续进行,并和其继承者(超我)继续发生冲突的。假如自我在掌握奥狄帕斯情结方面没有获得成功,那么,从本我产生的奥狄帕斯情结的精力——贯注将在自我理想的反向作用中找到一种发泄口。在理想和这些潜意识的本能倾向之间可能发生的大量交往说明,埋想本身在很大程度上可能是潜意识的,自我是进不去的。在心理的最深层曾经激烈进行的斗争,并未因迅速的升华作用和认同作用而结束,现在是在更高层次的领域内进行着,就像在科尔巴赫的油画《汉斯之战》中一样,是在天上解决争端的。

三、意识与潜意识

把心理生活划分成意识的和潜意识的,这是精神分析所依据的基本前提;精神分析不能接受意识是心理生活实质的看法,但很乐意把意识看作是心理生活的一种属性。意识可以和其他属性共存,也可以不存在。

如果我私下假定,凡对心理学感兴趣的人都会读这本书,我发现他们在这方面也会突然停滞不前:在这里有了精神分析的第一个术语。对大多数已受过哲学教育的人来说,任何还不是有意识的心理的观念是如此令人难以置信,以至于在他们看来这似乎是荒谬的,简直可以用逻辑一驳即倒。因为他们从未研究过催眠术和梦的有关现象——这种现象和病理现象大不相同——才得出这一结论的。因此,他们的意识心理学不能解决梦和催眠的问题。

首先,"意识"一词是一个建立在最直接、最可靠的知觉基础上的纯描述性的术语。其次,经验表明,一种心理元素一般说来不是永远有意识的。相反,意识状态的特点是瞬息万变的。一个现在有意识的观念在片刻之后就不再有意识,虽然在很容易产生的一定条件下还可以再次成为有意识的。那么,这个观念在中间阶段究竟是什么,我们对此还一无所知。我们可以说它是潜伏的,它能随时成为有意识的。假如我们说它是潜意识的,那我们就是在做一个同样正确的描述。因此,在这个意义上,潜意识一词是与"潜伏的和能成为有意识的"相一致的。哲学家们无疑会反对说:"不,潜意识一词在这里并不适用;只要这个观念还处于潜伏状态,它就根本不是一种心理元素。"在这一点上和他们发生冲突只会引起一场文字战,而别无他用。

但是我们已经沿着另一条路，通过考虑心理动力在其中起作用的某些经验，发现了"潜意识"一词或概念。我们被迫假定，存在着非常强大的心理过程或观念——一种数量化或实用的因素第一次在这里得到讨论——它可以在心理生活中产生日常观念所能产生的一切作用，虽然观念本身不能成为有意识的。这正是精神分析论之要点所在。由于有一定的力量和这些观念相抗衡，这些观念就不能成为有意识的。否则的话，它们就能成为有意识的，于是我们就会发现这些观念和其他公认的心理元素究竟有多大的差别。在精神分析技术中已经发现了一种方法，用这种方法可以把那个抗衡的力量消除，可以使还有问题的那些观念成为有意识的，这个事实使这一理论无可辩驳。我们把这些观念在成为有意识的之前所存在的状态称为压抑，并且断言产生和保持这种压抑的力量在分析工作中被理解为抵抗。

因此，我们是从压抑理论中获得潜意识概念的。压抑为我们提供了潜意识的原型，但是通常的方法使之成为有意识的。这种对心理动力学的洞察，不能不影响到我们的术语和描述。那种潜伏的、只在描述意义上而非动力学意义上的潜意识，我们称为前意识；而把潜意识一词留给那种被压抑的动力学上的潜意识。这样我们就有三个术语，即"意识"、"前意识"和"潜意识"，它们不再具有纯描述意义。前意识可能比潜意识更接近意识，既然已经把潜意识称为心理的，那么我们会毫不犹豫地把潜伏的前意识也称为心理的。但是，与此相反的是，为什么我们不愿意和哲学家们保持一致，却要一致地从有意识的心理活动中区分出前意识和潜意识呢？哲学家也许会认为，应该把前意识和潜意识描述为"类心理的"两种类型或两种水准，和谐就会建立起来。但是在说明中的那些无尽的困难就会接踵而至；这样定义的两种类心理，在几乎每一个其他方面都和公认为心理的东西相一致，这个重要的事实从它们或最重要的部分还不为人所知的时候起，就被迫处于一种偏见的背景中。

只要我们不忘记，虽然在描述性意义上有两种潜意识，但在动力学意义上则只有一种潜意识，现在就可以舒适地着手研究我们的这三个术语了，即"意识"、"前意识"和"潜意识"。为便于说明，可以在很多情况下对这种划分不予理睬,但在另一些情况下,这种划分就当然是必不可少的了。同时多少已经习惯了"潜意识"一词的这两种意义,并且能把它们运用得很好。就我所见,要避免这种意义上的不明确是不可能的,意识和潜意识之间的划分终究不过是一个要么必须"肯定",要么必须"否定"的知觉问题,而知觉本身的行动并没有告诉我们一件东西为什么被知觉或不被知觉。谁也没有权力抱怨,因为实际现象所表达的潜在的动力因素就是意义不明确的。然而,在精神分析的进一步发展中已经证明,这些划分也是不够的。这已在多方面清楚地表明了:每一个人都有一个心理过程的连贯组织,我们称为他的自我。这个自我包括意识,它控制着能动性的通路——也就是把兴奋排放到外部世界中去的道路。正是心理上的这个机构调节着它自身的一切形成过程,这个自我一到晚上就去睡觉了,即使在这个时候它仍然对梦起着稽查作用。自我还由此起着压抑作用,用压抑的方法不仅把某些心理倾向排除在意识之外,而且禁止它们采取其他表现形式或活动。在分析中这些被排斥的倾向和自我形成对立,自我对被压抑表现出抵抗,分析就面临着把这些抵抗排除的任务。现在发现,当我们在分析期间把某些任务摆在病人面前时,他便陷入困境;当他的联想应当接近被压抑的东西时,他却联想不下去了。于是我们告诉他,他被一种抵抗支配着,但他却意识不到这个事实,即使他从不舒服的感觉中猜测到,有一种抵抗正在身上起作用。他既不知道这是什么,也不知道如何描述它。由于这种抵抗来源于他的自我并属于自我,这是毫无问题的,因此,我们发现自己处在一种意料之外的情境中。在自我本身也发现了某种潜意识的东西。它的行为就像被压抑的东西一样,虽然这种东西本身不是有意识的,却会产生很大的影响,要使它成为有意识的,就需要做特殊的工作。从分析实践的观点来看,这种观察的结果是,如果我们坚持以前那种习惯的表达方式,并试图从意识和潜意识的争论中发现神经症,我们就会陷入无尽的混乱和困境之中。根据对心理结构条件的理解,我们将不得不用另一种对立来代替这种对立,即有组织的自我,以及被压抑的、从中分裂出去的自我之间的对立。

不过，对潜意识概念来说，新的观察结果甚至更为重要。动力学方面的考虑促使我们做出第一次更正，对心理结构的知识则导致第二次更正。我们承认，潜意识并不和被压抑的东西相一致，而一切被压抑的东西都是潜意识的这也是真实的。但不是说所有潜意识的都是被压抑的。自我的一部分——天知道这是多么重要的一部分——也可以是潜意识的，毫无疑问是潜意识的。这种属于自我的潜意识不像前意识那样是潜伏的；这样的话，它如果不成为有意识的，就无法被激活，而使它成为有意识的过程就不会遇到这么大的困难。当我们发现自己面临着必须假定有一个不被压抑的第三种潜意识时，我们必须承认，成为潜意识的这种性质对我们来说已开始失去意义了。它成了可能具有多种含义的一种性质。这样就不能像所希望的那样，使它成为深远的、必然性结论的依据。然而我们必须当心，不要忽视了这种性质，因为作为最后的一着，究竟是成为意识的还是潜意识的，这种性质是看透深蕴心理学之奥秘的唯一的一束光。

四、无意识的现象

我希望能以少量语言尽可能明白地解释"无意识"这个术语在精神分析中的意义,并且仅限于在精神分析中的意义。

一个出现在我意识中的概念,或任何其他心理元素,过一会儿就有可能消失,再过一段时间则又有可能重新出现。由此,我们说,它在记忆中并没有发生变化,它的再度出现并不是我们感官重新感觉的结果。对于这一点,我们习惯于这样解释:假定在一定的时间里,概念只存在于心中,却潜伏在意识里。至于它这样做时采取了什么形式,我们尚无法猜测。

正是在这一点上,我们将遇到哲学上的反对意见,即认为潜伏的概念并不是心理学的对象,而是一种物理现象,即概念重复出现的物理倾向。但是我们可以回答说,这种理论远远超出了心理学的范围,这只是以未经证明的假定来辩论"意识"与"心理"两个术语是否一样。否认心理学有权以自己的方式来解释它最普通的事实(如记忆)显然是错误的。

现在让我们把这样的概念称为"有意识"的概念:它出现在我们的意识中,同时,我们知道这个概念,我们把它看成是"有意识"的唯一含义。至于潜伏的概念,如果我们假设它们在心理中存在,就像在记忆中那样,那么就用"无意识"来表示它。

因此,我们无法觉察无意识的概念,但考虑到其他的证据或迹象,无论如何都应该承认它的存在。

如果除了记忆的事实或与无意识有关的联想外,没有其他经验使我们做出判断,那么我们的工作就只能是毫无趣味的描述和分类罢了。但是著名的"催眠后暗示"的实验告诉我们坚持区分意识与无意识的重要性,这似乎提升了它的价值。

在这个实验中,正如伯恩海姆所完成的那样,一个人进入催眠状态,然后醒来。当他处于催眠状态时,医生要求他在醒后固定的时刻,如半小时之后,完成固定的动作;他醒来后,意识健全,处于正常状态,他记不起催眠的事情,然而在预定的时刻,他头脑中会突然出现做类似事情的冲动,于是他有意识地做了这件事,但是并不知道这是为什么。对于这种现象无法作其他解释,只能说这时一个人心理中的指令是处于潜伏的状态,或者说是处于无意识的状态,直到预定的时刻来临才成为意识。但它并不是整个地进入意识,而仅仅成为要完成的行动的概念。与这个概念,即医生的影响、指令和对催眠状态的回忆相联系的所有其他观念即使在以后也仍然处于潜伏状态。

从这样的实验中还可以学到更多的东西。我们从关于这种现象的动态观点的纯粹描述出发,在催眠中命令行动的观念不但在某个时刻可以成为意识的对象,而且有更加突出的一点,就是这种思想会增加主动性:只要意识到它的存在,就会转变为行动。对于行动的实际刺激是医生的命令,不难看到,医生命令的观念也会成为主动的。这种最后的观念并不会出现在意识中,它的结果,即行动的念头也是如此,它仍然是无意识的,因此它同时是主动的和无意识的。

催眠后暗示是实验室的产物,是人为的事实。但是如果我们接受关于歇斯底里现象的理论(这个理论首先是由皮埃尔·雅内提出的,是由布罗伊尔和我进行实验的),那么我们就会对许多自然的事实束手无策,这些事实甚至更加清楚、更加明显地表现了催眠后暗示的心理性质。

歇斯底里病人的心理中充满了主动的、无意识的观念,他的所有症状都出自这类观念。事实上,大部分歇斯底里最明显的特点都受到它们的控制。如果歇斯底里的妇女呕吐,那么很可能是由于怀孕的观念,但是她并没有关于这种观念的知识,虽然采用精神分析的技术程序很容易从她心理中测出来,并且使她意识到。例如,她产生了痉挛或者完成了"发作"的动作,她甚至无法设想要做的动作,但可以从旁观者的表情感觉到这些动作。不管怎样，分析表明她完成的动作是部分地、戏剧性地重现她一生中的某种意外，在发作时，这种记忆在无意识中变成主动的。透过分析，揭示了主动性无意识念头的优势是所有其他形式神经症心理学的基本事实。

于是，我们通过对精神病人现象的分析，懂得了潜伏的或者无意识的观念并不一定是软弱的，这种观念在心理中的存在具有最有说服力的间接证明；也可以说，它得到了意识的直接证明。我们认为，引进在两种潜伏的或者无意识念头之间的根本差别的概念，从而增加我们的知识并进行分类，是合理的。因为我们习惯于认为每一种潜伏的念头都是这样的，因为它是软弱的，一旦它变得强大，就会产生意识。我们现在相信，有一些潜伏的念头不管它们如何强，也不会渗透到意识中去。因此，我们可以把第一种类型的潜伏念头称为前意识；而用无意识的术语指后一种类型，即我们在神经症中研究的那种类型。"无意识"这个术语以前只在纯粹的描述意义上使用，现在则包含了更多的东西。它不但指一般的潜伏的观念，而且特别指那些具有一定动态性质的观念，是那些尽管强烈而有主动性却仍然不会进入意识的观念。

在继续进行阐述之前，我想谈谈在这里有可能产生的两点异议。第一点异议可能这样认为：与其赞同关于我们对一无所知的无意识观念的假说，还不如假设意识是可以分裂的，这样，一部分观念或心理活动就可以构成孤立的意识，脱离有意识心理活动的主体。著名的病理案例，如阿扎姆医生的病例，似乎表明这种意识的分裂并不是一种空幻的设想。

我强烈反对这种理论，这是一种毫无根据的假设，是对"意识"的滥用。我们没有权力把这个词的意义推广到这种程度，使它能够包括那种自己无法意识到的意识。如果哲学家认为，一种无法意识的观念的存在是难以接受的，那么一种无法意识到的意识的存在看来就更有异议了。像阿扎姆医生描述成意识分裂的情形，如果看成意识的转移就更好了，这种机能，或者随便称它为什么，在两种的不同心理情结之间震荡，它们交替成为意识和无意识。

如果把我们的理论应用于正常心理学的结论，可能有人会提出别的异议，这些结论主要是从对病理条件的研究中得到的。我们可以用其他的事实来回答它，这就是从精神分析得到的知识。经常在健康人身上发生的某些机能的缺陷，如失言、记忆和说话的差错、遗忘名字等，可以很容易地证明，与神经症的症状同样依赖于强烈的无意识观念的作用。在后面的讨论里，我们还会提出更有说服力的论据。

按照前意识与无意识观念的区别，我们就会离开分类的领域而形成一种有关心理行为的机能和动态关系的观点。我们发现，一种前意识的活动进入意识并没有什么困难，而无意识的活动只能保持自身状态，被排除在意识之外。

我们现在并不知道这两种形式的心理行为究竟是一样的，还是从它们产生时起就有根本性的区别，但是我们可以问，为什么它们会在心理活动的过程中变得不同？对于后一个问题，精神分析做出了明确的回答。无意识活动的产物进入意识并非绝对不可能，但是要达到这个目的需要付出相当大的努力。当我们自己想做到这一点时，就会明显地意识到一种被拒绝的感觉，必须将其克服；当它在病人身上产生时，我们毫无疑问地会发现它的迹象，我们把它称为抗拒。

无意识的观念是一种被排斥在意识之外的活力，有一种力量反对它们被意识接受，但并不排斥其他的观念，即前意识的观念。精神分析毫不怀疑，对无意识观念的抗拒是由它们内容所包含的倾向引起的。于是得到了可以用我们现阶段知识来描述的最有希望的理论。在构成心理活动的过程中，无意识是一个正常的不可避免的阶段。每一种心理行为一开始都是无意识的，它或者保持这种状态，或者发展成意识，这取决于它是否受到阻碍。前意识与无意识活动之间的区别并不是原来就有的，而是在拒绝产生后出现的。只在这之后，前意识观念与无意识观念之间的差别有理论价值和实际意义，前者可以出现在意识中，并且在任何时候都能重新出现，后者则做不到这一点。对这种意识与无意识活动之间的假设关系可以作一个粗略而恰当的类比，就是通常照相中的显像。照相首先是冲洗"底片"，每一张照片都要进行"底片处理"，有些相片拍得好，然后就可以进行"正片处理"，最后洗出相片来。

但是，前意识与无意识活动的区别，以及认识到存在着将它们分离的障碍，并不是对心理生活进行精神分析研究的最后或者最重要的结果。有一种大部分正常人都会具备的心理产物，它与精神错乱产生的最粗野的症状之间有明显的类似性，在这里，哲学家并不比精神错乱者更加理智。我说的是梦，精神分析是以对梦的分析为基础的。对梦的解析是所有新兴科学中，到目前为止所做的最复杂的工作。有一种最普通的梦的形式可以描述如下：白天的心理活动引起了一连串的思想，其中有些保持着活性，逃避了为睡眠做心理准备的一般压制。晚上，这一串思想成功地找到了与无意识倾向之间的联系，这种倾向甚至在做梦者的童年就出现了，但往往是受压抑的，被排斥在意识之外。借助于无意识的帮助，这些思想、这些白天心理活动的残迹又复活了，并且以梦的形式出现在意识之中。这时发生了三件事。

（1）这种思想发生了变化，披上了伪装，发生了改变，代表了伴随它的无意识部分。

（2）这些思想在它们不应该出现的时刻出现在了意识之中。

（3）部分无意识出现在意识中，它们除了采用这种方式之外别无他法成为意识。

我们学会了发现"残余思想"的技巧，即梦中的潜伏思想，把它们与梦的显像进行比较，就可以知道它们发生的变化以及产生的形式。

在梦中的潜伏思想与我们正常的意识活动的产物没有什么不同，它们可以称作前意识的思想，在清醒时的某些时刻也可以被意识到。但是通过晚上与无意识的倾向联系在一起，它们就变得与后者相像了，尽管它是无意识思想的条件，并且服从于控制无意识活动的规律。这使我们有机会学到我们用思辨或者从其他的经验讯息来源无法猜想得到的东西，就是与有意识活动截然不同的无意识活动的规律。详细总结一下无意识的特点，可以使我们在深入研究梦的形成过程中学到有关它们的更多知识。

然而这种要求连一半也没有得到满足，对于这里所得到的结果进行解释，如果不能深入到梦的分析中最复杂的问题里去是很困难的。但是我在结束讨论前想指出，要理解无意识的变化和过程，就要靠用精神分析的方法来研究梦。

无意识初看起来只是一种心理活动的神秘性质。这表明，这种行为是心理范畴的一部分，我们通过其他方面了解了它的性质，它属于心理活动的系统，值得我们充分注意。无意识的指示价值远比它作为一种特性重要。有迹象揭示了这样一种系统，它的某些部分是由意识不到的个别行为构成的。因为需要一个更好的不太含糊的术语，所以我们称这种系统为"无意识"……

五、暗示与力比多

我们是从如下基本事实出发的：群体中的个体通过群体的影响而在他的心理活动方面常常发生深刻的变化。他的情感倾向会变得格外强烈，而他的智力显著降低。这两个过程显然是接近于该群体其他成员的方向发展的，只是通过取消对每一个人特有本能的抑制，并且通过他放弃他自己特有倾向的表现，才能得到这种结果。我们得知，这些常常不受欢迎的结果在某种程度上至少通过群体的更高"组织化"而得以避免。但这与群体心理的基本事实相矛盾，即在原始群体中情感的强化和智力的抑制。现在我们的兴趣是指向为群体中的个体所体验到的这种心理变化做出心理学的解释。

虽然，理性的因素并没有包括可观察到的现象。但在此之外，社会学和群体心理学权威给我们提供的解释总是同样的——这些解释被赋予不同的名称，即魔力性的词"暗示"。塔尔德称它为"模仿"。

但我们不得不同意一位作者，他主张模仿是暗示概念的引申，事实上还是暗示的一个结果（布鲁格尔斯）。勒邦把社会现象所有令人困惑的特征都追溯到两个因素：个人的相互暗示和领袖的威信。但是威信只是通过它唤起暗示的能力才被承认的。麦孤独暂且给我们这样的印象：他的"情绪的原始诱导"原则可能使我们不需要暗示的假设。但进一步的考虑迫使我们感到：除去对情绪因素的决定性强调外，这种原则不过是我们所熟悉的关于"模仿"或"感染"的论点。毫无疑问，当意识到别人情绪的信号时，身上所存在的东西往往会使我们陷入同样的情绪。但是我们有多少次没有成功地抵抗这一过程、抵制这种情绪并以完全相反的方式做出反应，当我们处于某一群体时，为什么总是屈服于这种感染？我们只好再次说，迫使服从这种倾向的东西是模仿，在我们身上诱发这种情绪的东西是群体的暗示性影响。而且，完全除开这些，麦孤独不能使我们避开暗示，我们从他以及其他作者那里得知，群体的独特性在于其特定的暗示感受性。

所以，我们接受这样的观点：暗示实际上是一种不可还原的原始现象，是人的心理生活的一个基本事实。这也是伯恩海姆的观点。我在1889年曾目睹过他令人惊讶的技巧。但是我能记得那时就对这种粗暴的暗示感到一种压抑的敌视。当一个表现出不服从的病人遭到呵斥："你在干吗？你在反暗示！"我就自言自语地说，这是明显的不公正，是一种暴力行为。如果人们试图用暗示使这个人就范，那么他肯定有反暗示的权利。后来，我的抵抗集中在反对这样的观点上：解释一切的暗示本身将用不着解释。想到这里，我复述一则古老的谜语：

克利斯朵夫生出了耶稣基督；

耶稣基督又生出了整个世界；

可是克利斯朵夫当时何处立足？

在回避暗示问题大约三十年之后，如今我又再次探讨暗示之谜了。我觉得在这方面的境况没有发生什么变化。我注意到，特别努力地系统阐述了暗示这一概念，即固定在该名词的因袭用法上（如麦孤独），这绝非是多余的。因为这个词获得了愈来愈广泛的用法，并且在德语中的含义也越益模糊，不久将用来表示无论什么类型的影响，都像在英语中所表示的那样，"勤告"和"暗示"对应于我们德语中的"建议"和"鼓励、激发"。但是一直没有对暗示的性质做出解释，即没有对在无适当的逻辑基础情况下发生影响的条件做出解释。如果我没意识到即将进行以完成这个特定任务为目的的详尽探究，我是不会回避通过分析近三十年的文献来支持这一陈述的任务的。

以简明群体心理学的目的作为替代，我试图使用力比多的概念，这一概念在研究神经症时给予了我们极大的帮助。

力比多是取自情绪理论的一种表述。我们用这一名词称呼那些与包含在"爱"这一词之下的一切东西有关的本能能量——以量的大小来考虑这一能量。我们用"爱"一词所指的东西的核心，自然就是以性结合为目的的"性爱"。但是，我们并不把在"爱"这一名称中所共有的东西分离开来，例如"自爱"以及对父母和儿童的爱、友爱和对整个人类的爱，还有对具体对象和抽象观念的奉献。我的根据在于这一事实：精神分析研究告诉我们，所有这些倾向都是同样的本能冲动的表现。在两性之间的关系中，这些冲动迫切地趋向结合，但在其他场合中，它们离开了这一目标，或者避免实现这一目标，尽管它们总是保持着它们原初的本性，足以使得它们的身份成为可认识的（诸如在渴望亲近和自我牺牲那样的特性中）。

于是我们的意见是，语言在创造具有多种用法的"爱"一词的过程中，已经行使着完全合理的部分统一。我们顶多不过是把它也当作我们科学讨论和解释的基础。当精神分析做出这一决定时，它引起了一场轩然大波，似乎它是荒谬绝伦的发明活动的罪过。然而它在这种"宽泛"的意义上看待爱，并没有做出独创性的东西。在其起源、作用和与性爱的关系方面，哲学家柏拉图的"爱的本能"恰好与"爱力"即精神分析的力比多吻合。正如纳赫曼佐思和普菲斯特尔已详细表明的那样：当使徒保罗在他著名的《哥林多书》中赞美"爱"至高无上时，他肯定是在同样"宽泛"的意义上理解它。但这只是表明，人们不总是严肃地对待他们的伟大思想家，即使当他们极力声称尊崇伟大思想家的时候亦是如此。

于是精神分析把这些"爱的本能"称做"性本能"，并根据它们的起源称作占有。大多数"有教养的"人把这一术语当作是一种侮辱，并用"泛性论"的责难作为报复来攻击精神分析。把"性"当作是对人性的抑制和耻辱的任何人，将随意地使用更文雅的词"爱的本能"和"爱欲的"。我自己本可以从一开始就这样做，这样会使自己免遭更多的敌对。但我不想这样做，因为我不愿意向怯懦屈服。人们决不能说清楚这种屈服可能会把你引向何方，人们首先在用词上屈服，然后一点点地在实质上也屈服。我看不出羞于谈性有什么好处。希腊语"爱的本能"——就是为了婉转地避免这种冒犯，最终不过是我们德语词"爱"的翻版。

于是，我仍用如下假定来试试我们的运气：爱的关系也构成群体心理的本质。让我们记着，权威们并没有论及任何这样的关系，与这种关系相一致的东西显然被隐藏在暗示的屏障后面。我们的假设一开始就从当下流行的两种思想那里得到了支持。首先，一个群体显然被某种力量结合在一起：这种结合的本质除了归之于把世界上的一切结合在一起的爱的本能外，还能更好地归之于什么别的力量吗？其次，如果个人在一个群体中放弃他的独特性，让群体的其他成员通过暗示影响他，那么给人的印象是：他的确是这样，因为他感到有必要与其他成员融洽而不是对立——以至于他也许毕竟是"为了爱他们"。

六、等级区别

如果我们概括今日的个体生活，同时记住权威们为群体心理学提供的相互补充的说明，那么当面对揭示出来的各种复杂问题时，我们可能会失去尝试做出综合说明的勇气。每个人都是各种群体的一个组成部分，他在许多方面受到认同联系的束缚，他根据各种各样的模范，建立起他的自我理想。因而每一个体都享有多样的群体心理，如种族心理、阶级心理、宗派心理以及民族心理等。他也能使自己超出这些群体心理之上，以致具有某种程度的独立性和创造性。这种稳定而继续存在的群体形式——连同它们始终如一的不变的结果，比起迅速形成且短暂的群体形式——勒邦曾出色地概述过这种群体心理的心理学特征，对观察者来说就不怎么奇怪了。正是在这些过于短暂的仿佛置于其他群体之上的群体中，我们遇到了恰好确认为个体习性完全消失的奇迹，即使这种奇迹只是暂时的。

我们把这种奇迹解释为，它意味着个人放弃的自我理想，用体现在领袖身上的群体理想代替它。我们必须说明，这种奇迹不是在每一个场合都同样大。在许多个人身上，自我和自我理想的分离不是特别明显，二者仍然容易混合，自我常常保持它早期自恋性的满足。这种情况使选择领袖非常有利。领袖常常只是需要具有关于特别显著的纯粹形式的典型的个人特性，只是需要给人以强而有力和更多力比多自由的印象。在这种情况下，人们出于对强而有力首领的需要，常常就会向他妥协，赋予其在其他情况下也许无法要求的支配权。而该群体的其他成员——他们的自我理想除此以外，不会没做某种修正而体现在他这个人身上，则和其余的人一起被"暗示"，即为认同作用所迷住。

我们意识到，对解释群体的力比多结构所能做出的贡献，回到了自我和理想之间的区分上，并且回到了使这种区分成为可能的双重联系上，即认同作用和把对象置于自我理想的地位上。这种在自我中区分等级的假定作为自我分析的第一步，必须逐渐在心理学的各个领域中确立其合理地位。在《论自恋》这篇论文中，我综合了暂且能用来支持这种区分的所有病理学材料。不过可以期待的是当我们更深入地研究精神病心理学时，就会发现其更大的意义。现在，让我们反思一下，自我进入了对象与自我理想的关系中，而这种关系是从自我中发展而来的，外部对象与作为一个整体的自我之间的所有相互作用——神经症的研究使我们熟悉了这种相互作用，很可能在自我内部这种新的活动背景下得到重复。

我们所熟悉的每一心理分化，都显示出心理功能活动的困难进一步增大，增加其不稳定性，也可能成为其崩溃的始点，即一种疾病的发作。从我们出生开始，就经历着从绝对自足的自恋到感知变化着的外部世界以及开始发现对象这样的阶段。与此相关联的事实是，我们不能长时间地忍受事物的新状态，我们在睡眠中经常从事物的新状态回复到先前缺乏刺激和避开对象的状态。然而，的确是在这个过程中遵循着来自外部世界的启示，通过日夜周期性的变化，暂时抵消影响我们的一大部分刺激。这样一个阶段的第二个例子——从病理学上讲是更重要的例子，却并不受制于这样的限定，在发展的过程中，致使我们的心理存在分离成连贯的自我，以及分离成位于这个自我之外的潜意识和被压抑的部分。这种新获得物的稳定性还显示出不断的动摇。在梦和神经症中，这些被排除的东西便会叩门，要求进入，尽管有抵抗作用防卫着它们。在我们健康的生活中，我们使用特别的技能允许被压抑的东西避免抵抗作用，暂时接受它进入我们的自我，以便增加快乐、诙谐和幽默，以及某种程度上一般的喜剧。

自我理想与自我的分离也不能长久地保持，不得不暂时打破，这是完全可以设想的。在施加给自我的所有否认和限制中，定期性地违反禁忌是一种常规。这的确被节日制度体现出来了。这种节日制度从起源来看恰好是法规所允许的越轨，而节日的欢乐气氛是由于它们所导致的释放。古罗马的农神节和现代的狂欢节在本质特征上与原始人的节日是一致的，通常以各种类型的放荡不羁和对其他时候是最神圣的戒律的侵越而告终。但是自我理想包含自我不得不默认的所有一切限制，因为这种理由，取消这种理想对自我来说必然成为盛大的节日——于是自我可能再次感到满足。

当自我中的某些东西与自我理想相符合时，总是出现狂喜的感情。而罪恶感（以及自卑感）也能被理解为它们之间紧张的表现。

众所周知，有这样一些人，他们心境的一般状态周期性地从过于抑郁经过某种中间状态波动到高度的宁静感。这些波动以非常不同的幅度显示出来：从刚刚可觉察的波动到抑郁症和躁狂症形式的那些极端的例子，后者对有关人的生活造成了最大的苦恼或损害。在这种周期性抑郁的典型病例中，外部降临的原因似乎不起任何决定性的作用；而就内部动机而言，与所有其他人相比，在这些病人那里也没有发现更多或更少的东西，结果把这些病例看作不是心因性的而已成为人们的习惯。那些十分相似的周期性抑郁的病例，能够容易地追回到精神创伤上。

心境自发波动的基础不得而知，也无法洞察躁狂症取代抑郁症的机制。于是我们自由地假定，这些病人可以找到实际应用的人——他们的自我典范在先前特别严格地支配自我后，可能暂时地融入他们的自我之中了。

让我们清楚记住了的东西：根据对自我的分析，无可怀疑的是，在躁狂症的病例中，自我和自我理想融合在一起，以致处于狂热和自我满足的心境并不被自我批评所困扰的这个人，可以享受他的抑制、他考虑别人的感情以及他的自责全部取消这样的欢乐了。抑郁症的悲伤就是表示他自我的两种动因之间的尖锐冲突——过于敏感的自我理想无情地谴责处于自卑和自贬错觉中的自我。唯一的问题是，在对新秩序的周期性反抗中——我们前面已做出假定——寻求自我和自我理想之间这些变化了的关系的原因，还是认为其他环境因素对这种变化关系负有责任。

六、等级区别

转变成躁狂症并不是抑郁症候群不可缺少的特征。一方面，有一些单一的抑郁症，它们从没有转变成躁狂症。

另一方面，也有外部降临的原因明显起病因作用的抑郁症。它们出现在失去所爱的对象之后，不是因为死亡，就是环境造成必然使力比多从该对象撤回。这类心因性的抑郁症能以躁狂症而宣告结束，这种循环能重复多次，正像似乎是自发出现的病例一样容易。因此，这类事态还有些模糊，特别是由于只有一些抑郁症的形式和病例得到了精神分析的研究。我们迄今只是理解那些对象被放弃的病例，因为该对象本身看起来是不值得爱的。然后，凭借认同作用它在自我之内再次建立起来，并受到自我典范的严厉谴责。指向对象的责难和攻击以抑郁性自责的形式显露出来。

这类抑郁症也可能以转变成躁狂症，以至于发生这种事情的可能性显示出这样一种特性：它独立于临床描述的其他特征。

然而我认为，把两种抑郁症（心因性的和自发性的）共同归因于自我周期性地反抗自我理想，这毫无问题。在自发性抑郁症中，可以假定是自我理想倾向于展示特别的束缚，然后自动地导致其暂时中止。在心因性抑郁症中，由于受到自我理想方面的虐待，自我被鼓动奋起反抗——这种虐待是在与被拒绝的对象认同时自我所遇到的。

七、压抑的状态

本能冲动会经历一种变化，就是遇到障碍，其目的是使这种冲动无效。在一定的条件下这种冲动会进入被压抑的阶段，我们现在就对这种条件进行更加深入的研究。如果起作用的是一个外部刺激，那么逃避显然是一种合适的补救办法，但本能是无法逃避的，因为自我无法躲避自己。以后会发现，根据判断做出的拒绝（谴责）是反对冲动的良好武器。压抑是谴责的早期阶段，介于逃避与谴责之间，在进行精神分析研究之前是无法描述这个概念的。

要从理论上推导出压抑的可能性并非易事。为什么本能冲动会遭受这样的命运？显然，它发生的必要条件是，本能若达到目的就会产生"痛苦"而不是快乐。但是我们无法很好地想象这种可能性，因为不存在这样的本能。本能的满足总是令人愉快的。我们必须假设存在某些能把满足的快乐变成"痛苦"的环境和过程。

为了更好地定义压抑，我们可以讨论一些与本能有关的其他情形。外部刺激有可能变成内部的，例如，身体器官的耗损和毁坏会导致新的长期兴奋和增强紧张。于是这种刺激就和本能非常相似。我们所体验过的肉体痛苦就是这种情形……

肉体痛苦的例子也太含糊了，对我们的目的没有太大的帮助。我们假定有一种本能的刺激是得不到满足的，如饥饿，它保持着需要状态并将变得如此紧迫，以致除了采取适当的行动使其得到满足外，别无他法。在这种情况下，与压抑毫无关系。

因此压抑并非冲动得不到满足而增强到无法忍受的程度的基本后果。生物为对付环境而使用的这种自卫武器必须在其他的联系中进行讨论。

我们不要把自己局限在精神分析的临床经验中。我们会看到受压抑的本能完全可能得到满足，而且这种满足本身总是令人快乐的。但是它与其他的要求和目的并不一致，因此它在心理的一部分引起快乐，却在其他部分引起痛苦。我们看到压抑的条件（就是避免"痛苦"的元素）将获得比满足的快乐更大的力量。而且关于移情神经症的精神分析经验迫使我们得出结论，压抑最初并不是一种保护机制，而是在意识与无意识之间形成明显区别后才做到这一点的。压抑的实质在于拒绝以及把某些东西排除在意识之外的机能。这种关于压抑的概念得到下述假设的补充，心理结构达到这一阶段之前，本能所发生的其他变化，如走向反面和返回主体承担了控制本能冲动的任务。

看来，压抑与无意识在很大程度上是联系在一起的，我们必须更加深入地探索压抑的本质，直到对心理的各种结构和从无意识分化出来的各种意识有更多的了解。只有做到这一点，我们的任务才是把它们综合在一起，并描述我们在临床实践中注意到的压抑的某些特点，我们甚至要不加变动地重复在其他地方已经说过的那些话。

我们现在有理由假设一种原始的压抑，这是压抑的第一阶段，即拒绝代表本能的心理概念进入意识。它伴随着病态挚恋。这种概念化代表以后保持不变，本能则始终依附于它。这是因为无意识的某些性质，我们以后再谈。压抑的第二阶段是真正的压抑，它与被压抑的本能知觉的心理衍生物有关，或是这样的一连串思想，它们在其他地方产生并通过联想联系在一起。说到这种联想，这些观念经历了与原始压抑相同的命运。因此真正的压抑实际上是一种后驱逐，而且只强调意识对于被压抑东西的拒绝作用是错误的。我们还应考虑到，最初被压抑的东西对于它能与之建立联系的任何东西都是有吸引力的。如果没有结合力，如果没有一些已经被压抑的东西准备同化那些被排斥到意识之外的东西，那么压抑的倾向就很可能不起作用。

对精神性神经症的研究使我们看到了压抑的重要效果，由于这种影响，我们倾向于过高地估计它们的心理内容，而且容易忘记压抑并不妨碍本能的知识继续存在于无意识中,并进一步组织起来,进一步衍生和形成结构性联系。压抑确实只涉及本能代表与意识这个心理系统的关系。

精神分析表明,还有其他一些东西对于理解压抑在精神性神经症中的影响有重要作用。例如,它表明,如果本能知识受到压抑而不再受意识的影响,就会发展成难以觉察、极为丰富的形式。它像真菌一样在黑暗中分叉,并采取极端的表现形式,它转译和揭示的意义对神经症患者不仅是陌生的,而且是恐怖的,因为它们反映了本能的、异常的、危险的力量。本能的这种力量的错觉是由于它在幻想中不受阻碍地发展和压制造成实际满足欠缺的后果。后一种后果与压抑有密切关系,并为我们寻找它的意义指明了方向。

然而,我们可以肯定地说,压抑禁止原始压抑的所有衍生物进入意识的假设是不正确的。如果这些衍生物离开被压抑的本能知觉足够远,那么不管是因为改装的过程还是由于间接联想的原因,都可以自由地进入意识……

我们无法给出一般性的规律,说明要使意识的抗拒失效,必要的改装程度和远离的程度究竟有多大。在这种情况下,就有一种微妙的平衡,我们还不知道它的作用原理,但从它的作用方式推论,这是关系到无意识精神发泄的强度问题,超过这一限度就会使满足瓦解。因此,在每一种情况下,压抑的行为都处于高度专门化的状态,被压抑的东西的每一种衍生物都有其特殊的命运,稍作改装就会改变整个结果。从这种关系中可以理解,人们特别偏爱的那些对象与人们最憎恶的对象起源于同样的知觉和经验,它们之间的差别最初只是由于细微的变化。确实,正如我们在物恋对象的起源中发现的那样,原始的本能知觉可以一分为二:一部分受到压抑,另一部分则被理想化,而这两者是紧密相关的。

增加或减少改装的程度会产生相反的结果,也就是说,通过条件的变化可以产生快乐与"痛苦"。为了引起心理能力作用的变化,使通常引起"痛苦"的作用,也能引起快乐,就需要特殊的机制,每当这种机制对本能知觉的压抑起作用时,通常的排斥就废除了。在这些机制中唯一有待深入研究的是玩笑。一般来讲，压抑的排除只是暂时的，它很快就可以重新建立起来。

但是，对这类现象的观察，使我们把注意力转移到压抑的一些更为深入的性质上去。正如我们所阐述的那样，它不仅是可变的、专门化的，而且是非常活泼的。不能把压抑的过程看得一成不变，它的结果也不是永恒的，好像活的生物一经杀死就不能复活；相反，压抑需要持续地耗费能量，一旦这种能量中断，那么压抑的维持就会受到威胁，就需要采取新的压抑行为。我们可以设想，被压抑的东西，不断受到来自意识的拉力，平衡则靠相反方向的持续压力来保持。然而保持压抑就必须持久地消耗能量，而经济地解除它则意味着节约。压抑的活动性有时也表现在睡眠时的心理特点中，只有睡眠才使做梦成为可能。醒来时，梦中受到压抑的精神发泄就再次产生。

最后，我们不能忘记，归根结底，当我们说一种本能冲动被压抑时，我们对它只说出了极少的一些性质。只要不对压抑抱有成见，就可以在许多不同的条件下发现冲动。它可以是不活动的，也就是说以非常低的能量发泄，或者发泄的程度（以及由此产生的活动能力）是可以变化的……（被压抑的本能的）衍生物只要有少量的能量，就可以不受压抑，虽然就它的内容性质而言，会引起与意识控制之间的冲突。对于这种冲突，量的因素起着决定性的作用。一旦一个念头的冒犯超过一定量的限度，这种冲突便成为现实，正是这种观念的活化导致它受压抑……

迄今为止，我们讨论了对本能知觉的压抑，由此我们懂得了，一种观念或者一组观念是以一定的附属于本能的心理能量（性欲本能、兴趣）进行发泄的。临床的观察迫使我们进一步分解那些迄今为止被认为是统一体的东西，因为它告诉我们，除观念外，还应该考虑其他的本能知觉，这些其他元素所受的压抑与观念所受的压抑完全不同。我们用"情感负荷"这个术语来表示心理知觉中的其他元素，它代表本能中脱离观念的一部分，并根据它的量找到相称的表达方式，在这个过程中它可以作为情感而被知觉观察。在描述压抑时，我们从这一点出发就可以知道受压抑的观念的命运，它们脱离了依附于观念的本能能量而受到压抑……一般来讲，本能的概念化知觉受到压抑会产生下述影响：如果它以前存在于意识之中，就会从意识中消失，如果它正要进入意识，就会退回去……

当我们粗略地考察通过精神分析所作的观察时，可以看到在本能知觉中的定量因素的命运可以是下列三种之一：要么本能完全被压抑，找不到任何痕迹；要么以伪装的情感出现，带有一种特殊的情调；要么转变成为焦虑。对于后两种可能性，我们必须把注意力集中在向情感的转化上，特别是转化成焦虑，这是属于本能的心理能量的情感，是本能可能发生的一种变化……

如果我们把观察局限于它对本能知觉的概念部分作用的结果，那么就会发现一般的压抑会产生一种替身形成，这种替身形成的机制是什么呢？我们是否必须在这儿区分几种机制呢？而且，我们知道，压抑会留下症状。也许我们可以把替身形成与症状形成看成一致的过程。如果真是这样，那么形成替身的机制是否与压抑一致呢？正如我们现在所知道的那样，两者很可能大相径庭，即压抑本身无法形成替身和症状，但是后者构成了恢复被压抑的东西的标记，它们存在于不同的过程之中。看来在考察压抑的机制之前最好先考虑一番形成替身与形成症状的机制……我可以预言：①压抑的机制实际上与形成替身的机制不一致；②有许多不同的替身形成机制；③不同的压抑机制至少有一点是共同的，都是收回能量的发泄（如果关系到性欲本能，那就是撤回性欲本能）。

我所谈的只限于这三种知名的精神性神经症的形式，我要用一些例子来说明这里引进的概念如何在压抑的研究中获得应用。我要在焦虑性歇斯底里症中选择一个例子，对它进行透彻的分析。这是一种动物恐怖症，是屈服于压抑的本能的冲动，是对父亲的性欲冲动的态度与对他的恐惧的结合。受到压抑之后，这种冲动就在意识中消失了，父亲不会作为性欲冲动的对象出现在意识中。我们发现替代他而处于相应地位的是某种动物，它们程度不等地适合于成为恐惧的对象。概念元素形成替身的方式是沿着一连串联系的观念变移，这些观念是以某种特殊方式确定的。定量的元素并没有消失，而是转化成了焦虑。

其结果是以对狼的恐惧来代替对父爱的要求。当然，这里所采用的方法即使对最简单的精神性神经症病例也不足以提供完整的解释，总有其他的观点需要考虑。

动物恐怖症中的压抑极不成功。它所做的不过是为了逃避"痛苦"，而排除一种观念，并用其他观念代替它。这是根本做不到的。因此神经症的努力远没有结束，而是进入"第二阶段运动"，可以说它要达到直接的、更加重要的目的。于是为了逃避一些东西以防止焦虑的爆发，就形成了真正恐怖症。更加专门的研究将使我们能够理解这种机制，恐怖症通过它达到自己的目的。

如果我们考虑到真正转换性歇斯底里的情形，就会导致关于压抑的完全不同的观点。这里最突出的一点是它不可能使情感负荷完全消失。于是病人表现出夏尔科所谓的"歇斯底里冷漠"的症状……

本能知觉的概念性内容完全来源于意识。替身形成——这里表现为症状——会有过度的神经支配（在典型的情况下是身体的神经支配），有时呈现感觉的特点，有时呈现运动的特点，或者兴奋，或者抑制。对于被压抑的本能知觉作更细致的观察，证明了过度神经支配的区域会吸收全部的精神发泄，就像凝缩的过程一样。当然这些论述并没有囊括转换性歇斯底里的全部机制；特别要考虑退化的因素，它在其他关系中是被肯定的……在转换性歇斯底里中，像在焦虑性歇斯底里中那样，压抑的过程最后会形成症状，不需要进入"第二阶段运动"，或者严格地讲，不需要无限多的"运动"。

在第三种情感里显示了压抑完全不同的方面，我们提到它是为了在强迫性神经症里进行比较。这里的第一个问题是，我们应该把被压抑的本能知觉看成什么，是性欲本能还是敌意的倾向。产生这种怀疑是因为强迫性神经症是以退化为前提的，由这种倒行施虐的倾向代替了温柔的倾向。这是一种对受到压抑的爱人的敌意冲动。这种压抑功能的早期阶段的作用完全不同于以后的作用。这种压抑是完全成功的，概念性的内容被排斥了，情感也消失了。就像形成替身一样，在自我中产生了变化，良心变得更为敏感，这很难说是一种症状。在这里，替身形成与症状形成是不一致的。我们也从这里学到了一些有关压抑机制的知识。压抑必然会引起性欲冲动的撤回，若不是为了这个目的，它就会采取反动形成的方式，即加强对立面。于是在这里替身形成有着与压抑相同的机制，并且从根本上讲是与它一致的，从时间和内容上讲，与症状形成有所不同。很可能是由于矛盾情绪的关系而使整个过程成为可能，在这种关系中，施虐的冲动是注定要受到压抑的。

但是，最初成功的压抑是无法保持的，在以后的过程中，它的失败就变得越来越明显了。矛盾的情绪通过反动形成而产生了压抑，它也构成了被压抑的东西能成功地再度突破的关键点，消失的情感毫无损耗地转变为对社会的恐怖、意识的痛苦或自我谴责。拒绝的念头为其他替身所代替，通常是转移到某些微不足道或者不引人注目的东西上去……把观念排斥到意识之外的状况会顽固地保持着，因为它能保证避免采取行动，防止冲动表现为运动。于是，在强迫性神经症中，压抑功能的最终形式是一种毫无结果、没有休止的挣扎。

八、悲痛与抑郁

我们已经阐明，梦可以作为自恋心理障碍的正常原型。我们认为，设法把正常的悲伤感情与悲痛中的表现进行比较，会使我们对于抑郁的本质有所洞察。这次我们必须预先提出某种警告，不要对这种结果期望过高。即使在描述性精神病学中，抑郁的定义也是不明确的，它可以采取不同的临床形式（其中有些更像是机体的疾病而不是心理疾病），肯定不能把它们归于一类。除了每个观察者都能得到的印象以外，我们在这里所用的材料限于很少的病例，它们的心理发生性质是没有争议的。任何要求我们的结论具有普遍正确性的主张最后都要放弃，因此，我们用这样的想法来安慰自己，以我们今天处理病例的研究方法，很难发现什么东西不是典型的，即使不是整个一类失常，至少一小组失常也是典型的。

抑郁和悲痛间的关系为两种情况的一般描述所证实。而且不管是否有可能排除生活中引起它们的外部影响，这种激发的原因被证明对于两者都是相同的。悲痛一般是对失去所爱的人的反应，或者是失去某种抽象的东西，如祖国、自由、理想等。同样的影响在有些人身上则发展为抑郁而不是悲痛。因此，我们可以设想他有一种不健全的病理素质。同样值得注意的是，虽然悲伤意味着大大偏离正常的生活态度，但是我们永远不会认为这是一种病态而对悲伤的人进行药物治疗。我们确信，过一段时间就可以克服它，因而我们认为对它的任何干预都是不可取的，甚至是有害的。

抑郁的显著特点是深深痛苦的沮丧，患者失去了对外在世界的兴趣，失去了爱的能力，抑制了所有的活动，降低了自尊感，以致最终成为自我谴责和自我辱骂，达到顶端时则是在妄想中期望自己受到惩罚。考虑到在悲伤中也会遇到同样的迹象，那么这种描述就会更加明了。在悲伤中不会陷于自以为是，但其他特点是相同的。深度的悲痛是对失去爱人的反应，包含着与悲伤同样的痛苦感情。它失去了对外部世界的兴趣，因为无法使死者复生；它失去了接受新恋爱对象——这意味着替代悲痛的对象——的能力。每一个主动的努力产生的转变，与死亡的想法没有关系。很容易看到，自我的这种压抑和限制是悲痛特有的表现，它排除了其他的目的或兴趣。因为我们如此清楚地知道如何解释它，在我们眼里这种态度才不是病态的。

我们认为只要做一番比较就可以把悲伤的性质称为"痛苦"。当我们用心理学的术语定义痛苦时，也许可以提供例证来证明这种比较的合理性。

那么在形成悲痛时，究竟哪些因素在起作用呢？我并不认为以下表述有什么牵强附会的地方。现实的检验表明，爱的对象不再存在，这就需要把所有的性欲本能从它依附的对象上收回。反抗这种要求当然就会引起斗争，可以普遍地观察到，人们永远不会自愿地放弃性欲本能的形态，甚至在替代物已经向他招手时仍是如此。这种斗争可以激烈到脱离现实，使对象在幻觉中继续成为精神病患者的愿望。正常的结果是尊重现实重获胜利。但是它不会一下子就屈服，而是通过大量地消耗时间和发泄能量才逐步实现的。在这段时间里，失去的对象仍然在心中存在，把性欲本能与对象束缚在一起的每一个单独记忆和希望都提出来，并得到过度的发泄，于是性欲本能与对象脱离了，这个逐步执行现实命令的过程，其本质是妥协。它是一个极其痛苦的过程，很难用心理学的术语来解释。值得注意的是这种痛苦在我们看来似乎很自然，然而事实是，悲痛的功能完成以后，自我又变得自由和不受抑制了。

现在让我们把从悲伤那里学到的东西应用到抑郁上来。在同一类情形中，很明显，抑郁也是失去爱人时所可能产生的反应。当失去的对象带有更多的理想色彩时，这种激发的原因就无法觉察到了。对象也许实际上并没有死亡，只是不再成为爱的对象了（如一个被遗弃的新娘)。在其他情况下，有理由得出结论，失去的东西是可以体验到的，但是无法清楚地认识到失去了什么，而且可以更加容易地假设，病人无法有意识地感觉到究竟失去了什么。的确，很有可能病人意识到失去会引起抑郁，也就是说，他知道自己失去了什么对象，但是并不知道那些对象所象征的东西。这意味着抑郁以某种方式与无意识地失去所爱对象有关。这与悲痛不同，在悲痛中并没有失去什么无意识的东西。

我们发现，在悲伤中，自我的抑制状态和兴趣丧失完全可以用悲痛的吸收功能加以解释。在抑郁中，未知的丧失也是同类因素内部作用的结果，这相当于抑郁性抑制。只是抑郁的抑制在我们看来有所不解，因为我们看不到是什么把它完全吸收了。因此，抑郁表现出一些在悲伤中所没有的东西——极度地陷入自责，自我极度匮乏。悲伤时，世界变得贫乏空虚；抑郁时，则是自我变得贫乏空虚。在我们看来，病人自我表现为毫无价值，无法做任何努力，在道义上是卑鄙的。他谴责自己，侮辱自己，希望自己被抛弃，被惩罚，他在每个人面前贬低自己，并且怜悯自己的亲属与自己这个没有价值的人联系在一起。他并没有意识到在自己身上发生了什么变化，只是把自我批判扩展到过去，宣称他从来就不比现在更好些。这种妄想式的自我贬低主要是道义上的，它是在心理特征明显的失眠、厌食、抛弃本能之后形成的，这种本能维持着每一种生物的生命。

用科学和治疗的方法反对病人的自我谴责是无效的。他在有些地方的确是对的，并且说出了他所思考的东西，对于他的某些说法，我们应该立即表示同意。正如他所说的，他实际上失去了兴趣，无法去爱，无法做任何事，但是正如我们所了解的，这是次要的，是内部痛苦消耗了自我的结果，对此我们一无所知，只能与悲痛的功能进行比较。在其他的一些自责中，他似乎也有道理，只是他洞察真理的目光比一般人更苛刻。当他为自责而烦恼的时候，他把自己描述成一个渺小的、自私自利的、卑鄙的、没有主见的人，是一个只想掩盖自己本性缺陷的人。我们所知道的一切也许是他非常接近于自知，我们只是感到奇怪，为什么一个人在发现这类真理之前会得病。毫无疑问，每当一个人在别人面前坚持或者表达出这种有关自己的看法——就像哈姆雷特谴责自己和所有的人一样——那么他就是一个病人，不管他所讲的是真理还是多少有些歪曲。我们所能判断的是，不难看出在自我贬低及其真实评价之间没有相应关系。一个出色的、有能力的、有良心的妇女在产生抑郁之后不会把自己说得比无用的人更好些，而她们比那些我们没法夸奖的人更容易得病。最后引起我们注意的是，抑郁的行为并非都和一个热衷于悔恨与自责的正常人的行为一样。正常人的特征首先是羞耻，这在他身上并没有，或者至少是迹象甚微。甚至可以说，在抑郁症中占主要地位的恰恰是相反的迹象，即坚持对别人谈论自己，并因暴露自己而感到快乐。

因此，最本质的东西不在于抑郁病人苦恼的自我贬低是否合理，问题在于他正确地描述了自己悲哀的心理状态。他失去了自尊，并且有充分的理由这样去做。我们的确面临着一个矛盾，它提出了一个非常复杂的问题。与悲伤的类比使我们得出结论，抑郁所承受的损失是一个对象，按照他自己的说法失去的正是他本人。

在论述这种矛盾之前，先让我们谈论一下抑郁有助于构成自我的论点。我们看到在这种条件下，自我的一部分如何与另一部分发生矛盾，批判地评价它，把它视为一个对象。我们怀疑心理中批判的成分是从自我分裂出来的，也可以表明它在其他情况下是独立的，并为进一步的观察所证实。我们会发现，把这种情况与自我的其他部分相区别是有道理的。于是我们承认这是一种通常称为"良心"的心理能力。我们将会发现其他的证据，表明它也会独立地致病。在抑郁的临床描述中，对自己的道德不满远不是最突出的特点。自我批判很少涉及机体的疾病、丑陋、孱弱、社会地位低下，在这些毛病中，病人害怕或者承认贫困的思想尤为突出。

有一种观察，一点都不难进行，它可以提供对于上述矛盾的解释。如果一个人耐心地听完抑郁病人各种各样的自我谴责，他必然得出这样的印象：往往反对自己最甚的说法根本不适用于病人自己，但是只要稍加变动就可以适用于另一个人，这人是病人所爱的、爱过的或者应该爱的人。每当人们考虑事实时，都会肯定这种假设。于是我们就掌握了临床描述的关键,可以认为自责就是责备所爱的对象,他已经转移到了病人的自我之中。

一个妇女大喊大叫,可怜她的丈夫和自己这样穷的人结合在一起,实际上是责备丈夫在某种意义上讲是贫穷的。在这种转移中也会混杂着真正的自我责备,这不值得大惊小怪:他们把这些强加在自己身上是因为有助于伪装其他东西,使人无法识别真实状态。他们因为在现实冲突中所蕴含的"为了"和"反对",而使他们失去所爱的对象。于是病人的行为也就变得可以理解了。他们的抱怨实际上是在合法的意义上抗议世界,因为他们贬抑自己时所说的一切,从根本上讲都和其他人有关,所以他们既不感到羞耻也不把自己遮掩起来。他们远没有显示出对于周围人的谦恭与屈从,无价值的人本来就只配这样做。相反,他们总是制造麻烦,不断地侵犯别人,行为举止像是受到了不公正的待遇。这一切之所以可能,仅仅是因为在他们行为中所表现出来的反应仍然是来自反抗的态度,这种心理通过一定的过程转变为抑郁的懊悔。

一旦认识到这一点,重构这一过程就没有困难了。首先存在着对象选择,性欲本能使自己依恋于某人,后来由于与所爱的人有关的实际伤害和失望,这种对象关系变得不确定了。其结果并不是正常地从这个对象撤回性欲本能冲动,并将其转移到新的对象上去,而是转移到别的东西上去,这需要各种条件。事实证明对象发泄的抗拒能力很小,从而被抛弃了,但是撤回到自我的、已自由的性欲本能并没有指向其他的对象。它并没有应用几种可能方式中的任何一种,只是确立了自我与被抛弃对象之间的同一性。这样,对象的影子就落到了自我身上,后者就像被遗弃的对象一样受到心理上的批判。通过这种方式,对象的失去就转变为自我的失去,在自我与爱人之间的冲突就转变为自我批判能力与由于上述认同作用造成的自我之间的分裂。

考虑到这种过程的必要条件和效果,就可以直接推出某些结论。一方面,它表现出对所爱对象的强烈固恋;另一方面,则与此相反,对象发泄的抗拒能力很小……

我们在某些地方论述过,对象选择如何从认同的原始阶段发展而来，其方式是自我首先接受一个对象，表现出对它的矛盾情绪。自我希望把对象与自己结合在一起，采用的方法是口腔期和原始阶段使用的吞食方法。在关于厌食与严重抑郁之间的联系这一点上，亚伯拉罕无疑是正确的……在强调这篇文章的同时我承认，研究所依据的经验材料并不能提供我们所希望的一切……一方面，抑郁和悲痛一样是对丧失所爱对象的反应，但是更为重要的是它与一种条件有关，这在正常的悲伤中是没有的，出现这种条件时，失去所爱对象就变成一种致病的因素。另一方面，失去所爱对象造成了一个很好的机会，使恋爱关系中的矛盾情绪被人感觉到并变得突出，因而就有成为强迫性神经症的倾向，矛盾情绪的冲突在悲伤中投下了致病的阴影，迫使它表现为自责的形式，结果是悲痛者本人因为失去所爱者而受到谴责，也就是说表现出对它的需要。在爱人死后出现的这种沮丧的强迫状态向我们表明，这里并没有性欲本能的退化撤回，矛盾情绪本身就会引起冲突。它引起抑郁的机会大大超过了因对象死亡而引起抑郁的例子，它包括创伤、损害、忽视、失宠或者失望，它会在自我与对象的关系中加入爱和恨的对立感情，或者加强早已存在的矛盾情绪。现在，对矛盾情绪的冲突以及它的根源有了更多的实际经验，弄清了它更多的性质，在抑郁的条件因素中再也不能忽略它了。如果替代自恋的对象恋无法放弃，而对象本身被放弃时，憎恨就扩展到了这个替代对象上，辱骂他，贬损他，使他遭受痛苦，并且由此得到施虐的满足。抑郁病人的自我折磨无疑是快乐的、有意义的，就像在强迫性神经症中的相应现象一样，有憎恨和施虐倾向的满足都与一个对象有关，然后都返回到自己身上。在两种失常中，受迫害者通常都会在最后采取自我折磨的迂回方式向原来的对象进行报复，并且用病痛来折磨他们，病情的发展是为了避免必须公开表示他们对于所爱对象的敌意。归根结底，伤害病人感情的人就是病人反对的目标，通常可以在他周围的人中间找到。于是抑郁病人对其对象的性欲发泄就有双重的命运：它的一部分倒退到对象与自我的同一；另一部分则在矛盾情绪冲突的影响下，被引向与冲突相近的施虐。

只有在这种施虐中才能解开自杀倾向之谜，它使得抑郁症既迷人又危险。我们必须承认，自我的自爱作为产生本能活动的原始条件是如此重要，在死亡威胁所引起的恐惧中，释放的自恋性欲本能数量也是如此之大，致使我们很难想象自我会将自己毁灭。我们确实早就知道，没有一个神经症患者隐藏自杀的思想，这并不是谋杀别人的冲动返回到自身。但是我们从未能解释究竟是什么力的相互作用可以使这种目的得以实现。现在关于抑郁的分析表明，只有当对象发泄撤回到自我后，它才会把自己看成对象；当它能够以对于对象的敌意来反对自己时，它才有可能杀死自己。这是自我对外界所有对象的原始反应。因此，自恋对象选择的倒退，对象的确消失了，尽管一切都证明它比自我更加强大。在强烈的爱和自杀这两种对立的情况下，自我都被对象所压倒，虽然采取的方式是完全不同的。

我们期望发现抑郁症的一个显著的衍生现象，表现为对贫困的恐惧，它可以倒退到肛门性欲，完全脱离了原来的前后关系而发生了变形。

抑郁症使我们面临另外一个问题，回答这个问题使我们为难。这种方式过了一段时间就消失了，没有留下任何大的变化痕迹，这是与悲伤共有的特点。在悲伤时，为了逐一执行受现实检验所发出的命令，需要一定的时间，在这一工作完成之后，自我就能成功地使性欲本能从失去的对象那里解放出来。我们可以设想在抑郁的过程中，自我也有类似的任务，无论在哪一种情况下，我们都无法洞察发展的实际过程。抑郁的失眠特点显然表明这种情况缺乏灵活性，无法使发泄全面撤回以满足睡眠的需要。抑郁情结的行为就像未愈合的伤口，它从各方面吸收发泄的能量（在移情神经症中我们把它称为"反精神发泄"），从而消耗自我的能量，直到它筋疲力尽。这证明很容易使自我撤回入睡的愿望。在接近晚上时，这种条件一般都有明显的改进，很可能是因为身体的原因，而无法用心理学理论来解释。这些问题还进一步关系到与对象脱离是否构成自我的损失（自我的纯自恋创伤），这一点足以提供抑郁的临床描述。自我的性欲本能是否匮乏的直接原因是对某些病不起作用的因素。

抑郁症最显著也是最需要解释的特点是，它具有一种转化为与症状完全相反的躁狂症的倾向。就我所知，并非每一种抑郁症都会有这种结局，有许多病例的发展过程中都有间歇期。在这些间隔里，没有躁狂症的迹象，或者迹象极为轻微。其他人证明，抑郁症与躁狂症的正常交替，可以归为循环神经错乱。如果精神分析的方法无法成功地解释和用治疗改善这类疾病中的一些病例，那么就会有人企图否认这些病例具有心理发生的根源。实际上这不仅是可以做的，而且我们有义务把关于抑郁症的解释推扩到躁狂症上去。

我无法保证这种努力能完全令人满意，它初看起来似乎如此，实际上很难做到。我们可以从两点出发，第一点是精神分析的观点，第二点也许可以说成是心理学中的一般观察问题。精神分析的观点是一些分析研究者早已详细描述过的，那就是躁狂症的内容与抑郁症没有区别，两者都是与同一"情结"纠缠在一起的障碍，只是在抑郁症里，自我屈从于情结，而在躁狂症中自我控制了情结或者把它排除在外。另外一种观点是根据观察与躁狂症对应的所有正常状态，例如，玩笑、胜利、狂喜都有同样的条件。总是存在长期消耗大量心理能量的状态，或者靠长期的习惯力量建立起来的状态，在此基础上，伴随着某些影响，会使能量消费成为多余，于是大量能量就可以有多方面的应用，并且有许多种释放方式。例如，有的穷光蛋，赢得一大笔钱，就突然摆脱了每天对面包的不断焦虑；又如，长期艰苦的战斗终于获得成功；再如，一个人发现自己一下子摆脱了某种沉重的负担，摆脱了他长期承受的那种虚伪状态等。所有这些情况的特点都是极度兴奋，具有流露喜悦激情的迹象，愿意采取任何行动，它完全像躁狂症，与抑郁症的沮丧和压抑相反。人们可以冒险断言，躁狂症不过是这样一种胜利，自我曾经屈服而现在却胜利了，逃避了它。酒精中毒属于同样的情况，可以用同样的方法来解释，它也是由得意洋洋的状态构成的，这也许是由于毒素的作用而将压抑中消耗的能量释放了出来。这种通俗的观点很容易得到证实，一个人处于躁狂状态也会乐于运动和行动，因为他如此"精力充沛"，实际上是上面所说的条件得到了满足。这正是躁狂症如此高度兴奋，对行动不加抑制的原因。

九、理智的判断

如果我们把两种途径得到的看法结合在一起，就会得出以下结果。有躁狂症伴随发生时，自我必定曾经屈从于损失的对象（或者是为损失而悲痛，或者就是屈从对象本身），抑郁症痛苦承受的所有的"反精神发泄"都来自自我，"束缚"也就成为可能。此外，躁狂症病人明白地向我们表示，他摆脱了使他痛苦的对象，因为他像一个饿鬼追逐面包一样，追逐着新的发泄对象。

这种解释看起来很有道理，但是，第一，它是如此不确定；第二，它又引起了新的问题和疑虑，这是我们无法回答的。我们不回避这种讨论，即使我们并不奢望它会使我们有更清楚的理解。

那么，首先在正常的悲伤中也有对象的损失，它无疑是被克服了。而这个过程只要存在就会吸收自我的所有能量。那么为什么在这个过程之后，不会形成胜利阶段的条件呢？我发现要立即回答这种异议是不可能的，它再度提醒了我们，我们甚至还不知道用什么来作为悲痛功能的测度。但是，也许有一种假设可以在这里帮助我们。如果对象不再存在，现实便根据单独的记忆和希望进行裁决，而性欲本能正是通过这些记忆和希望依附于失去的对象的；同时自我面临是否要有与对象同样命运的决定，接着，它为自己全部的自恋满足所说服，切断对不存在对象的依恋而继续活下去。我们可以想象，由于这种切断的过程是缓慢的、逐渐的，因此为达到目的需要消耗的能量很多。

我们想根据对悲痛功能的猜想，来试着描述在抑郁中完成的功能。我们在这里一开始就遇到了不确定性。迄今为止，我们很少考虑在抑郁中的心理位置，也没有探讨在心理中什么系统或哪些系统之间完成抑郁的功能。疾病有多少心理过程仍然被已经放弃的无意识的对象发泄所占据，又有多少心理过程在自我中为认同所代替？

现在论述"性欲本能抛弃的对象的无意识代表"，是很容易的。然而，实际上这种代表是由无数个单独印象（它们的无意识痕迹）组成的，因而这种撤回性欲本能的过程是一个缓慢而逐渐的过程，像悲伤那样并不能一下子完成。很难判定它们是否在几个点上同时开始，或者按照某种确定的序列。分析往往表明，记忆的活化是逐个开始的，悲哀却总是一样的，单调而乏味，每次发生时有一些不同的无意识根源。如果对象对于自我没有重要的意义，只是因为上千种联系而强化，那么失去它并不会引起悲痛或者抑郁。性欲本能逐渐撤回的特点对于悲痛与抑郁是同样的，两者大概是为了同样的目的，通过同样经济的安排维持的。

正如我们所看到的那样，抑郁的内容要比正常的悲伤多，在抑郁中与对象的关系不是单一的，矛盾情绪的冲突使这种关系复杂化了。后者或者是构造性的，也就是说它是由这种特殊自我所形成的每一种恋爱关系的元素，或是来自那些失去对象的坏兆头的经验。因此激发抑郁的原因要比悲痛广泛得多。悲痛在大部分情况下是由于真正失去了对象，由于对象的死亡而造成的。在抑郁中，爱和恨交织在无数个单独的冲突中，它们为对象而斗争；有的要使性欲本能脱离对象，有的则要保持性欲本能的地位而防御攻击。这些单独的冲突不可能在其他系统里存在，只能存在于无意识系统、事物记忆痕迹的区域（成为语言发泄的对照）。悲痛时，该系统里也有性欲本能的脱离，但没有什么东西妨碍这些过程以正常的方式通过前意识进入意识；抑郁时，这种管道大概由于某些原因或这些原因的共同作用被堵死了。构造性的矛盾情绪就其本质讲是受压抑的，与对象有关的创伤经验可以激活某些被压抑的东西。因此与这些矛盾情绪的冲突有关的任何东西都在意识之外，直到出现那些抑郁的特点。正如我们所知道的那样，它存在于受到威胁并最终抛弃对象的性欲本能发泄，但只是恢复了它在发源处自我中的地位，于是爱逃避到自我中，避免了毁灭。该过程在性欲本能退化之后可以成为有意识的，它在意识中表现为自我的一部分与它的自我批判能力的冲突。

因此认识到抑郁的功能是什么并不重要，我们认为哪一部分的影响引起最后的苦难也不重要。我们看到自我贬低自己，愤怒地反对自己，我们和病人一样很少知道这会导致什么，它会如何变化；我们更容易把这种结果归于功能的无意识部分，因为不难设想在抑郁与悲痛的功能之间有着类似性。正如悲伤的功能那样：宣布对象的死亡，并向自我晓以继续生存之利，迫使自我放弃对象，于是矛盾情绪的每一个单独冲突通过贬损、诋毁对象，甚至杀死它而松弛性欲本能对它的固恋。因而有可能在无意识过程中产生一种结果，使愤怒消耗殆尽，或者使对象被抛弃而不再有什么价值。我们无法说在这两种可能性中，究竟哪一种是正常的，哪一种经常在最后导致抑郁，也无法说它对病例的未来情况产生什么影响。如果自我意识到自己优于对象，它会感到满足和高兴。

即使我们接受有关抑郁功能的这种观点，依然无法解释我们希望弄清楚的一点。通过与其他各种情况的类比，我们希望在抑郁中占优势的矛盾情绪里，发现抑郁的发展过程中躁狂症出现的条件，但是没有一个事实可以满足我们的期望。抑郁的三个条件因素是失去对象、矛盾情绪和性欲本能倒退回自我。前两个因素在爱人死后的强迫性责备中也可以发现。在这些因素中，矛盾情绪无疑促进了冲突。观察表明在完成这一过程之后并没有留下什么具有胜利性质的东西或是躁狂的状态，于是我们把第三个因素看成唯一能够产生这种效果的因素。精神发泄的累积最初是被"束缚"的，在完成了抑郁的功能之后，才获得自由。而要使躁狂成为可能，只有使性欲本能倒退到自恋中去，自我中的这种冲突在抑郁症中代替了激荡在对象周围的斗争，其行为很像是一个痛苦的伤口，它会引起异常强烈的反精神发泄，不过我们在这里最好暂时不对躁狂症做进一步研究，直到我们对它的条件有某种洞察。这种洞察首先是关于肉体痛苦的条件，然后是与其类似的心理痛苦。因为我们早已知道，由于心理问题的复杂和相互依赖，我们的研究被迫在某些地方中断，直到在其他地方努力的结果能够提供帮助。

进行精神分析时，病人联想的方式使我们有可能做一些有趣的观察。病人会说："你以为我要说一些侮辱性的话吗？其实我并没有这种企图。"我们马上就可以看到，这是病人通过投射来否认刚才出现的联想……

用这种最方便的方法，我们有时可以对无意识中被压抑的内容得到必要的洞察。可以问病人："你认为在这种情况下最不可能发生的事情是什么？"如果他中了圈套，说出自己认为最不可思议的东西，他无疑是在做真正的招供。在强迫性神经症中往往可以遇到与此相反的情形，这种病人领悟了自己症状的意义。"有一个新的强迫念头控制了我，它意味着立即要如此这般。这当然不可能是真的，起码我是这样认为。"……被压抑的意向或思想能以这种被拒绝的方式进入意识。否定与被压抑的东西有关，它实际上是解除压抑而不是让被压抑的东西进入意识。在这里我们可以看到理智机能与情感过程有什么区别。否定仅仅有助于消除压抑的一种结果，即意象的主体无法进入意识。于是就采用理智的方式接受被压抑的东西，虽然实质上仍然保持着压抑……

因此理智判断的机能是肯定或者否定思想的主体，我们进一步强调这种机能的心理起源。在一个人的判断中否认某些东西，从根本上讲就等于在说："我宁可压制某些东西。"否定的判断就是压抑的理智替代物。用"不"来表示是一种压抑的标记，是商品产地的证明书，就好像"德国制造"一样。借助于否定的符号，思维的过程就能够使自己摆脱压抑的限制，并且以主观事物来丰富自己，而没有这些，它是无法有效地起作用的。

判断的机能归根结底涉及两种决定。它可以主张或者否定一件事物具有特定的性质，也可以肯定或者否定在现实中存在特定的意象或者表现。要做出判断，本来可以是"好"或者"坏"，"有用"或者"有害"；用最古老的语言即口头语言来表达本能的冲动，可以采用这样的两种方式："我喜欢吃那个，我要把这个吐掉。"在以后的阶段可以这样说："我要让那个进到我的肚子里，我不让这个进肚。"这就是说：它不是进入我，就是离开我。正如我在其他地方说明的那样，原始的快乐自我企图吸收每一样好的东西而排斥每一样坏的东西。按照这种观点，坏的东西、与自我不相容的东西以及外部的东西是一致的。

判断机能所能做的另一种决定，是想象物是否存在的问题，这涉及最终的现实自我，它是从快乐自我发展而来的（检验事物现实性的能力）。现在的问题不再是某种感觉到的东西是否能够进入自我，而是在自我中作为意象出现的东西是否能够在感觉中（即在现实中）重新发现的问题。我们可以再次看到，这仍然是内在与外在的问题。不现实的、想象的或者主观的东西只能是内在的；反之，现实的东西就是外在的。这个阶段不再重现快乐原则。经验告诉我们，重要的不仅在于一件事物（寻求满足的对象）是否具有"好"的性质，即它是否能够进入自我，而且也在于它是否在外部的世界里，一旦需要时就能摄取。为了进一步理解这一点，我们必须回忆一下所有来自知觉的意象，以及它们的复制品，只有意象的存在才是想象事物的现实性之保证。在主观事物与客观事物之间的对立一开始并不存在，它起源于这样的能力，思维具有这种能力就可以重映，一件曾经被感觉到的事物，并在它不存在的情况下用意象重新制造它。因此，检验现实性过程的最初和直接的目的并不是要在知觉中发现与想象对应的对象，而是要重新发现这个对象，使自己相信它仍在那里。主观与客观的分化进一步得益于思维的其他能力。知觉产物在意象中的重现并不总是忠实的，它可以因为对某些元素的忽略或混淆而产生变形。检验事物真实性的过程就必须研究这种畸变的程度。但是，形成检验真实性机能的根本先决条件，显然是对象要失去以前会提供的实际满足。

判断是一种智力行为，它决定动作的选择，结束思维过程的拖延，它连接思维与行动。我在其他地方讨论了思维的这种拖延的特点。可以把思维看成是一种实验的行动，是一种向前摸索的行为，要花费最少的能量来获得释放。让我们考虑一下自我可以在哪里先使用这种摸索前进的方法，在哪里可以学会现在思维过程中所用的技巧。这一定是在心理器官的感觉末端与感官的知觉联系在一起。因为按照我们的假说，知觉不仅仅是一种被动的过程，我们更相信，自我是周期性地向知觉系统输出少量的能量，并靠它们对外部刺激进行取样，这样摸索前进之后再收回。

对于判断的研究，也许使我们首次洞察到，由原始本能冲动的相互作用产生了智力机能的衍化物。判断最初是从进入自我的东西，或者自我按照快乐原则排斥的东西系统地发展起来的。它的两极性对应于两组本能的对立，我们假设这些本能是存在的。"肯定"作为结合的替身而属于生存的本能；而"否定"则是从排斥衍生出来的，属于毁灭的本能。普遍否定的狂热，即许多精神病患者所表现出来的"否定主义"，也许可被看作本能的"摆脱"迹象，它是因为撤回了性欲本能的成分而产生的。但是，只有在产生否定的符号之后，才有可能完成判断的机能，思想才能摆脱压抑的结果，同时又不违反快乐原则。

对于否定的这种观点与以下的事实非常协调，我们在分析时从未在无意识中发现"不"这个词，而对自我无意识的承认是用否定的形式表示的……

十、诙谐的作用

我们获得快乐这一目的，应当被看作诙谐工作足够的动机。但一方面不能排除别的动机，也参与了诙谐产生的可能性；另一方面考虑到某些众所周知的经验，必须提出诙谐的主观决定因素这个普遍问题。有两个事实特别促使我们这样做。虽然诙谐工作是从心理过程中得到快乐的绝妙方法，但是很明显，并非所有的人都能使用这一方法，也并不是所有的人都可以随心所欲地制造诙谐。一般说来，只有极少数人是诙谐的，而且他们都以"机智"著称。在这里，更确切地说在原来的心理"技能"领域里，"机智"似乎是一种特殊的能力。同时它仿佛完全不依赖于诸如智力、想象力和记忆等其他技能就能出现。所以，在这些"机智的"人们身上，必须假定有一种特殊的遗传的性质，或者有一种允许或喜爱诙谐活动的心理决定因素。

我们只能间或从理解某一诙谐开始，再成功地发展到了解诙谐创造者内心的主观决定因素。只有在很偶然的情况下，我们开始用来研究诙谐技巧的诙谐事例，才会使我们了解它的主观决定因素。

任何熟悉诗人传记的人都会记得，在汉堡海涅有一位名叫赫尔·海厄辛斯的叔叔。作为这个家族中最富有的人，他对海涅的一生影响很大。毕竟，他也是这个家族的一员，同时我们也知道他非常想和这位叔叔的一个女儿结婚，虽然他的堂妹拒绝了他的求婚，但是他的叔叔也总是视他为亲戚，对他相当的客气，他在汉堡的那些有钱的老表们还从未正眼看过他。我还记得一个嫁进海涅家族的老姑妈给我讲过的一个故事。当她年轻漂亮时，在一次家宴上，她发现坐在自己身边的是一个令人讨厌，而且其他人也都鄙视的人。她也觉得毫无理由要对他亲近友好些。只是在多年以后，她才知道那位不拘小节，为大家所忽视了的堂兄弟就是诗人赫恩里奇·海涅。有很多证据可以表明，在他的青年时代和以后的许多年里，海涅忍受了阔亲戚们的许多冷遇。这个诙谐正是从这种主观感受的土壤中产生出来的。

人们或许会猜想，在这个伟大的嘲弄者的其他诙谐中，也有类似的主观决定因素，但据我所知，再也没有另一个例子能如此令人信服地说明这一点。因此，更想对这些个人决定因素的性质，进行明确的解释并非易事。的确，大体说来，我们一开始就无意给每一个诙谐的起源都规定如此复杂的决定因素。而且其他名流创作的诙谐，也很难阐述这些个人主观决定因素的性质。事实上，我们的印象是：诙谐工作的主观决定因素与神经症疾患的主观决定因素，并非没有关系。绝大多数诙谐，特别是那些新产生的与当时所发生的事情有关的诙谐，都是在不知作者姓名的情况下流传开的。人们都想知道这些诙谐究竟是由什么样的人创造的。如果医生有机会结识这些尽管在其他方面并不很出色，但只有在他们那个圈子里却以诙谐闻名而且被公认是创造了许多绝妙的诙谐的人之一，那么他也许会惊奇地发现此人是一个人格分裂者，并有神经症的倾向。不过，由于文字证据不足，我们当然无法假设，这种神经症的素质是否是诙谐形成的一个常见或必要的主观条件。

诙谐的创造者发现很难直接地表达自己的批评或攻击，因此，他不得不转而求助于迂回的途径。决定或偏爱诙谐工作的其他主观决定因素，则非常明显。产生单纯性诙谐的动机往往是显示一个人的聪明，表现自己的一种强烈冲动——一种与性领域里的露阴癖几近相同的本能。存在着许多其抑制均处于一种不稳定状态中的遗传这一事实，这为有倾向性诙谐的产生提供了最有利的条件。因此，一个人性欲结构中的某些单个成分，可能表现为诙谐建构的动机。所以一切淫秽诙谐都使人们得出这样一个结论：在这些诙谐创造者身上，隐匿着一种裸露癖的倾向。在他们的那些性欲里，明显存在着强烈的施虐狂成分，但只有在现实生活中或多或少地受到抑制的人们，才最富有攻击性的有倾向性的诙谐。

十、诙谐的作用

使研究诙谐的主观决定因素成为必要的另一个事实是，没有人仅满足于自己讲诙谐，把诙谐讲给他人听的这种冲动与诙谐工作密不可分。实际上，这种冲动非常强烈，以至于它常常无视重重疑虑而成功地传达了诙谐。在滑稽当中，虽然也给人带来乐趣，但却不是强制的。如果一个人碰巧看到了某个滑稽性的东西，他可以独自欣赏它，然而，诙谐却必须被传达。显然，当一个人想起一个诙谐时，构造该诙谐的心理过程并没有结束：这里还存在着某个试图通过传达这个诙谐来结束建构该诙谐有未知过程的东西。

在第一种情况下，无法推测出究竟是什么导致了我们传达诙谐的冲动。但在诙谐中，我们却能看出它的另一个区别于滑稽的特性。倘若看到了某个很滑稽的东西，我就会因为它而开怀大笑。不过，如果我把它传达给另一个人而使他发笑，那我也会感到高兴。事实的确如此。但我却不会因自己想起自己创造的诙谐而发笑，尽管该诙谐肯定会给我明显的乐趣。这很有可能是因为我想传达该诙谐的这种需要某种方式与由此产生的笑有关。这种笑没有在我身上出现，但在别人身上却是相当明显的。

那么，我为什么不为自己的诙谐而发笑呢？另一个人在其中起了什么作用呢？

让我们首先考虑后一个问题。在滑稽中，通常涉及两个人：除自我之外，还有一个我可以在其身上发现某种滑稽东西的人。如果无生命的事物对我来说是滑稽的，那是因为在我们的观念生活中，常常出现一种拟人化的缘故。这个滑稽过程就因这两个人——自我和作为对象的那个人——而得到了满足。除此之外，第三者也可以参与进来，但他并不是必不可少的。作为文字游戏和思想游戏的诙谐，一开始就没有人充当对象，但在俏皮话的预备阶段，假如它成功地保护了游戏和胡说免遭理智的反对，那么，它就需要另一个人来传达其结果。可是，诙谐中的第二个人并不和作为对象的那个人相对应，而是和第三者，即滑稽中的"另一个"人相对应。在俏皮话中，诙谐工作能否完成自己的任务，似乎是由另一个人来决定的，仿佛不敢确信自己在这个观点上所作的判断是否正确。单纯性诙谐，即那些用来加强一种思想的谐谑，也需要另一个人来检验它们，是否已经达到了自己的目的。假如谐谑已经开始为暴露目的或敌意目的服务，正如在滑稽中那样，我们可以把它说成是三个人之间的心理过程，不过第三者在此起的作用有所不同。谐谑的这种心理过程，是在第一个人（自我）和第三者（局外人）之间完成的，不像在滑稽中那样是在自我和作为对象的那个人之间完成的。

也是在有第三者的情况下，谐谑遇到了可能会使产生乐趣刺激这个目的无法达到的种种主观因素。恰似莎士比亚在《爱的徒劳》中所说的那样：一个俏皮话的成功在于听者的耳朵，而绝不是说者的舌头……

一个思想严肃的人，不大会证实俏皮话富有成效地帮助他获得过言语方面的快乐这一事实。作为俏皮话的第三者，他本人必须是快乐的或至少是超然的。虽然在单纯性谐谑和倾向性谐谑中均存在着同一种障碍，但是在后者中，还有一个与谐谑正在尽力达到的目的相反的障碍。倘若所暴露的是第三者非常尊敬的亲戚，那么他不可能因听了一则极精彩的淫秽谐谑而发笑。在一群牧师和教长面前，没有人敢冒昧地把海涅的那个比喻讲出来，即把天主教和新教牧师比作是零售商和经营批发贸易的雇员。如果听众有"我"的反对者的忠实朋友，那么"我"用来攻击他的最谐谑的痛骂就不会被认为是谐谑的，而会被看成是辱骂。同时在听众的头脑中，这些最谐谑的痛骂所产生的不是乐趣，而是愤怒。某种程度的善意或保持中立地位，即没有任何能够引起反对谐谑目的的情感因素，是第三者参与完成整个谐谑过程必须具备的条件。

只要在谐谑操作过程中没有这些障碍，就会出现一种我们现在正在研究的现象：谐谑产生的快乐在第三者身上要比在谐谑创作者身上更为明显，而我们必须满足于说更"明显"。关于这一问题，我们往往会说听者所获得的快乐，也许并不比谐谑创造者所获得的快乐"大"，这自然是因为迄今为止，我们还缺乏测量和比较手段。但我们还发现，通常在第一个人以一种紧张严肃的神态讲完谐谑之后，听者常用哗然大笑来证明他们的快乐。倘若我重复一个我曾听到过的谐谐，要是不想破坏其效果的话，我就得在行为举止方面跟原来说诙谐话的人一模一样，现在的问题是，是否能够从因诙谐而笑这个因素中，给建构诙谐的心理过程下一个结论。

一方面，现在我们不可能把所有已经提出过和发表过关于笑的性质的文章都考虑进来。另一方面，为了达到我们的目的，必须抓住一切机会，利用一种与我们的思想方法相一致的笑的机制的观点。我记得赫伯特·斯宾塞在他的《笑的生理学》一文中曾试图对此观点加以解释。据斯宾塞说，笑是一种心理兴奋的释放现象，同时也是这种兴奋的心理释放突然遇到一种障碍的证明。他用下面的话来描述以笑告终的心理状态。

只有当意识不知不觉由大事转向小事时，只有还存在着我们称之为下降的不协调时，人们才会自然而然地发笑。

从某种极其类似的意义上讲，法国作家们（比如迪加）把笑说成是"放松"，即一种紧张感松弛的现象。所以，在我看来，培根提出的那个准则——"笑是紧张感的一种解除"比某些权威们的观点更接近于斯宾塞的观点。

然而，我们觉得有必要修正斯宾塞的这种观点，这在某种程度上是为了给其观点中的某些思想，下一个更为确切的定义，同时也是为了改变它们。我们应该说，如果先前为特殊精神道路，贯注所运用的那些心理能量的配额变得毫无用处，以至于它可以自由地释放时，笑才会出现。我们知道做出这种假设会招致什么样的"憎恶的面孔"，但为了捍卫自己，我们将冒险引用李普斯的专著《滑稽与幽默》中一句很贴切的话，从该书中可以得到除滑稽和幽默以外的许多问题的启示：从根本上说，人们不能孤立地处理任何心理问题。

十一、心理能量的释放

自从我开始从哲学的角度对心理病理学中的事实加以整理时起,就已习惯使用"心理能量""释放"这些术语以及把心理能量当作一种数量来处理。在《梦的解析》里,我曾试图(和李普斯一样)证实"心理上真正有效"的东西,本身就是潜意识的心理过程,而不是意识的内容。只有当我变到"心理途径的贯注"时,我似乎才开始背离李普斯所使用的那些类比。我所得到的关于心理能量可以沿着某些联想途径进行移置,以及心理过程的种种痕迹,不仅是坚不可摧的,而且是持久的经验。这实际上也已经向我暗示,我可以采用某种类似的方法来描绘那些未知的东西。

因此,根据我们的假设,在笑的过程中,仍然存在着允许用于贯注的心理能量自由释放的种种条件。但是,由于笑——的确不是所有的笑,但诙谐的笑却是肯定的——是一种快乐的象征,把这种快乐与先前所存在着的贯注的解除联系起来。如果我们发现诙谐的听者发笑,而诙谐的创造者却不发笑,这就一定表明,在听者身上,贯注消耗皆已解除和释放;而在诙谐建构过程中,无论是解除还是释放都存在着种种障碍。人们只能通过强调听者只用了极少的消耗就获得了诙谐快乐这个事实,才能更恰当地描述听者,即诙谐的第三者的心理过程。人们或许会说该诙谐是别人赠送给他的。他所听到的诙谐的词语,必定会使他产生一种想法或一连串的思想,而巨大的内部抑制,却反对他建构这种想法或这一连串思想。为了使该想法或思想能够像第一个人身上那样自然而然地产生,他可能已经做过了一番努力,或者说这样做时,他可能已经至少使用了与这种想法的抑制、压制或压抑的力量相一致的精神消耗。不管怎么说，他还节省了许多的心理消耗。根据前面的讨论，我们应当说他的快乐与他的节省相称。对笑的机制进行深入的了解，导致我们更想说：由于依靠听觉而提出了那种被禁止的观点，故用于抑制的贯注能量现在突然变得多余，并得到了解除，因此，现在它很乐意被笑释放出来。从本质上讲，以上两种论述殊途同归，因为被节省的消耗恰好与现在多余的抑制相等。后一种论述更富于启发性，因为它准许我们说诙谐的听者是用通过抑制贯注的解除而变得自由的心理能量来发笑的。可以说，他用笑消耗掉了这些心理能量。

假如制造诙谐的那个人不能发笑，这就表明在诙谐创造者身上发生的东西与在第三者身上发生的东西是有差异的，而这种差异要么在于抑制贯注的解除，要么在于释放抑制贯注的这种可能性。但是就像我们马上会看到的那样，这两种情况的前一种与目前所谈的情况不符。第一个人身上的抑制必须解除，否则，诙谐就不会产生，因为诙谐的形成正是为了克服那种阻力。同时，第一个人不可能感受到这种诙谐快乐，事实上，只能在抑制解除时才能得到这种快乐。此外还有另外一种情况，尽管第一个人感到了快乐，但他还是不能发笑，因为释放的可能性被扰乱了。释放可能性的这种阻碍是产生笑的一个必要前提，它能从马上就可以适用于某个内在心理应用中，被释放了的贯注的心理能量中产生。我们已经注意到了这种可能性，这的确是个好现象，而且我们也会马上对它产生兴趣。但在诙谐的第一个人身上，还存在着另一个导致同样结果的条件。极有可能的是，尽管解除了抑制，但能够被证明的能量还是不能被释放出来。在诙谐的第一个人身上，诙谐工作实际上是以一种必须与某种新的心理消耗相对应的方式进行的。这样，第一个人自己就产生了一种解除抑制的力量，同时这种力量无疑会给他带来极大的乐趣，甚至在倾向性诙谐中，这也会引起相当大的快乐，因为诙谐工作本身获得的前期快乐又会进一步解除抑制。但是诙谐工作的消耗，却被从来自抑制的解除所得到的快乐中扣除掉了。这种消耗与诙谐听者所避免的消耗是一模一样的。我刚才说过的话，可由下述事实加以证实：一旦要求第三者把消耗花在与诙谐有联系的智力工作上，那么即使在他身上，该诙谐也会丧失令人发笑的这种作用。诙谐的引喻必须是显而易见的，而且省略掉的东西也必须很容易就能补上。一旦有意识的智力兴趣苏醒过来，该诙谐的作用就不可能产生。这就是诙谐和谜语之间的一个重要差别。总的来看，诙谐工作期间的心理，最有可能对已获得的能量的自由释放不利。然而，现在还不能更深刻地理解这一点。虽然我们已能够更清楚地阐明第三者何以发笑，但并不能同样说明为什么第一个人不发笑这一问题。

然而，假若执意接受关于笑的决定因素，以及在第三者身上产生的心理过程这些观点，那么就可以对我们业已掌握，但尚未理解的许多独特性，做出令人满意的解释。倘若要将第三者身上的能够释放的、贯注的心理能量释放出来，使之成为起促进作用的东西，那么还有几个必须满足或者值得拥有的条件：（1）必须保证第三者确确实实在被这种贯注的心理消耗；（2）当贯注的心理消耗获得自由时，有必要防止它去寻找某个其他的心理应用，而不去为运动的释放出力；（3）如果第三者身上打算被解放出来的贯注事先得到了加强，并且提高到了一个更高的高度，这必然是这种能量获得自由的一个有利条件。诙谐工作的某些特殊方法，通常都是为这些目的服务的，而且我们可以把这些特殊方法作为次要的或辅助的技巧归到一起。

这些条件中的第一个条件，阐明了作为诙谐听者的第三者必须具备的资格之一，就是要具备诙谐工作在第一人身上已经克服掉的那种相同的内部抑制，他必须与第一个人保持心理状态上的和谐一致。对猥亵语言很敏感的人，不可能从妙趣横生的裸露诙谐中得到任何乐趣。那些以侮辱别人而恣意取乐的没有教养的人，也不会理解N先生的攻击。所以，每个诙谐都要求有自己的听众，为同一个诙谐而放声大笑，正好说明这些人的心理是绝对一致的。实际上，我们现在已经到了可以更准确地猜测出第三者身上发生的事情这个地步了。通常，第三者必须在自己身上建立起那种第一个人的诙谐已经克服了的同一抑制，以便他一听到这个诙谐，这种抑制的准备状态就会强迫或自动地觉醒起来。我必须把它看作是一种与军事动员相类似的真正消耗。

而且就在同一时刻，它就被确认为多余的或过期的，因此，它常常还在萌生状态时就被笑释放了出来。

使自由释放成为可能的第二个条件——阻止被释放的能量以另一种方式得到使用——似乎比第一个条件要重要得多。当诙谐中所表达的那些思想，使听者产生种种非常激动人心的想法时，此条件从理论上解释了诙谐作用的这种不确定性。在这种情况下，诙谐的目的与控制听者的那个思维领域是相符还是相悖，这个问题，将决定他是否仍注意诙谐的过程。然而，具有更大理论意义的是一组辅助诙谐技巧。它们显然是想把听者的注意力从诙谐过程中引开，以便使该过程可以自动地向前发展。我之所以慎重地使用"自动地"这个词，而不用"无意识地"，是因为后者很有可能把我们引入歧途。这只不过是一个在人们听到诙谐时，阻止增加的注意贯注去注意心理过程的问题，而且通过使用这些辅助技巧，我们就可以正确地设想，正是注意贯注在监督和重新使用以及被释放的贯注的心理能量中做出了巨大的贡献。

似乎很难避免在内心应用这些早已变得多余的贯注，因为在我们的思维过程中，总习惯于通过释放，在不失去贯注的心理能量的情况下，把这些贯注从一条途径转换到另一条途径上去。为了达到这个目的，诙谐使用了下列方法。首先，它们尽量使其表达简洁，目的是给注意力暴露较少的攻击点。其次，它们严格按照简明易懂的条件办事，因为一旦它们需要在两个不同的思维途径之间进行选择的智力工作，就会由于不可避免的思维消耗和注意力唤醒而危及诙谐的效果。除此之外，诙谐还通过在诙谐的表达方式中，增添某些可以引起听者注意的东西，以便在此期间，抑制的贯注及其释放就可以毫无阻碍地解放出来。这个目的可以通过省略诙谐中的用词来达到，而且诙谐还促使我们去填补这些空白，这样我们就不会去注意诙谐的过程了。在此，事实上那些吸引人们注意力的谜语技巧，常被用来为诙谐工作服务。特别是在某些倾向性诙谐中发现，那些被用来作幌子的东西在这方面效果更佳。那些诡辩的幌子通过采取分配任务的方式，从而成功地达到了吸引注意力的目的。当我们还在纳闷儿这个答案还有什么不妥之处时，我们就已经在笑了。我们的注意力不知不觉间被吸引了过去，同时获得了解放的抑制贯注也就成功地释放出来了。那些打着滑稽幌子的诙谐的情况也是如此，在这些诙谐中，滑稽对诙谐技巧也起到了辅助作用。滑稽的幌子用多种方式来提高诙谐的效果。它不仅通过吸引注意力来使诙谐过程的自动性成为可能，而且通过把滑稽的释放先发送出来以促进诙谐的释放。在此，滑稽所起的作用与行贿的前期快乐所起的作用十分相似。现在我们完全可以理解，为何某些诙谐完全放弃那些普通的诙谐方法所产生的前期快乐，而只把滑稽用作前期快乐了。在诙谐技巧中，特别是移置作用和荒诞表现，除了它们的其他限制性条件之外，它们也常常导致对诙谐过程的自动性过程极为有利的注意力的分散。

我们已经做过这样的推测，而且以后将会看得更清楚，在分散注意力的条件下，已经在诙谐听者身上发现了一个极为重要的心理过程的特征。关于这一点，我们仍然可以了解许多其他的东西。首先，尽管通过分析研究，我们能够发现笑的原因，但是我们很少知道在诙谐中我们为什么要笑。这种笑实际上是通过疏远自己清醒的注意，而使之成为可能的自动过程的结果。其次，也能够理解诙谐的特点，就是只有当它们新奇时，只有当它们使听者感到诧异时，它们才能把自己的全部力量作用到听者身上。诙谐的这个特点（它决定了诙谐是短命的，并促使人们不断去创造新的诙谐），显然应归功于下述事实：正是这个使人诧异或者出人意料的性质，暗示着它只能成功一次。当我们重复诙谐时，被唤醒了的记忆就会把注意力引回到首次听到这个诙谐时的情境中去。从这一点我们就了解人们为什么总是想把曾经听到过的诙谐，告诉给还没有听到过的人。因为他或许能够从这个诙谐给听者留下的印象中，重新获得由于缺乏新奇感而早已消失了的那部分乐趣。而且很可能是一种类似的动机，驱使该诙谐的创作者把他的诙谐讲给他人听。

在第三个条件里，我将提出旨在增加获得释放的分量和将会增加诙谐效果的诙谐工作的一些辅助性技巧方法。不过，这次我不是把它们作为必要的条件，而是作为对诙谐过程起促进作用的东西才提出来的。的确，这些技巧主要是用来引起人们对诙谐的注意的，但它们又通过既吸引注意力又抑制其活动来减弱这种效果。引起兴趣所产生困惑的一切事物，都在这两方面发生作用——胡说和矛盾说法尤其如此，而且最典型的是"观念的对比"。一些权威人士曾认为"观念的对比"是诙谐的基本特征，但我认为它只是加强诙谐效果的一种手段。所有使人感到迷茫的东西，都在听者身上唤起一种李普斯称之为"精神郁积"的能量分布情况。同时，毫无疑问，他还可以正确地假设这种释放力量的大小，是随着先前郁积量的多少而发生变化的。虽然李普斯的解释并未专指诙谐，而是泛指滑稽，但是我们仍可以认为，诙谐中的这种抑制贯注的释放，可能也是借助郁积的增高这种手段以同样的方式得到增加的。

现在，我们开始明白，诙谐的目的总的说来是由两种目的决定的。第一种目的是使在第一个人身上建构诙谐成为可能；第二种目的是保证诙谐在第三个人身上尽可能产生最大的、令人愉快的作用。诙谐的这一个杰纳斯的双面特征，保护着他们的原有快乐领域，不受批判性理智的攻击，与前期快乐机制一起，同属于这些目的的第一种。而本节所列举的那些条件所引起的诙谐技巧的更复杂之处，其产生则看在诙谐的第三者的面上。这样，诙谐本身就是一个同时为两个"主子"服务的"两面派无赖"。诙谐中一切旨在获得快乐的东西，都是为第三者设计的，仿佛在第一个人身上那许多不可克服的内在抑制，使他无法获取快乐似的。因此，我们就有这样一种印象：第三者对于诙谐的完成是不可缺少的。但是，尽管我们已经能够洞悉在第三者身上这种过程的性质，但在第一个人身上与之相对应的过程似乎仍很模糊，令人费解。在我们提出的两个问题中："为什么我们不能因自己讲的诙谐而笑？""为什么我们总想把自己的诙谐讲给别人听？"到目前为止，我们仍无法回答第一个问题。我们只能猜测在这两个有待解释的事实之间存在着一种密切的联系。我们之所以不得不把自己的诙谐讲给他人听，是因为我们自己不能因它们而发笑。从我们对在第三者身上存在着的、获得快乐和释放快乐的种种条件的深入了解中，我们可以推断出，在第一个人身上，释放的条件是不充足的；另外，获得快乐的那些条件也并未完全实现。既然情况如此，我们便可以通过对发笑者的印象这种间接途径，获得我们自己不能笑的笑声，并以此来弥补我们的快乐，这一点是无可争辩的。正如迪加所说的，我们笑了。笑是心理状态中极富感染力的表达方式之一。当我把笑话讲给另一个人听而使他大笑时，其实我也在利用他使我自己发笑。实际上，人们常常可以看到，讲笑话的人开始时表情很严肃，后来也随着听者一块温和地笑了起来。因此，把我的诙谐讲给别人听，便可以达到几个目的。首先，它可以从客观上肯定诙谐工作已获得了成功。其次，通过另一个人对我的反应，它可以满足我自己的快乐。最后，如果我重复的不是我自己创作的诙谐，它就可以弥补由于该诙谐缺乏新奇感而失去的乐趣。

总的来说，节省只是一个避免心理消耗的问题，其中包括最大限度地限制语词的使用和思想序列的建立，即使在那个阶段，我们也一再告诫自己简洁或精练都不足以制造诙谐。诙谐的简洁是一种特殊的简洁——"诙谐的"简洁。的确，文字游戏和思想游戏所产生的原有快乐，只不过是从消耗的节省中获得的，但随着游戏发展成诙谐，节省的倾向也必须改变自己的目标，因为不管是使用同一语词，还是避免用新的方法把观点联合起来，都可能会有矛盾，但当和我们花在智力活动上的巨大消耗相比较时，它都算不了什么。或许我可以冒昧地把这种心理节省和一个贸易公司之间做一个比较，只要后者的交易额很小，那么其良策就是压低消耗，并且必须最大限度地减少管理费用。于是，节省就会步消耗之后尘而达到登峰造极的程度。后来，营业额增加了，管理费用的重要性就会降低。此时，如果交易额和利润能得到足够的增加，消耗总数的增加就无关紧要了。减缩管理费用将显得过于节俭，而且对公司也极为不利。不过，如果想当然地认为消耗巨大，那就没有什么节省的余地了，这种想法也不对。因此，总想节约开支的经验将会在各种具体的事务上节省开支。假如一件工作能够以比以前更小的代价完成，不管节省的钱和总消耗比较起来如何的微乎其微，他也会感到心满意足。在复杂纷繁的精神事务中，细节方面的节省，以一种极其类似的形式保留着一种快乐的根源，我们可以从日常发生的事情中看出这一点。一个过去常用煤气灯照明而现在改用电灯照明的人，在相当长的一段时间里，当他开灯时，他都会体验到一种明显的快乐。只要此时此刻他还记得为了点燃煤气灯而必须完成的那些复杂的工作，这种乐趣将会一直延续下去。同样，由诙谐所产生的心理抑制中消耗的节省——尽管与我们的心理消耗相比微不足道——仍给我们保留着一种快乐根源，因为我们因此节省了一种我们常常习惯于花费掉的，而且我们这一次也准备好要花费掉的独特的消耗。这个消耗因素，正是人们为了使自己处于最突出的地位，而期待和准备的那个因素。

刚才考虑过的那种局部性节省，肯定会给我们带来瞬间的快乐，但只要此时此刻所节省的东西能够应用于另一个场合，它就不会产生一种持久性解脱。只有在能够避免这种处理方法应用于其他场合时，这种特定的节省，才能转换成一般的心理消耗的解脱。这样，由于我们更好地理解了诙谐的心理过程，解脱因素就取代了节省，显然是前者给了我们快乐感，在第一个人身上的诙谐过程，通过解除抑制和减少局部消耗来产生快乐。不过，直到经过最初介入的第三者从中撮合，或者它通过释放而得到普遍的解脱时，这种快乐才会停止。

十二、梦的神秘

人们经常将梦看作通向神秘世界的门户,即使在今天,仍有许多人把梦视为一种神秘现象,甚至连我们这些以梦为科学研究对象的人,对梦与那些模糊事物有着一缕或多缕的联系也不加质疑。玄秘论、神秘主义,这些字眼是什么意思呢?它们意指某种"别的世界",这个世界存在于科学为我们构建的受无情法则支配明亮世界的背后。

神秘主义断言,"天地间存在的东西比我们的哲学所能想象的要多得多"。所以,我们无须受制于学院哲学的狭隘成见,而应该相信:凡呈现于我们面前的东西都值得信任。

我们打算像处理其他任何科学材料一样来处理这些事物:一方面,厘清是否真能证实这些事物的存在;另一方面,只有在这些事物的真实性不置怀疑方面,才能设法对其加以解释。然而,无可否认,就理智的、心理的和历史的因素而言,我们甚至很难把这种决定变为实际行为。这与探究其他问题时是不相同的。

首先,是来自理智的困难。假定所讨论的是地球的内部结构,对此我们还没有完全弄清楚。然后再想象某人提出的一种论断:地球内部是由饱含碳酸,即苏打水的液体构成的。对这一论断,我们会毫不迟疑地说,这绝不可能,因为它与我们的一切预期相矛盾,而且也无视那些导致我们接受金属假说的已知事实。但这种论断又不是不可想象的,如果有人能提供论证苏打水假说的方法,我们会毫不反对地接受它。但是,假设现在有其他人郑重提出:地球的内核是由果酱构成的,我们的反应就会大不相同。我们将告诉自己:果酱并不是自然产物，而是人类烹制的东西，而且，果酱的存在是以果树和果实的存在为前提的，我们无法理解怎么能把植物与人类烹调技术安放于地球内部。这些理智的反对结果将扭转我们的兴趣，不是立即着手研究地球内核是否真由果酱构成，而是思忖，提出这种观点的是什么样的人？或最多只问他得出此观点的由来。倒霉的果酱理论提出者将以此为忤，责怪我们抱守貌似科学的成见，而拒绝对其观点作客观的调查研究。但这对他无济于事。我们认为，成见未必总会受到非难，相反，由于它们使我们避免了无益的劳动，有时却是正确而有利的。实际上，成见也仅仅是从其他可靠的判断类推而获得的结论。

神秘主义者所有主张的印象，同于果酱假说给我们的印象。因此，我们可以不假思索地排斥它们，而不必进一步深入研究。但同样地，这种观点也并非如此简单。我所提出的这种比较，只能证明极少的东西。这种比较是否符合事实仍是值得怀疑的，而且很明显，它的选择早已由我们傲慢的态度决定了。成见有时是有用而合理的，但有时却是错误而有害的。没有人能辨明，它何时属于前者，何时属于后者。科学史上的许多事例告诫我们：切勿过早地做出定论。现在称为"陨石"的那些石头可能是从太空落到地球上的；蕴藏着贝壳残骸的岩石山脉可能曾是海床。长期以来，这些假说都被认为是没有任何意义的。顺便提一下，当我们的精神分析提出存在潜意识推论时，也出现了相差无几的情况。所以，我们这些精神分析者在运用理智的思考驳斥新假说时，有特殊的理由采取谨慎的态度，而且必须承认，理智思考并没有使我们消除厌恶、怀疑和不确定感。

我已经说到了第二个因素是心理因素，指的是人类普遍存在的轻信倾向和对奇迹现象的信仰。在很早以前，当我们还处于生命的严格法则之下时，我们就产生了一种反抗，反对思维规律的严酷性和单调性，反对实在性验证的需要。理性变成了敌人，剥夺我们享乐的种种可能。我们发现，只要脱离了理性束缚——哪怕只是暂时的——而非屈从于非理性的引诱，我们就享受更多快乐。学童喜欢文字游戏；专家们在科学会议结束后拿自己的研究取乐；甚至最严肃的人也喜欢听听笑话。对"理性与科学——人类拥有的最强力量"更深的敌意正伺机发作；它使人们宁愿舍弃"训练有素"的医生，而求助于巫医或自然疗法的治疗者；它对神秘主义的论断情有独钟，只要它所提供的事实能用以突破规律和法则；它使批判主义智昏，它歪曲人的知觉，把那些得不到证实的观点和意见强加在人的身上。假如考虑到人类的这些倾向，我们就有足够的理由对神秘主义著作中提出的讯息质疑。

我把第三个因素称为历史因素，意在指出在神秘主义世界中实际上并不存在任何新的东西，一再出现的，只不过是远古时期流传下来的并载于古书上的所有迹象、奇迹、预言及稀奇古怪的东西。长期以来，它们被认为是天马行空的想象或有意欺瞒的结果，是人类处于极端无知、科学精神尚在襁褓中的时代产物。如果我们接受神秘主义者宣称的、至今仍存在的所有事物的真实性，我们也就必须相信自古流传的那些传说的真实性。于是，我们必须考虑到，所有民族的传说与圣典都载有种种类似的神奇故事。宗教正是在这些神奇事件的基础之上，谋求着人们的崇信，并从中找到超人力量发生作用的证据。果真如此，我们不禁要怀疑，神秘主义的兴趣事实上是一种宗教兴趣，神秘主义活动的隐秘动机之一就是，当宗教受到科学思想的先进性威胁时，给予其帮助。而且，由于发现了这个动机，我们更加对神秘主义不信任，更不愿意着手研究这些想象的神秘现象。

然而，这种厌弃迟早是必须加以克服的。我们面临着一个实际问题：神秘主义者告诉我们的事情是真还是假，通过观察，这个问题毕竟还是可以得到明确解决的。说到底，我们还是感谢神秘主义者。现在还无法证实自古流传的种种奇闻逸事，不过我们认为，倘若它们不能被证实，则须承认。严格地讲它们也不能被证伪，但是对那些我们亲历亲为的当代事件，我们应该做出明确的判断。假如深信这样的奇迹不会发生在今天，就不必害怕它们可能发生在古代这样的相反意见，如此，其他解释也就更有道理了。这样，我们就消除了疑虑，并准备对神秘现象进行研究。

但不幸的是，在此又遇到了对我们极为不利的情况，我们的判断所应依赖的观察是发生在令我们的感观知觉模糊、注意力迟钝的条件之下，经过遥遥无期的无望后，可供观察的现象才在黑暗或朦胧的红光中显现。据说，实际上我们的质疑批判态度可能阻止了预期现象的发生。这些现象发生的情境，是我们进行科学探究一般情境的滑稽模仿。这些观察的对象即所谓的"巫师"——那些具有特殊的"敏感"能力的人，但他们的智力或性格品质不过如此，他们也不像古时创造奇迹的人一样，怀有伟大的见解和高尚的目标。恰恰相反，甚至那些相信他们神秘力量的人，也认为他们极不可靠。我们已揭穿他们当中大多数人是骗子，而且有理由认为，其余的也会遭受同样的下场。他们的行为给人以儿童恶作剧或魔术师变戏法的印象，在巫师的降神会上，还从未产生过任何有价值的东西。实际上，尽管魔术师通过魔术从其空帽子里变出了鸽子，我们也不期望从中获取孵生鸽子的启示。我很容易理解这样的人：为了获得无偏见的评价，他便去参加神秘的降神会，但他不久就感到厌烦，并厌恶地摆脱他所期望的一切，而退回到先前所抱有的成见之中。人们可能会指责这种人的行为方式是不正确的，人们不该预先规定它所想研究的现象应该是什么，并且应在什么情况中出现。相反，他应该百折不挠，重点放在采用最新的预防和监督措施以抵制巫师的不可靠性上。但不幸的是，这种现代的防备措施使易于接近神秘现象的观察宣告破产了。这样，神秘主义的研究成为一个专门化的艰难行当——一种无法兼顾其他兴趣的活动。在从事这些研究的人们得出结论之前，我们只能保留怀疑和我们自己的臆测。

十三、心理感应

假设神秘主义中存在着尚未为人所知之事实的实在核心,而且在这个核心周围,欺骗与幻想已编织成了难以窥入的面纱。我们如何才能接近这个核心呢?从哪一方面入手才能有效研究这个问题呢?我认为梦可以给我们帮助:它暗示我们应从这种混乱中摄取心灵感应这个主题。

所谓的"心灵感应"是指这种妄乱断定的事实:在某个特殊时间里发生的事件,不经过我们所熟悉的种种交流途径,而能同时地进入到远处某人的意识中。这里暗含着一个前提:该事件涉及某人,且另一个人(讯息接受者)对他有着强烈的情感上的关注。梦与心灵感应几乎根本没有关系,心灵感应没有给梦的性质提出什么新的解说,梦也没有为心灵感应的真实性提供任何直接证据。而且,心灵感应现象与梦绝无密切关系,它也可能在清醒状态中发生。探讨梦与心灵感应之间关系的唯一理由是,睡眠状态好像特别适合于接受心灵感应的讯息。在该状态中,人们会做所谓的心灵感应梦。在对它的分析中,人们会形成一种信念:心灵感应的讯息作用,与白天的其他残余部分的作用相同,并以同样方式被梦的工作所改变,从而为梦的工作目的服务。

有一个显然很聪明的人曾写信告诉我,他做了一个对他而言似乎非同寻常的梦。首先告诉我,他远嫁的女儿预期12月中旬生第一胎,他很爱这个女儿,而且也知道,女儿非常依恋他。在11月16—17日夜间,差不多就是他梦见自己的妻子生了一对双胞胎。在梦中双胞胎的母亲是他的第二任妻子,即他女儿的继母。他说,并未指望现在的妻子能生孩子，因为她没有细心抚育孩子的能力，而且在他做梦的时候，已经很久没有与她发生性关系了。促使他把梦告诉我的是下述情况：11月18日早上他收到一份电报，电报上说他女儿生了一对双胞胎。电报是前一天发出的，双胞胎诞生于11月16—17日夜间，差不多就是他梦到妻子生双胞胎的时间。梦者问我，是否认为该梦与真实事件的巧合是偶然的。他没有冒昧地把该梦称为心灵感应梦，因为梦的内容与真实事件的区别，对他而言似乎是根本的东西——生孩子人的身份。但他的解释之一说明，如果这真是一个心灵感应梦，可能也不会对此感到诧异，因为他相信，女儿在生孩子时一定非常想他。

这个男人对他第二任妻子不满意，而宁愿她是像前妻所生的女儿那样的妇人。诚然，在他的潜意识中，这个"像……那样"是被删掉的。那天夜里，传来了他女儿生下双胞胎的心灵感应讯息，而梦的工作控制了这一讯息，并让潜意识欲望——由女儿代替现妻的愿望——对它发生作用，从而产生令人困惑的显梦，它掩盖了欲望并扭曲了讯息。我们必须承认，只有对梦进行解释，才能向我们表明：这是一个心灵感应梦。精神分析揭示了一个非此无可发现的心灵感应事件。

十四、梦的解释

梦的解释并未向我们显示任何表明心灵感应事件的客观真实性的东西。同样，它也可能是一种可用另外的方法解释的幻觉，这个男人内隐的梦念可能是这样进行的："若正如我所猜测的那样，我女儿的预产期确实弄错了一个月，那么今天就应是她分娩的日期。上次见到她时，看上去就像会生双胞胎。我那已故的妻子特别喜欢孩子，倘若她看到双胞胎，该会多高兴啊！"由此看来，梦的刺激可能是梦者本身有依有据的猜想，而非心灵感应的讯息，不过结果都是一样。至此，我们是否应该承认心灵感应的客观真实性这一问题，即使是对该梦的解释，也没有告诉我们任何东西。该问题仅能依靠对相关所有情况所进行的全面研究才能解决。而遗憾的是，相对我们所接触的其他任何事例，对该事例进行全面研究的可能性并不会更大。即使心灵感应假说提供了最简单的解说，对我们仍无更多的帮助。因为最简单的解说并非总是正确的；真理通常并不是简单的，在决定赞成这个重大假说之前，我们必须相当审慎。

并不是梦给予我们了解心灵感应的知识的，而是对梦的解释，即对梦的精神分析研究。因此，可以把梦完全搁置一边，而寄希望于精神分析对其他的、被称为神秘的事件做一点解释。例如，有这样一种思维迁移现象，它非常接近于心灵感应，并且被认为就是心灵感应也不显冒昧。一个人的心理过程——观点、情感状态、意向性冲动——不需应用人们所熟悉的语言和信号等交流方式，就能够穿越无物空间迁移到另一个人那里。如果真有这样的事发生，那将是多么非同凡响，甚至可能具有多么重大的实用价值。但我们注意到：非常奇怪的是，这种现象在古代奇闻轶事里却恰恰很少提及。

在对病人进行精神分析治疗时，我形成了一种想法：职业算命者的活动隐藏着一个可对思维迁移进行观察的机会，而这类观察又是极不易招致非议的。那些人是一群无足轻重乃至地位卑下的人，他们专心于这样一类活动——摆开纸牌、研究笔迹或手掌纹路，或运用占星术推算。同时，在表明他们了解问卦者的过去与现在后，进而预测其未来。尽管这些预言后来都落空了，但问卦者对此活动毫无怨言并表现出极大的满足。我已遇到过几例，并运用精神分析研究它们。令人遗憾的是，我因受制于医疗职业道德，而必须对许多详细情况保持缄默，从而削弱了它们的可信度。但是，我将设法避免曲解事实。现在请听听我的一个女病人的故事，她与算命者曾有过这样一种经历。

她是一个多子女家庭中的长女，并一直强烈地依恋其父。她结婚早，并完全满意自己的婚姻。但唯有一件事令她感到美中不足，那就是她没有孩子。所以，她深爱的丈夫无法完全取代父亲在其心中的地位。当她经历多年的失望之后而决定接受妇科手术时，她的丈夫却向她披露，婚前一场疾病剥夺了他的生育能力。她深感绝望，患上了神经症，明显地陷入害怕被诱惑（对丈夫的不忠）的痛苦之中。为了使她振作起来，丈夫携带她去巴黎出差。在巴黎的某一天，他们坐在旅馆的大厅里时，她忽然注意到旅馆服务员中出现了一阵骚动。她询问出了什么事，有人告诉她算命先生蒙西厄·拉来了，而且正在那边一个小房间为问卦者解答疑难。她便表示想去试试。虽然丈夫反对这一想法，但趁他没留意时，她溜进了那个询问室，并见到了那位算命先生。她当时 27 岁，但看上去显得更年轻，而且她取下了结婚戒指。算命先生蒙西厄·拉让她把手放在一个装满灰烬的碟子里，并认真地研究她的指纹，然后向她描述横亘于她面前的各种困难，并以一个安慰性的保证结束谈话：说她还会结婚，并在 32 岁时会有两个孩子。当给我讲述这个故事时，她已 43 岁，罹患重病，生育孩子毫无指望。因此，那个预言并未实现，但她谈及此事时，不但没有丝毫痛苦，反而带着明显的满足感，好像正在回忆一件令人快乐的事情。显而易见，她根本没有注意到预言中两个数字（2 和 3）可能意味着什么或者是否意味着什么。

或许人们会认为这是一个愚昧而费解的故事，并会问我为什么讲述这个。如果——这是要点——精神分析尚不可能做到解释这个预言的地步，或预言的可信性恰恰不是来自于对这些细节的解释，我也会产生像你们一样的看法。这两个数字在我病人母亲的生活历程中可见。她母亲结婚晚——直到30岁出头——而且，她家人常说起母亲在急于补偿失去的时光上已取得了成功。她的头两个孩子（我的病人是其中年长者）是在间隔很短的时间里（同一年里）相继出生的。事实上她32岁时就已有两个孩子了。因此，算命先生蒙西厄·拉对我病人所说的含义是："你还年轻，不必发愁。你和你母亲的命运相同，她也不得不等很长时间才有孩子，所以等你32岁时，你也会有两个孩子。"拥有母亲同样的命运、取代母亲的位置、替代母亲与父亲的关系——这是她早年最强烈的愿望，而正是由于这个愿望没有实现，她才开始患病。那个预言向她许诺，无论如何这个愿望都将实现，她怎会不对这个预言家感到亲切呢？但你们认为算命先生有可能了解这个偶遇的顾客的家庭秘史吗？绝不可能。但他是如何获取讯息，从而能够用含括两个数字的预言，表达出我的病人最强烈但又最隐秘的愿望的呢？我看只有两种可能的解释：要么我所听到的故事是假的，其实是另一种情况；要么思维迁移是真正存在的现象。毫无疑问，人们可以假设，相隔16年后，病人把上述两个数字从潜意识中引入到她的回忆中。我作此假设毫无根据，但又无法排除，而且我想，你们将倾向于相信另一种解释，而不是相信思维迁移的真实性。假如你们的确相信思维迁移的真实性，那可别忘了：正是精神分析提示了这个神秘事实——当它被曲解到难以辨认时，精神分析恢复了它的原貌。

我已收集了大量此类预言，并从中获得一种印象：算命先生只能根据问卦者的询问来表达问卦者的思想，尤其是问卦者的私欲。因此，我们有理由把这些预言分析为问卦者的主观产物、幻觉或人们所提及的梦。当然，不是每个事例都有同等的说服力，也不是每个事例都有可能去排除更具理性的解释。但从总体来看，赞成思维迁移，这是有很大可能的。这个课题的重要性使我本应把所有的事例都告诉你们,但是鉴于其中描述的冗长和对我职业道德的违背,我不能这样做,所以,将尽量在良心许可的范围内向你们提供几例。

一个官居要职的青年与一妓女私通,这种隐私关系带有一种古怪的强迫特征,他时常被迫用嘲讽和侮辱的言语激怒她,直至令她彻底绝望。当达到这个程度后,他才感到轻松,便与她和好,然后又送给她一件礼品。但现在他想要与她脱离关系,因为这种强迫似乎使他难以忍受。他也意识到这种私通正在损害他的声誉。他想拥有自己的妻子,建立一个家庭。但凭他自己的力量他无法摆脱这个妓女,所以他向精神分析者求助。在他已经开始接受精神分析期间,有一次,在辱骂妓女之后,他让她在纸上写了些东西,为的是将它拿给笔迹学家看。据笔迹学家的报告看,这是一个极端绝望、在以后几天极可能自杀的人的笔迹。实际上,这种情况没有发生,并且这个妓女仍然活着。但精神分析却成功地使他摆脱了束缚,他离开了这个妓女,而倾心于一个年轻的姑娘,他期望这位姑娘会成为他的好妻子。但不久,他做了一个梦,这个梦使他怀疑起这姑娘的人品。他弄到姑娘的手迹,并把它拿给同一位笔迹学专家看,专家对她笔迹的看法证实了他的怀疑。于是他放弃了娶这个姑娘为妻的想法。

为了对笔迹学家的报告,特别是第一个报告进行评论,必须知道我们的病人的一些隐私史。在他青年早期,曾疯狂地爱上了一个有夫之妇,尽管这女人仍然还年轻,但比他大得多。当她拒绝他时,他试图自杀,这个想法毫无疑问是发自他的内心。他能逃离死神已是奇迹,经过很长一段时间的护理,他才恢复过来。但是这种疯狂行为给其所爱的女人留下了一个深刻印象,她开始喜爱他。于是他变成了她的情夫,从此,他与这个女人保持秘密的接触,并对她赤胆忠心。二十多年过去了,他们都老了——当然,那个女人比他更老——他感到有必要离开她,让自己获得自由,过一种自己的生活,建一栋房子并组建自己的家庭。伴随着这种厌恶感,在他心中生起了一种长期被压抑的报复情妇的渴望。既然他曾因为她拒绝自己而想自杀,所以现在他希望获得一种由于他离开她,而使她也想自杀的满足。但他仍然深爱着她，以致这个愿望无法进入他的意识，而且他也不会过分伤害她而使其自杀。在这种心理支配下，他把第二个情妇作为替罪羊，以满足其复仇的渴望，纵容自己对第二个情妇进行种种折磨，而这种种折磨本来是他想施加在第一个情妇身上，使她痛苦不堪的。他对后者的报复暴露无遗，并不隐瞒他的背弃，而且把她引为自己新恋爱史中的密友及忠告者。这个可怜的女人已从施舍爱情降至乞求爱情，她受他信任的痛苦，可能远远大于第二个情妇受虐的痛苦。使他抱怨代罪羔羊的那个强迫感，也将导致他接受精神分析治疗的那个强迫感，当然已从第一个情妇转向了第二个情妇。他想摆脱而又摆脱不掉的是第一个情妇。当笔迹学专家许诺他眼前的笔迹的书写者会于几天内自杀时，也不过再现了询问者强烈的私欲。后来第二个报告也是同类事件，但那里所涉及的并不是潜意识欲望，而是从笔迹专家口里清楚表示出来的询问者的初发怀疑与担忧。附带说一下，在精神分析治疗的帮助下，我的病人成功地走出了他曾沉溺其中的怪圈，并在此怪圈之外找到了他的恋爱对象。

梦的解释和精神分析一般是如何帮助神秘主义的，我已用例子表明，正是借助于上述两种方法，原来不为人所知的神秘事实才被公众所理解。对于我们是否会相信这些发现的客观真实性的问题——毫无疑问，人们对此问题有很大兴趣——精神分析不能给予一个直接的答复。但是，通过精神分析所揭示出来的材料，易给人留下一个完全有利于做出肯定答复的印象。在精神分析情境中，有非常明显的思维迁移，但并不排斥人们产生的各种怀疑，也不允许我们赋予某种资格以支持神秘现象的真实性。对思维迁移和心灵感应的客观可能性人们应有较友善的观点。

人们不会忘记，在此我只想尽可能地从精神分析的角度去处理一些问题。十多年前，当这些问题第一次进入我的视野时，由于认为它威胁着我们的科学世界观，所以我也感到一种恐惧。我担心，若某些神秘现象被证明是真的，那么科学世界观必定为心灵主义或神秘论所取代。今天我的想法就相反了。在我看来，假如有人认为科学没有能力同化和重新产生在神秘主义者断言中的可能被证实为真的东西，那么我们的科学世界观就表明不十分信任科学。特别是就思维迁移而言，实际上，它似乎是赞成科学的——或正如我们的反对者所说，机械的——思维方式扩展到难以把握的心理现象。心灵感应的过程被假定为：一个人的心理活动激起另一个人同样的心理活动的产生。连接这两个心理活动的东西很可能都是一种物理过程，在心灵感应的一端，一种心理过程转化为这种物理过程；而在心灵感应的另一端，这种物理过程又还原为相同的心理过程。将这种转化看成是类似于诸如在打电话中听与说的转化之类的过程，是不会错的。只要想想，假如某人能了解这种心理动作在物理上的对应，那该多好！我认为，精神分析在物理的和前面称为"精神"的事件之间插入潜意识，因而似乎为诸如心灵感应之类的转化过程的假设铺平了道路。一个人只要有使自己习惯于心灵感应的观念，就可以借它来完成很多解释，事实上，就目前而言，这种想法只能存在于想象之中。众所周知，我们还不知道在一昆虫大群体中，共同意图是如何形成的？可能是通过心灵感应之类直接的心理传递形成的。由此可以猜想：心灵感应是个体间的原始而古老的交流方法，而且在种系进化中，它已被通过由感觉器官收到信号进行交流的更好方式所替代，但这种更古老的方式应该仍然存在，并在特定的条件下仍能产生作用——比如在情绪激动的公众中。所有这些尽管仍不能确定，而且充满着未解之谜，但我们也没有理由要害怕它。

假如心灵感应之类事物是一个真实的过程，那么，尽管难以证明，我们仍可假设它是一种相当平常的现象。假如我们能够证明它特别存在于儿童的心理生活中，那么它就与我们的期望相吻合了。这里，我们想起儿童频频出现的对这样一种想法所表示的焦虑，即父母知道他们未表露的所有思想——这与成人对上帝无所不能的信仰正好相似，或者是后者的起源。前不久，伯林翰一个值得信任的见证者——在一篇论儿童分析与母亲的论文中发表了一些观察报告，假如它们能被证实，那么就能结束对思维迁移真实性所保留的怀疑。她利用一种不再稀奇的条件，对一位母亲及其孩子同时进行精神分析，并报告了下述一些值得注意的事。有一天，在接受精神分析中，母亲说起一枚在她童年某一时期中具有特殊作用的金币。不久后，当她回到家里时，十岁左右的小儿子跑到她的房间，带给她一枚金币，并求她代为保管。她惊讶地问他是从哪里弄来的金币。他说是在过生日的那天得到的，但他的生日是在几个月前过的，没有任何理由让人相信，为什么恰好在那时她的孩子记起这枚金币。母亲把这个偶然事件报告给儿子的精神分析者，要求她找到孩子这一行为的缘由。但孩子的精神分析者并没有对这件事做出说明，孩子那一天的举动与其生活没有任何关系。几个星期后，当母亲正遵循医嘱，坐在写字台前记录下这一经历时，儿子走了进来，并想要回这枚金币，因为他想在下次做精神分析时，将这枚金币拿给精神分析者看。当然，孩子的精神分析者也不能对孩子的这一行为做出解释。

这些就足以使我们又回到了精神分析中——这是我们一开始就想讨论的。

十五、记忆的特性

在《精神病学与神经病学月刊》杂志上发表的第二篇文章中,我对记忆活动本质做了不同寻常的解释。我从一个很明显的事实开始讨论,这个事实便是:一方面,人们童年早期保留下来的记忆似乎都是一些无足轻重的东西;另一方面,在成年的记忆印象中,没有任何线索能够说明这些早期的记忆,哪些是重要的及对我们的影响比较大的。或许可以做出这样的假设——因为众所周知,记忆对提供给它的印象,具有选择性——童年时期的这种选择性的规则,与智力成熟时期的选择性的规则,是完全不同的。对此仔细研究后表明,这种假设是没有必要的。这些琐碎的记忆似乎存在一个移置过程:这些内容是对另一些重要记忆内容的替代,或是这些内容的再现。这些重要的记忆印象,可以通过精神分析的方式来发现,但是存在一种对抗力量,使它们不能直接地表现出来。这些不重要的记忆,不仅对它保留的印象负责,而且还要对其内容和联想到的另一些被压抑起来的重要的东西的联系负责,因此我们将这种记忆称为掩蔽性记忆。

在我提到的这篇文章中,我仅仅点到这种掩蔽性记忆,但对它和其内容之间的关系未做深入的探讨,文中曾举例对此予以较详细的说明,我特别强调了掩蔽性记忆和它掩蔽的内容在时间顺序上的特殊性。在那个例子中,掩蔽记忆的内容是童年最早期的记忆,那些心理经验却被这种记忆内容所取代,被保留在潜意识之中,然后又在人们生活中表现出来,我将这种替代称为倒摄性或退行性移置。另一种移置与此相反,其表现更为常见:现在形成的不重要的记忆印象是掩蔽性记忆,这种记忆与被压抑的、不能直接表现出来的早期的经验相联系。这种掩蔽记忆叫作前推性或前行性移置，关键是，被掩蔽的内容在时间上是靠前的。最后，还有一种可能性，这种掩蔽记忆，不仅通过其内容来掩蔽，而且也通过时间的持续性来掩蔽，这种掩蔽记忆叫做同时性掩蔽记忆或接近性掩蔽记忆。

在我们的记忆中，这种掩蔽记忆到底占多大的比例，它在我们的神经—思维过程中起什么样的作用等，像此类重要问题，我在以前的文章中并没有予以讨论，在此也不想涉及。我关心的只是专有名词的遗忘与掩蔽性记忆构成之间的共同之处。

初看起来，这两种现象更多地表现出差异性而不是共同性，前者与专有名字相联系；后者与整个记忆印象相联系，早期的现实经历与思想经历相联系。前者表现出明显的记忆功能的失败；后者的这种记忆虽然看来陌生，但对我们却产生着影响。前者表现出暂时的混乱——这个在以前可以成千上万次地再现出来的名字被遗忘掉了，但第二天有可能又出现了；后者则是一种永恒的、固定的记忆，因为这种似乎微不足道的童年记忆，却有巨大的力量与我们伴随相当长的时间。因此，在这两种情况下问题的焦点很不相同，就前者而言，是一种遗忘，后者则持续唤起我们对科学的好奇心。仔细的研究表明，尽管在这些心理材料以及保持的时间上，这两种情况存在很多差异，但我们讨论的远非如此。这两种情况都与记忆的失误有关：一方面，记忆再现的东西，并非它应该正确再现的东西，相反出现了替代这种内容的东西。在名字的遗忘情况下，尽管出现了替代的形式，但是记忆确实在活动。另一方面，在掩蔽记忆形成的过程中，也存在着重要的记忆内容的遗忘现象。在这两种情况下，通过干扰因素，理智、情感提供给我们这种干扰的讯息，但是它在这两种情况下采取的形式是截然不同的。对名字的遗忘而言，我们知道这个替代名字是错误的，但对掩蔽性记忆而言，当我们拥有所有的材料后，又会感到很吃惊。如果精神分析能够发现这两种替代过程的方式是一样的，即通过表面联想的移置来实现，但它们在材料及持久性和焦点上存在差异，这又使我们期望从中发现更重要的东西及一般的确定性，发现具有一般价值的东西。我们认为这种一般性的规律是：当再现的机能失败，或误入歧途时，通过有目的性的因素——也就是认同一种记忆而对抗另一种记忆——这种干扰便出现了，而且这种干扰往往是我们难以预料的。

对我而言，童年的记忆非常重要，我也很感兴趣，期望超脱我以前的观点对此进行一些观察研究。

我们的记忆可以扩展到童年的什么时期？对此问题的研究材料我还略知一二，如亨瑞·C. 和亨瑞·V. 的研究以及帕特温的研究等。他们的研究表明，在这个问题上，人与人之间的差异相当大：有的童年记忆，可以扩展到六个月时的生活经历，有的人六岁甚至八岁以前的记忆，均是一片空白，那么，这种童年记忆的差异与什么因素有关？这种因素是什么？显然，通过问卷的方式来收集这方面的材料是不够的。除此之外，我们应对这一过程进行仔细地研究，这时必须要有本人参加并向我们提供希望得到的讯息。

就我来说，我将婴儿时期的遗忘这一事实简单化了，因此，我并没有发现这是一个奇怪的谜。我忘记了一个四岁的孩子具有的智力成就是多么的高，具有的情绪冲动是多么的复杂。我们应该感到惊讶的是，在后来的生活中，我们保留的这种童年的心理过程是如此少，特别是在我们有很多理由认为这种童年遗忘的东西不会消失，而且会给我们的发展带来明显的影响时更应如此，甚至我们已经证明这些东西会影响我们的一生。尽管他们忘记了这种独特的影响效果，这也暗示出：对特殊类型材料的记忆是有条件的，现在我们有待于认识这些条件。根据最近的发现，童年时期的遗忘，可能是我们理解这些遗忘症的关键，而遗忘症又是构成所有的神经症症状的基础。

对我们获得的那些童年记忆而言，有一些是可以理解的，而另一些则是奇怪的和非理智的。对这两种情况而言，我们纠正其中的某些错误并不困难，如果这种童年的记忆是通过分析发现的，那么其准确性就无法验证了。有些记忆形象，显然是错误的、不完整的，或在时间和地点上，都是不一致的。如果通过对其他的研究发现，一个人声称第一次回忆起来的材料，可以追溯到两岁，这一点也是很难令人相信的。而且，我们不久就会发现这种歪曲的、替代的记忆经验的动机所在，这种错误的记忆或回忆，也并非由可训练的记忆所引起。后期生活中一种强而有力的力量在活动着，它控制着童年时期的记忆——或许也是同一种力量使我们对童年早期的记忆难以理解。

众所周知，成年人需要利用很多心理材料进行记忆。有的人以视觉材料为主进行记忆，他们的记忆具有视觉性的特点；而另一些人在他们的记忆中，则很少有视觉的形象，据沙可的假设，这样的人是听觉性的，以区别于视觉性的人。但在梦中，这种区别是不存在的，我们梦中的材料，绝大多数是视觉性的。但这种差异的形成，与童年记忆的情况不同，甚至相反；童年的记忆是有形的视觉性记忆，即使那些后来失去视觉性记忆功能的人，也是如此。视觉记忆是婴儿记忆所保留的类型，就我的情形而言，我最早的童年记忆内容是视觉性的；它们是在固定的情景中有形的东西，就像出现在舞台上的一幕幕场景。在这些童年的情景中，无论被证明是正确的还是错误的，这里包括的永远是作为孩子的自己，是孩子的形体、穿孩子的衣服。这种情况一定会使我们惊异；后来成人在收集的这些视觉性记忆材料中，很难看到自己本身，这与孩子的情况正好相反，即在孩子的体验中，孩子的注意指向的是自己本身，而非外界的形象。基于上述种种认识，我们不得不承认，在所谓的童年早期记忆中，我们拥有的，并非真正的记忆印象，而是后来对它的翻版，这种翻版或改装，是由后来生活中的心理力量所决定的。这样，这种个体的童年记忆，便是掩蔽记忆，这些童年记忆，很类似一个民族保留于传说和神话中的记忆。

对任何用精神分析的方式做过很多研究的人来说，都会收集很多各种类型的掩蔽记忆。然而，正如我们上面讨论的，由于童年记忆和后来生活联系的特点，对这些例子的报告是很困难的。为了说明童年记忆就是我们所谓的掩蔽记忆，有必要对一个人全部的个人历史进行考察，但我们也很少能够将这种单一的掩蔽记忆从整个背景中分割出来，以供我们讨论，如下面的例子。

一个24岁的男人保留着5岁时的一个情景记忆：他正坐在花园亭子下面的一个小椅子上，旁边是他的姑姑。她正在教他认识字母，他很难区分字母 m 和 n，因此，他问姑姑如何将这两个字母区分开来。姑姑对他说，m 比 n 整体上多了一笔——第三笔。对这种童年记忆的真实性，没有必要去怀疑，它本身肯定已经具有了后天生活的意义，这也表明一个男孩的好奇心。当时他要了解 m 和 n 的区别，后来便急于知道男孩和女孩的区别，而且想让他的姑姑告诉这些区别。他也会发现男孩在整体上比女孩多了一部分，当他懂得了这样的知识后，便唤起了这段与童年的好奇相应的经历。

这里还有一例。从童年后期开始，一个男人便强烈地抑制他的性生活。现在，他已四十多岁，在九个孩子中，他是老大。他最小的弟弟和妹妹出生时，他 15 岁。他有这样的一个肯定而固执的印象：他从来没有注意到他母亲怀孕时的情景。当我对此表示怀疑时，他产生了这样的回忆：在他 11 岁或 12 岁的时候，有一次他看到妈妈在镜子的前面很快地解下了裙子的带子，现在他好像感觉当时的情况是这样的，妈妈刚刚从街上回来，好像做过很痛苦的体力活动。解下裙子是对分娩的掩蔽记忆，我们应该将这种"言语桥"用于同类例子的分析中。

我再举一例，在此例中，这种童年的经历，似乎没有什么意义，但是通过分析，我们便可以发现其意义所在。在我 43 岁时，开始将自己的兴趣指向我童年记忆中所保留的东西，有一个记忆情景已经保留很长时间了，它经常出现在我的意识里，对这种记忆，有足够的证据证明是我 3 岁后期的记忆。我看到自己站在一个衣橱前面，大叫着要找什么东西，大我 20 岁的异母哥哥把这个门打开了，突然我的母亲——看起来很漂亮、很苗条——走进了房间，她好像是从街上回来的。我对这种有形画面的文字描述就是这样的，但不知道从中能得到些什么。无论我的哥哥是打开还是要关闭这个衣橱——我第一次对此进行解释的时候，将它称为双门衣橱——为什么我要哭叫，母亲的到来与此有什么关系——对这些一概不知。我给自己的解释是这样的：要讨论的问题是被我的哥哥取笑的记忆和妈妈将这个情景结束的记忆。我们对这种保留下来的童年记忆的误解并不少见：回忆出一种情景，但是很不清楚其中心何在，人们也不知道这个心理落脚点的成分是什么。经过努力的分析，我对此画面产生了一个全新的观点：我失去了母亲，因此，认为她被关在衣橱里，正是由于这个原因，我要求哥哥打开这个衣橱，当他按我的要求做的时候，我发现母亲不在里面，因此，便开始哭，这时的记忆场景过得很快，接下来便是我母亲的出现，这缓和了我的焦虑。但是，为什么这个孩子要在衣橱里寻找不在面前的母亲？我在对此进行分析的时候，做了一些梦，梦中模糊地涉一个保姆，我对这个保姆也存在一些记忆，如她经常让我将别人作为礼物送给我的硬币交给她，这个细节或许有一种对后来经历的掩蔽记忆的价值。这一次终于解决了这个问题，为了能较容易地对此做出解释，我便去向我的母亲请教这个保姆的一些事情，当时她年事已高。从她那里我得到很多细节，这个精明但不忠实的人，在母亲分娩期间经常偷我们家的东西，为此我的同父异母哥哥将她送上了法庭，这个讯息对解释我童年的记忆，带来新的希望，使我能够较好地予以解释。这个保姆的突然消失，对我并不重要，为什么我将注意力转向了哥哥，并问他母亲在哪儿，这可能是因为我注意到，母亲的消失与他有关，他的回避、俏皮的方式——这是他的特点——告诉我，她被关了起来。那时，我以孩子的方式理解了这种回答，但是我不再问其他什么问题，因为我知道也不会得到什么。当母亲离开我不久，我就会认为我这个可恶的哥哥用对待保姆的方式在对待我的母亲，因此，我逼迫他将衣橱打开。现在理解了为什么在我的记忆情景中，特别强调母亲的苗条：给我很深的印象是，她好像刚刚恢复，我的一个妹妹是在那时出生的，我比她大两岁半，当我三岁的时候，我和我的异母哥哥就不在一个地方生活了。

十六、遗忘的本因

如果有人要过高地估计自己对现代心理生活的了解,只要提到记忆的机能就足以使他谦虚起来。没有任何一个心理学理论能够成功地对记忆和遗忘这种基本现象做出说明。事实上,对实际观察到的东西的分析才刚刚开始,今天,就记忆和遗忘而言,遗忘更是一个难解之谜。尽管我们在研究梦和其他心理现象时了解到,我们思考的一些东西在很久以前就被遗忘了,突然某一天它又闯入了我们的意识。

诚然,我们已经获得的一些认识已经被人们广为接受,我们认为,遗忘是一个自然的过程,这一过程是需要一定的时间的。我们强调这样的事实,遗忘对获得的印象有特定的选择性,同样对每一个印象或经历的细节也有相应的选择性。我们知道,一些被遗忘的东西又被人们想起来,或又被唤醒,这是有条件的。然而,在日常生活中,我们对这些条件的理解是多么的不完善和难以令人满意。我们可以看一下这样两个人的情况,他们接受的是相同的外部印象——他们结伴外出旅行,如一个例子——在以后的某一天交换他们的见闻,结果往往是这样的,一个人对之有很深印象的东西被另一个人完全忘掉了,好像他从来没有经历过似的。那些决定对记忆的东西进行选择的因素,很明显仍未被我们认识到。

为了能够对了解决定遗忘的这些因素做出一点贡献,我将对自己的遗忘情况进行心理分析,以此作为一种实际行动。我关注过很多类似的情况,由于期望了解一些想得到的东西,因此,对这种情况下的遗忘感到颇为惊奇。年轻的时候,我的记忆力超群,当我还是一个中学生时,就把记住阅读过的每一页作为我的一种功课。在上大学之前，听完一个自然科学方面的讲座后，我几乎可以逐字地将它们写下来。在最后医学考试的紧张关头，我再次充分利用了固有的这个能力，因为对很多科目而言，我都很流利地写出了答案，就像是对以很快的速度读完的课本内容的回忆。

从此，我对记忆的控制变得黯然失色了，但到目前为止，我仍能记住一些本以为不可能记住的东西。例如，在会见时，一个患者说以前我见过他，但我既想不起来这个事实，也记不起来什么时间，我便通过猜测回忆：很快地想到几年前，然后再追溯到现在，在很多情况下，通过对患者的记录，以及来自患者的一些确切的消息，和我回忆起来的内容进行对照，结果发现，我对以前的咨询细节记得很清楚，对十年内的时间记忆误差很少超过半年。有一次，我遇到一个较陌生的朋友，出于礼貌我问到了他的小儿子，如果他描述一下他的成长过程，我会想到这个孩子的年龄，然后我将猜测和这个父亲告诉的情况加以对比，误差几乎没有超过一个月，对他的大儿子的评价也没有超过三个月，尽管我说不出评价的基础。后来我就更大胆了，我会很自然地说出猜测，这样就不会使这个父亲因为我不关心他的孩子而认为我忽视他。通过唤起潜意识记忆的方式，我扩展了自己的有意记忆，由此可见，这种潜意识记忆的范围是相当广泛的。

我想报告一些典型的遗忘例子，其中有很多是对我自己的观察。我将遗忘分为两种：一是对印象的遗忘，或对知识的遗忘；二是对意向的遗忘，或对要做的事情的忽略。先说明我通过一系列的研究所得出的一个普遍的结论：在任何情况下，不愉快的动机都是遗忘产生的基础。

1. 一个夏天的假日，妻子使我非常生气，尽管事情的起因微不足道。我们在一家餐馆吃饭，对面是一个我认识的来自维也纳的先生，毫无疑问他也认识我，但我有足够的原因不想和他恢复关系。我的妻子仅仅听说过这个有点名气的人的名字，便很关切地倾听他和他身边的人的谈话，并不时地接着他们的话题向我提出一些问题。我忍无可忍，最后终于爆发了。几周后，在我向一个亲戚抱怨妻子的这一行为时，竟回忆不起来他们当时谈话的任何内容。我是一个比较妒忌别人的人，不会将使我烦恼的细节忘掉，这次健忘的表现的动机出于对妻子的考虑。前不久，又有一次相同的经历，我很想将几小时前妻子讲的一个笑话讲给朋友听，但无论如何也讲不出，因为，我忘记妻子说了些什么，当我问了妻子才想起来，其原因也不难理解，因为它与我们关心的一个令人烦恼的问题密切相连。

2. 我应 B 和 R 公司的邀请，要对这里的职员做一次职业调查。在去这个地方的路上，我产生了这样的想法，我必须在这栋大楼——公司的基地就在这里——反复地寻找。当我到了这栋大楼后，上到高一层楼时，总觉得这家公司应在下面的一层，我既记不起来这家公司的房子是什么样子，也不记得我在这里见到过谁，尽管这些事情对我很不重要。但是，我还是将自己的注意力集中到这里，然后以间接的方式，将与此有关的思想联系起来，最后我发现，这家公司的总部在某寄宿学校的下面，在这个地方我曾多次去看望一个患者。同时，我又回忆起来，在这栋楼里居住着这家公司和寄宿学校的职员，是什么原因使我忘记呢？这仍然是个谜。在我的记忆中，就这家公司、寄宿学校和居住在这里的患者而言，并没有伤害到我的地方。而且，也没有感到有什么使我感到焦虑的东西，在此情况下，如果没有外界的支持，我不会知道我到底忘掉了什么，这和前一个例子不太一样。当我在去看另一个患者的路上，这个原因最后出现在我的脑海里，这个患者存在认知困难，他在这条街上遇到过我。在我看来，这个人的病情很严重，并给他诊断说，他会逐渐瘫痪。但是，后来我听说，他已经好了，这说明我的判断是错的，这是一个例外的诊断，因为，我对其他的痴呆性麻痹的诊断都是正确的。因此，决定我忘掉这家公司的地址的因素与这个人有关，我对此类遗忘问题的兴趣，促使我找到了遗忘的原因——矛盾的诊断。但是，这个联想是由名字的相同实现的；另外一个内科医生和我一样将这个情况诊断为麻痹，这个医生的名字和这个寄宿学校的名字一样，但当时我却将这个医生的名字给忘掉了。

3. 东西的误置，实际上是对这个东西放的地点的遗忘。在看书和写作时，我对桌子上放的东西是很熟悉的，会信手将自己想要的东西拿过来，因为人们的习惯不同。但最近我将刚刚寄给我的一份书的目录给误置了，结果再也找不到这本书，实际上我正想找一本书，其中有对我要找的这本书的说明，书的作者很有头脑且风格活泼，我比较喜欢这样的风格，他对心理学的看法以及其关于文明史的知识，我认为很有价值。误置这本书根本原因可能是这样的：我习惯于将这个作者的书借给熟人，以便使他们有所启发。前几天，当一个人还我书的时候对我说："我感觉他的风格很像你，他思考的方式简直就是你的。"这个讲话者并不知道他的这番话触及了什么。几年前，在我还年轻的时候，很需要与外界接触，我很赞赏我一个老同事的作品，他也是一个著名的医学著作者，也说过类似的话，他说："这是你的方式，你的风格。"受这个同事的这番话的影响，我给这作者写了一封信，以求有密切的交往，但在信发出之后杳无音信，或许是这种先前产生的不愉快的经历使我出现了这个误置，因此，没有找到这份目录，我要找的这一本书因为有其他书的宣传而阻碍了，尽管这个目录的丢失对我没有什么影响，因为我记得书的名字和作者。

4. 下面的这个"误置"例子是每一个精神分析学者都熟悉的，这个误置东西的患者最后自己又将他误置的东西找到了。

"一个进行精神分析治疗的患者被暑假中断了，当时他出现了抵抗的状态，因此感觉不好。他将他的一串钥匙放在一个平常放置的地方——或许他是这么想的——当他脱衣服准备睡觉的时候，忽然觉得应为明天的旅行准备必需品——前一天是最后一次治疗，他的治疗费用也已经到期——他将这些东西从写字桌里取出来，他的钱也放在里面，但是他发现钥匙不见了，他仔细地寻找了几乎所有放东西的地方，但一无所获。当他认识到这种'误置'可能是一种症状行为时——存心在做些什么——他让家人继续寻找，因为这个人不存在什么'偏见'；但一个小时后他终于放弃了，心想，这个钥匙肯定是丢掉了。第二天早晨，他准备重新换锁，当买锁回到家下车的时候，同车的两个朋友听到了金属落地的声音，朋友说是不是钥匙从口袋里掉出来了。这天晚上，家人终于将钥匙找到了，钥匙就在一本薄书和一本小册子之间，这些都是他需要在旅行时路上阅读的。这些书放在很明显的位置，但谁也没有发现钥匙在里面。他也认为自己不会将钥匙放在看不见的地方。这个误置完全是一种潜意识的巧合,这只能用隐藏的强而有力的动机解释,就好像是一种'梦游确定性'。如我所言,我的动机来源于他粗暴地终止这个治疗,因为他不愿意付出这么高的治疗费用。"

5. 布里尔报告:"一个男人在他妻子的强迫要求下去参加一些应酬活动,而他对此实在不感兴趣……在他妻子的再三恳求下,他才从衣柜里面找礼服,这时他突然想到应该刮一下脸。当他刮完脸后,再到衣柜拿衣服时,发现衣柜已经锁上了,尽管他长时间很耐心地寻找钥匙,但就是找不到,周六的晚上又没有配钥匙的,因此,这对夫妇不得不很抱歉地取消这次应酬活动。当他最后将这个衣柜打开后,发现钥匙在里面,这个心不在焉的丈夫将钥匙锁在了衣柜里面,他自己认为这完全是无意的,但我们知道,他不想参加这样的社交活动,因此,他的误置并非没有动机。"

6. 穆勒尔报告了一个很普通的例子,但其动机是显而易见的。"埃纳在圣诞节的前两天告诉我:'你能想象到吗?昨天晚上,我从包里取出一块儿馅饼吃,当时我想应给弗洛林一些(她母亲的同伴),当她要给我说再见时,我虽然不太乐意,但我还是要给她一些。但当我去取桌子上的包时,包却不见了,我找了片刻,发现包就在我的餐橱里,我无意识地将包放在了里面。这不用分析,叙述者也理解这个结局。其动机明显是将所有的馅饼占为己有,而这个动机被压抑着,但又通过自动的方式达到了目的,尽管这个行为后来被她意识到了。"

如果对这些误置情况进行分析的话,除了潜意识的动机之外,很难对这一现象做出合理的解释。

7. 1901年夏日的一天,我经常和一个朋友交换学术观点说:"如果我们完全依靠个体原始的两性本能的假设,这些神经症问题便可以得到解决。"对此,他回答道:"你说的这些在两年半前在布勒斯劳我就对你讲过,但当时你并没有听进去。"用这样的方式去放弃自己的初衷是痛苦的。我回忆不起来这次对话,也回忆不起来这个朋友说的这番话,我们两人中肯定有一人出现了失误,根据"谁受益"的原则,出现失误的肯定是我。在此后的一个星期,我想起了整个事情,情况正如朋友所言，而且我也回忆起自己对他说这番话的回答："对此我现在还不能接受，我不想对这类问题进行研究。"从此以后，在我阅读医学资料时，发现有自己的观点但没有提到自己的名字时，我变得有一点忍耐力了。

　　发现自己妻子的错误，朋友之间的反目，医生的诊断失误，借用他人的观点等情况的遗忘——这并非偶然的遗忘，通过研究，一方面，在对他们的这种现象进行解释时，我都会发现其痛苦的经历。另一方面，我认为，任何一个想研究隐藏于这种记忆失误背后原因的人都会发现类似的情况，人们遗忘这些不愉快的经历的倾向，在我看来是相当普遍的。这种遗忘的能量就不同的人而言，程度是不等的。我们在医务工作中遇到的许多否定现象，可能也属于这种遗忘。很明显，这两种行为（否定和遗忘）的区别纯粹是心理方面的，而且我们也会看到这两种行为的动机是同一的。关于患者的亲属对不愉快的记忆否认的例子，我收集了很多，其中有一例很突出，一个母亲向我说明有关她的患有神经症儿子的童年经历。现在他处在青春期，和他的哥哥、姐姐一样，他有尿床的毛病——对神经症患者的分析而言，这一点是很重要的。几星期以后，当她要我说明有关治疗过程的时候，我让她注意这个年轻人的体质情况，这时我提到了病历中记录的尿床习惯，使我吃惊的是，她矢口否认病者和其他的孩子有尿床的行为这个事实，并问我怎么会知道这个。最后，我告诉她，是她自己在不久前告诉我的，她将这件事实完全忘掉了。

　　健康正常的人也会有很多类似的表现：当这种印象与不愉快的经历相联系时，这些印象便通过抵抗被遗忘了。这个事实的重要性只有当我们去研究神经症患者的时候，才能得到准确的评价。我们不得不认为，支撑歇斯底里症症状表现的主要机制是这种"基本努力"，通过这种努力来阻止那些能够引发不愉快情绪的意念产生，这种努力类似于痛苦刺激出现时的防御反射。人们也许会发现，一个人消除这些萦绕自己的痛苦记忆，以及由此产生的诸如悲伤和良心的谴责这样痛苦的情绪是不可能的，即使这样人们也不能否认这种防卫倾向存在的假设。因为，我们不能肯定这种防卫倾向在任何情况下都能够有效地发挥作用。或许在其他心理因素的参与下，这种防卫并不反对具有相反效果的其他动机，不管防卫是否出现，这些目的也一定产生。我们的假设是这样的：心理机制的构建原则置于一个层次——一个在心理材料之上构筑的层次。很可能这种防卫的努力属于较低的心理材料层次，它被更高级的心理材料层次所控制。就我们上述所有的例子而言，如果我们要追踪遗忘过程到防卫倾向，这些事实都会说明这个倾向的存在力量。正如我们看到的，很多事情因它本身的原因而被遗忘，如果本身的遗忘是不可能的话，这种防卫会改变目标，促使那些与此相联系但又不太重要的材料被遗忘。

十七、痛苦的记忆

痛苦的记忆易于遗忘这一观点，值得应用于其他方面，但我们对此尚无足够的注意。在法庭上，人们对证词的评价就忽略了这个方面，人们相信誓言的力量，认为誓言有纯净人们心灵的巨大威力。这一点是可以广为接受的，在涉及民族的风俗以及传说历史时，我们会发现，风俗、传说延续的动机是这样的，人们以此来消除民族记忆中那些令人不快的东西。通过仔细的研究，我们也会发现，一个民族的民族习惯存在方式和个体的童年经历的存在方式有很大的相似之处。伟大的科学家达尔文在洞察了不愉快的情绪是人们遗忘的动机这种现象后，提出了针对科学工作者的"黄金律"。

与对名字的遗忘方式相同，印象的遗忘也往往相伴以错误的回忆，这描述为错误。病理状态下回忆错误——在偏执狂状态下，回忆错误是造成妄想的主要原因的资料很多，但很少涉及这一动机。仍然遵从目前的研究构想已经不适应了，因此，从我们涉及的这个新的方面来探讨神经症患者的病因是面临的一个新课题。我要做的只是描述自己单一的回忆错误，这些来自潜意识的动机，压抑着这些遗忘的材料，以及与此有关的态度和思想，这些被压抑的东西，会被我们明确地认识到。

在写《梦的解析》的最后一节时，我碰巧在一个避暑胜地，因此，无法到图书馆查阅有关的资料，我迫使自己在笔记里通过记忆来找到所有这些参考资料以及引用的文献，以后再对此进行校对。在写"白日梦"这个部分时，我想起了一个很精彩的例子，这个例子出现于都德的《总督大人》一书，作者借助一个贫困的书贩来表达自己的幻想。我很清楚地记得其中的一个幻想，其内容是一个叫加斯林的人想象着自己在穿过巴黎的街道散步，如何奋不顾身地站在受惊奔跑的马车前面，使马车停了下来，这时马车的门打开了，一个伟人从车里走了出来，握着加斯林的手说："你是我的救命恩人，是你使我得到了再生，我能为你做点儿什么吗？"

这想象的说法即使有什么出入，我相信也可以通过到家里查阅该书得到校正。然而，在我的这个稿子准备付印时，我翻开了《总督大人》这本书校对我的这段手稿，使我感到难堪的是，我根本找不到关于加斯林的这个想象的部分。事实上，这个人也不叫加斯林，而是简易斯。我找到的第二个错误使我发现了我出现第一个失误的原因。我的名字的法语翻译是 Joyeux，而其阴性词是 Joyeuse。那么，我原来错误地将这个归于都德的幻想究竟出自何处呢？它只能是我自己的作品，我自己的白日梦，我本人并没有意识到，或曾经意识到过但又被完全遗忘了。或许这是我在巴黎街道上散步时的一种想象，因为在这种情况下，我很孤独，很希望有一个能帮助自己和保护自己的人。后来，沙可让我加入了他的圈子，在他的家里，我多次遇到《总督大人》一书的作者。

我有一个患者，他有抱负、有能力。有一次，我对他谈到我的一个学生，由于他致力于一个很有意义的著作——《艺术家，试论性心理》——而成为我的弟子。一年多以后，这本书出版。我的这个患者坚持说，在我第一次对他提到这件事以前的一个月，或许六个月，他很确定地记得在什么地方（或许是书店的广告）见到过这本书的说明。当时，他的头脑里出现了这本书的广告说明，而且又说，作者对题目做了一些改变，把"试论"改为"论"。在仔细地询问了作者，并比较了所有这些资料后，我发现，这个患者声称回忆的这些东西是根本不可能的。因为，在出版前，从未有过这本书的预告，当然，我们可以很肯定地说，在这本书出版前的一年多时间里没有这本书的广告。当时，我并没有对这个患者的这种回忆错误进行分析，但这个患者这时又出现了一个类似的失误，他说最近在书店的柜台上看到过一本关于广场恐怖的书，现在想查询一些出版社的出书目录，然后向这家出版社购买一本，但一无所获。我向他解释了他的这种无效工作的原因，这个关于广场恐怖的书仅仅出现于他的幻想，他的潜意识的动机是，这本书是他写的，他有和那个年轻人竞争的抱负，也企图通过一本科学著作而成为我的弟子,这便是他出现这两种回忆失误的原因。他回忆起来,这个导致他出现回忆的书店广告与一本名为《创造及其产生规律》的书有关。另外,他所提到的题目的变化与我有关,在我说这个书名的时候经常将"论"说成"试论"。

　　没有任何现象比意向的遗忘更适合解释这种失误行为了。但就意向遗忘本身而言,无法解释这种失误。意向即做某种活动的欲望,其程序是:首先认可一种欲望,然后在适当的时机付诸行动。这种情况往往发生在愿望的认可到付诸行动这段时间里,动机会发生一些变化,这样意向就不能实现。但是,在这种情况下,意向并没有被遗忘,仅仅是被掩盖了。在每一时刻、每个地点都可能产生的意向遗忘,并不能简单地用动机平衡变化的习惯解释来加以说明。一般地,我们对此不予解释,或者我们企图对此做出这样的一种心理说明:当这种意向要实现的时候,没有获得对活动的必要注意。注意是意向来临不可缺少的条件,因此,在活动到来的那一时刻必须获得这种注意。通过对与意向有关的正常活动的观察,我们就会发现,这样的解释是如此的肤浅和牵强。如果我早上形成一种晚上活动的意向,在这一天时间内,我要提醒自己两次到三次,当实现的时间就要到来的时候,这个意向会突然闯入大脑,使我做好必要的行动准备。如果计划去散步,散步的时候顺便发一封信,如果我是一个正常人,就没有必要一直把信拿在手里,眼睛不停地寻找着邮筒。相反,我习惯将信装进口袋,自在地散步,让自己的思绪自由地浮现,我相信自己,在遇到第一个邮筒的时候就会引起我的注意,会将信从口袋里拿出,投进信箱。在意向出现后的正常行为和催眠情况下的"长时间催眠后效"极为相似,即在这种状态下出现的实验诱发行为。我们对这种现象的描述如下:一旦向一个被催眠的人暗示一种意向,在这个意向完成前,它一直处于"睡眠"状态,但在意向就要实现时,这个意向便马上活跃起来,唤醒他或她去强迫性地做出某种行为。

　　在日常生活中有两种情形,即使外行也会意识到,这种与意向有关的遗忘,不能被看作一种不能复原的基本现象,他会发现,这种遗忘有意识不到的动机存在。这两种情况即爱恋关系和军队纪律。如果一个恋人没有去赴一个约会,他向他的太太道歉说他完全忘掉这件事情，就根本不能得到太太的原谅，她往往会这样针锋相对："一年以前你怎么不会忘记，很明显你已经不在乎我了。"即使他用上述的心理方式对此加以解释，或说自己由于繁杂的工作把这件事给忘掉了，其结果也往往是这样的，这个太太以不亚于精神分析医生的敏锐的洞察力反驳："奇怪的是，这些繁杂的工作在过去怎么没有出现？"当然，这个太太也不能完全否定对方遗忘的可能性，问题是，无论是有意的推脱，还是无意的遗忘，其结论都是一样的，即他对这个约会不太情愿，这个解释不无道理。

同样，在部队服役的情况下，由于遗忘而没有执行部队的有关命令和有意地忽视这些规章，二者之间似乎区别不大，这和上述爱恋情况的表现一致。一个士兵是不能够忘记部队有关自己行动的命令的，如果他确实忘掉了，尽管他知道这些命令，这是因为，促使他执行命令的动机被另一个与它相反的反动机所阻止。一个要服一年兵役的新兵，如果在首长面前忘记擦亮自己制服上的纽扣，他注定是要受惩罚的，这种惩罚比起他因为在首长的面前说他不执行命令的原因是"我讨厌这种无休止的训练"要小得多。为了逃避惩罚，或者也可以说由于经济的原因，他以遗忘作为借口，或将此作为一种妥协的方式。

对女人的爱恋和对军队的服务，都要求我们不要忘掉与此有关的每一件事情。通过这样的方式，也暗示了这样的观念，对重要事件的遗忘是不可避免的，对这个被遗忘的重要事情而言，实际上并没有将它作为重要的事情看待，或否定其重要性。如果我们用心理的方式对此加以分析，就会发现我们不能拒绝这样的解释。没有人会忘记对他来说极为重要的事情，如果他心理正常的话。我们的研究仅仅是那些或多或少引人注意的意向遗忘，我们并非认为所有的意向都没有意义，否则，意向就没有产生的必要。

正如我们前面对机能混乱的解释，对这种现象我也收集了很多亲身经历的例子，并企图对此加以分析。这些遗忘都可以追踪到潜意识的动机的干扰，或者说与"对立意志"有关。在很多情况下，我发现自己的情况和上述两种生活状态下表现出的情况是一样的，如果我强迫自己去做一件并未完全放弃的活动，我的这种状态便通过遗忘的方式表现出来。下面的事实就说明了这一点，我很容易忘掉给一些朋友寄生日、婚礼或庆典贺卡,我曾下决心消除自己的这一失误,但并没有取得什么效果。现在,我只好放弃这种努力,有意地屈服于自己的这种对立动机,在我的这种观念发生转折的时期,一个朋友让我在某一天以他和我的名义各发一封贺电,但我警告他说,或许我会将这两件事都忘掉,结果事实的确如此,这当然也不会使我感到意外。由于生活中自己经历了很多艰难困苦,因此,很不善于表达同情,在那些需要自己表达同情的情况下,很难将这种同情表达出来。由于我经常将他人虚伪的同情误认为真实的感情,因此,我对传统表达同情的方式十分反感,尽管我也认为同情的表达有一定的社会作用。当然,对人们失去亲人时的哀悼应另当别论,当我决定将表达自己哀悼的电报发出去的时候,我是不会忘记的。这时,我的情绪活动并非一种社会责任,因此,它的表达从来没有被遗忘所阻止过。

　　里南特报告过一个来自战俘营的例子,也属于这一类遗忘。这种被压抑起来的意向以"对立意志"的形式表现出来,并使他处于尴尬的境地。

　　"这个战俘营主要是为官员而设的,一个级别最高的官员受到了他的战俘同伴的攻击或羞辱,为了避免类似的纠纷再次出现,他在重新分配人员时,想利用自己的权威手段将这个人转移到其他的战俘营。但在几个朋友的劝说下他决定放弃自己的计划,采纳这些朋友的意见——虽然这不符合他的真实欲望——尽管其结果不能使自己满意。同一天上午,作为一个高级军官,在营警卫的监督下,需要对这些官员点名,他对这些官员早就很熟悉了。在点名时,以前从未出现过失误,但这一次他却漏掉了这个攻击过他的人的名字。因此,出现了这样的结果:当其他人都解散了的时候,唯独这个人遗留在这里,直到最后发现这个失误时为止,这个被忽略的名字很清楚地写在名单上。有的人将这个偶然事件解释为一种存心的攻击,而另一些人则将此解释为可能会被误解的不幸事件。后来,在熟悉了弗洛伊德的《日常生活心理病理学》之后,这些当事人才对这种情景有了正确的解释。"

　　传统的责任和我们同样拥有的潜意识愿望之间的冲突,也可以对这些情况做出解释:如我们忘记了我们原本答应要做的活动等,结果使这个可能的受益者相信，遗忘有表达歉意的力量，那个要求他去做的人无疑会有一个正确的答案："他对这件事情不感兴趣，否则他就不会忘记。"那些被人们普遍认为是健忘的人，如果在街道上忘记和我们打招呼，用同样的解释来表示自己的歉意，说他是一个近视眼。这些人忘掉了他们所有的许诺，忘记了他人委托自己的事情，通过这样的方式向自己表明，在一些小的事情上自己不是不可信赖的，他们认为对这样的失误不应见怪——或者说我们不应将这样的行为归于他们的品性，而应归于机能特性。我本人不属于此列，因此，没有分析这种行为的机会。通过有选择地考察这些遗忘现象，也可以发现其动机。通过推理，就会得出这样的假设：在这些情况下，其动机是掩蔽了对其他人相当程度的蔑视，遗忘成为达到这个目的的合法方式。

在另一些情况下，发现这种遗忘的动机并非易事，一旦发现了这个动机，自己往往会感到非常吃惊。例如，去年我注意到这种现象，对我探访的患者而言，我忘记去探访的是没有付费的患者，或者是我的同事，当我发现这个污点后，我便设法将每日的探访记录下来，以避免这种失误的出现。我不知道其他的医生是否有同样的经历。通过这种方式，我找到了一个神经衰弱患者忽略记录一些东西的原因，在他杂乱的"笔记"中，往往忽略告诉医生的东西，其原因表面看来是这样的：他对自己记忆的再现能力没有信心，这也是正确的。但事情的进展往往是这样的，患者以流水账的方式阐述着他的许多表现和要求，在他说完并做了片刻的停顿后，拿出他的记录，很抱歉地说："我做了一些记录，因为这些我很难记住。"他通常发现他记录的并没有什么新的东西，还是不断重复这一句话："对了，这个问题我已经问过了。"这种记笔记的方式或许仅仅表明了他的这些症状之一，或说明了他的意向被他的这种潜意识动机干扰的频率。

和大多数健康的朋友一样，我很难避免这种遗忘，我承认——尤其是在过去的岁月里——我很容易忘掉归还借了很久的图书，很容易在做一些事情后忘记付钱。很久以前的一天上午，在我经常买烟的店里，我买了烟后没有付钱就离开了，这种忽略并无多大妨害，因为这里的人都认识我，只要以后提醒我一下就可以了。但是，这个微不足道的疏忽，这个缩减开支的企图，和前一天产生的、现在仍起作用的关于生活预算的想法不无关系。在这些所谓的德高望重的人当中,涉及钱财的时候,他们都会出现这样的行为。这或许源于原始吃奶时的贪婪,他们想拥有每一件物品,现代的文明和教育也不能将此完全消除。

这些事例众所周知,而且能够被每个人理解,我的目的在于将这些资料收集起来进行科学分析。如果作为人们日常生活结晶的智慧,在获得科学知识时拒绝这种提炼,对此,我是难以理解的。科学工作的本质特点,并不在于所研究事物的特殊性,而在于用这样的方式收集事实,然后研究它们之间的内在联系。

对重要的意向,其遗忘一般来说,是在潜在的反对其表现的动机下干扰时产生的。对一些不太重要的意向而言,我们认为与另一种遗忘机制有关,即在另一种材料与这个意义的意向内容在表现上形成联系时,它就转化为另一种意义上的意向。这里有一个例子正说明了这种情况。我十分珍视高质量的吸墨纸罗斯奇吸墨纸。一天,我决定下午在外出散步时买一些这样的纸,但是,连续四天都将这件事忘在脑后,直到我开始分析这种失误的原因时,发现其原因是显而易见的,尽管我通常将这个词写成罗斯奇吸墨纸,但我在说话时则将之说成弗利斯吸墨纸(吸墨纸的另一种叫法)。弗利斯是我柏林的一个朋友的名字,这些天他使我出现了一些焦虑、厌烦的思想,当时我无法摆脱这些思想的影响。这种防卫倾向由于其单词的相似,通过转移的方式表现出来,原来的意向,转化为另一种不重要的意向,都有很明显的表现。我写了一本关于梦的小册子,文中总结了《梦的解析》里的一些观点,这属于《心理和生理生活的边缘问题》系列书的一部分。威斯巴登的出版社负责人柏格曼将书的清样寄给了我,并让我尽快将校对好的清样寄过去,因为要赶在圣诞节前争取见书。当天晚上我就校对好了清样,将它放在我的抽屉里面,以便第二天早上再将它取出来。第二天早上,我却将这件事忘掉了,直到下午,在我看到桌子上的包装纸时才想起来。但是,这天下午、晚上,甚至第二天的上午,仍然将寄这件清样的事忘得干干净净,直到第二天下午,才强迫自己将这个清样投进邮筒。我当时一直不明白这种拖延的原因是什么,很明显,我并不想将这个清样寄出,但我不知道为什么。在一次散步的时候,我给维也纳的出版社——这个出版社出版了我的《梦的解析》

一书——打了一通电话，我谈了一些要求，然后说——好像是强迫性的——"我猜想你已经知道我又写了一本关于梦的书"。"什么？我不明白你的意思。"他回答道。我说："你不要大惊小怪的，只不过是属于劳温费德——卡拉系列的一本小册子。"但他仍对此感到不满，他担心这个小册子的出版会影响《梦的解析》一书的发行，我不同意他的这个看法。问道："如果我将这件事提前告诉你，你会拒绝这本书的出版吗？""不会，我当然不会。"他说。无论是在人格上，还是在实践上，我的所作所为都没有什么过错，然而对这家出版社的歉意是我拖延清样的动机。前不久也发生过类似的情况，我在不得已的情况下，将我关于婴儿的麻痹的著作中的一些章节，原封不动地搬到《纳森格尔手册》上相应部分，这种做法不大合情理，因此，我很坦诚地将这件事告诉了我的第一家出版社，这件事情也使我感到焦虑。沿着这个回忆线索，我又想起另一件事，在我翻译一本法语书时，我实际上侵犯了原出版者的权益，未征得原作者本人的同意就在译文中加上了一些注释，后来我认识到，这个作者肯定会对我的这种武断的做法很不满意。

有一句格言揭示了意向的遗忘并非偶然这个常识："如果一个人忘掉一次，那么，他会忘掉多次。"

诚然，我们可能会不可避免地产生这样的印象：关于遗忘和失误的这些情况，是众所周知的。然而，使我们吃惊的是，仍很有必要使人们意识到这一点。我们经常听到人们说："别让我去做这件事，我肯定会忘记的。"如果结果的确如此，人们一点也不感到奇怪。以此方式说话的人，实际上已经产生了不去履行诺言的意向，而他自己又不想承认这一点。

通过所谓的"虚假意向的构成"，我们对意向的遗忘，会有进一步的了解。我有一次答应为一个年轻的作者写书评，但出于内在的抗拒，我一再地将这件事情拖延下去，直到有一天，屈服他的一再要求，答应晚上将它写出来。我实际上是想做这件事的，但是，又将这件事给忘了，因为这天晚上我不得不准备一个不能拖延的报告。由此，我便发现，我的这个意向是虚假的，因此我放弃了我这个抗拒的挣扎，拒绝了这个作者的请求。

十八、数字和迷信

通过对前面个别问题的讨论，我们可以得出下面的结论：

心理机能的某些缺失——我们后面将对这些共同特点进行讨论——以及某些明显的非存心的操作，如果用精神分析的方式对此加以研究，我们就会发现，这些缺失和操作都有其确切的动机，或者说是由人们意识到的动机所决定的。

如果你要将某种行为归于这些类别，它必须满足下列条件。

一是它不能超出我们的判断范围，其表现出的特点必须在"正常的界线之内"。

二是它必须是一种持续时间很短的暂时性混乱。在此以前，我们的同一种心理机能必须是很准确的，或者说，我们在所有情况下都坚信自己能够很准确地完成它。如果他人对我们的这一行为予以纠正，我们必须立刻认识到其纠正的正确性和自己的这一心理过程的错误。

三是如果我们完全知觉到了这种失误，却认识不到这种行为的动机所在，我们必须将它解释为一种"粗心"，或将它作为一种"偶然"。

属于这一类的行为包括：遗忘，自己明确意识到的失误、读误、笔误、过失行为和所谓的偶然行为。

我们对这种方式定义的这些心理过程的解释，引起了我们对一系列极感兴趣的问题的观察。

如果我们否定这样的观点：部分心理机能是不能被人们的意识所解释的，那么我们就不能对心理生活中的决定论的范围做出评价，无论是在这个领域还是在其他领域，这种决定论的影响都比我们想象的要深远得多。1900年我看到文学史学家梅尔在《维也纳日报》的文章，列举事例说明了他的观点：人们不可能存心和随意地生成一些无意义的言语或举动。我早就发现，在要人们做出自由选择的时候，一个人不可能毫无原因地生成一个数字或名字，对这种明显存心生成的数字的研究——一个人在开玩笑的时候说出的一个数字，或在做高智力活动时生成的一个数字——表明：这些数字的出现也是由人们实际认为似乎是不可能的方式所决定。我将简单地讨论一下人们对名字随意选择的例子，然后仔细地分析一个"不假思索地甩出"一个数字的例子。

一是在发表一篇文章时，我要准备一个女患者的病历，这时我首先想到的是要给这个患者取一个名字，当然选择的范围很广。有些名字开始便被我排除了——首先是其真名，然后是我家人的名字，以及其他的与此发音接近的名字。对我而言，是不可能找不到一个名字的，正如我们将要看到的，我自己在期待一个名字——我头脑中有很多女人的名字，但唯独出现这一个名字，这个名字就是"杜拉"。

我扪心自问，这是由什么决定的呢？谁叫杜拉？我本来想抛弃由此而来的一个思想——这是我妹妹保姆的名字，但是我在精神分析的实践中有很好的自我训练，我还是很坚定地指向这一思想，然后让思绪由此展开。马上，前一天晚上发生的一个很小的偶然事件，进入了我的脑海，这便是要寻找的决定因素。我在妹妹的餐桌上看到了写给弗洛林·罗沙的一封信，我惊奇地问叫这个名字的是谁呢。我被告知我原认为叫杜拉的这个人实际上叫罗沙，但是，当她被雇用做保姆的时候，不得不放弃这个真名字，因为，我的妹妹也叫"罗沙"。"可怜的人，"我遗憾地说，"她们甚至不能拥有自己的名字。"我现在回忆起来，在此之后，我沉默了片刻，然后静静地思考一些严肃的问题，这些很容易地进入了我的意识。第二天，当我要为这个不能使用真名的人取一个名字的时候，出现的恰恰是"杜拉"这个名字，完全没有其他的替代名字的出现。这种情况也与另一个主观事件有固定的联系，一个受雇于另一个家庭的家庭教师对我的这个患者的病情有决定性的影响，对她的治疗过程也有很大的影响。

几年后，这个小小的偶然事件又发生了。有一次，我正在做一次讲座，经常引用这个叫杜拉患者的例子。但我突然想起来，其中的两个女士听众中有一个也叫杜拉。我便转向这个年轻的同事，向她道歉说，我忘记了你也叫这个名字，并说在我的讲座里，我会将这个名字改掉。这时，我面临的一个主要问题是尽快找一个合适的名字，我首先想到的是避免使用另一个女性听众的名字，以避免让我的那些有精神分析基础的同事，将此作为一个例子加以分析。当我决定要用"埃纳"这个名字取代杜拉的时候，感到非常的高兴。讲完课以后，我问自己，埃纳这个名字是从哪里来的呢？当我注意到这个名字的来源时，忍不住大笑起来，我在选择名字的时候力图避免另一个女士的名字，当然我很好地避免了这种可能性，或在一定程度上避免了这种可能性。但是另一个女士的姓是鲁埃纳，埃纳正是其中的一部分。

二是在给朋友的一封信中，我通知他说，我刚好校对完《梦的解析》的清样，而且不想对此作较大的修改，"即使里面包括2467个错误"，我立即想解释这些数字的来源，并在信中附上了我的一个小小的分析。我将我的这个分析全文摘录下来如下：

"让我再对《日常生活心理病理学》做一次贡献。在这封信中，你会发现我随意使用了2467这个数字来评价《梦的解析》这本书中出现的错误的多少，我的意思仅仅是指这个错误数字很大，但是唯独这个数字出现了。然而，头脑中任何东西的出现都不会是没有原因的，你肯定也期望是潜意识决定了这个数字进入我们意识。在此之前我在报纸上看到，将军 E. M. 从工兵署退休，我对这个男人很感兴趣，当我作为军医在军队服役的时候，有一次他因病来到病房（当时他还是一个团长），对另一个军医说：'你必须在一周内让我好起来，因为皇帝有很多事等着我去做。'从此以后，我决定效仿其职业，但是现在，他的这个职业已经走到尽头——一个工兵署长，并且已经列入退休人员之列。我想计算一下，他从事这种职业的时间，从我1882年在医院见到他时起，到现在已经有17年了。我对妻子讲了这些后，她回答说：'是否你也该退休了？''上帝不会同意的。'我说。我们谈完以后，便坐下来给你写信。但是，这一系列的思想仍萦绕在我的脑海。经过仔细推断，我发现算错了。在我记忆中的一个很明确的事实可以证明这一点，我是在监禁中庆祝自己24岁生日的，那是1880年，或者说是19年前。这样就出现了2467中的'24'这个数字，现在，在我现在的年龄上——43——加上24，这样就有了67这个数字。换句话说，在回答是否我要退休这个问题时，我希望自己还能够工作24年。自从我要追随这个M.团长那时起,很明显对自己已取得什么大的成就感到厌烦,然而与他在这个时候就结束其生涯相比,我庆幸自己还是一个胜利者。这样人们就会公平地说,这个不假思索出现的数字2467,并非没有潜意识的根源。"

三是自从我第一次解释了这个随意出现的数字后,我又反复地做过类似的实验,其结果仍与此一致。但是,其中涉及很多隐私的东西,因此,我不想在此予以说明。

由于多种原因,我要增加一个有关的例子,这是维也纳的医生阿德勒从一个"完全健康的"人那里获得的资料,也是一个非常有趣的关于"数字"联想的例子。向阿德勒提供资料的人报告说:"当我正在潜心阅读《日常生活心理病理学》的时候,如果没有这个很偶然的干扰,我会将这本书读完的。事情的经过是这样的,当我读到这一段论述,即那些随意闯入我们意识的数字都是有确定的意义的,我决定做一个实验。这时出现在头脑记忆中的数字是'1734',与此相联系的意念很快地出现在我的面前:$1734 \div 17 = 102$,$102 \div 17 = 6$。然后我将这个数字分成17和34,我现在34岁,我曾经对你说过,我认为34岁是青年的最后一年,由于这个原因,我的最后一个生日过得很不愉快。在我的人生经历中,一个17年的结束将看到一个愉快而有兴趣的时代的开始。我将我的人生以17年为单位分开,那么这个区分有什么意义呢?在想到数字102时,我想到了雷卡姆万国图书馆的编号102,这是考塞卜的剧本《厌恶和悔恨》。

"我现在的心理状态便是厌恶和悔恨,这个图书馆里的编号6是穆勒的《罪过》,由此想到的是我自己的罪过,因为,我并没有表现出自己的能力。接下来出现的是这个图书馆中的第34号,包括穆勒的童话《枪口》,我将这个单词分为两个部分。接下来出现在我脑海的是,一次和我的儿子(6岁)的押韵游戏,我让他找出和那个单词押韵的词,但是他一个也没有找到。当我一定要让他说出一个的时候,他说用高锰酸钾清洗了他的嘴。我大笑了起来,因为这个词是很温和的。在最近几天里,我遗憾地发现,它并非温和的词。

"我问自己:这个图书馆里的17号是什么呢?但我并没有想到什么。不过我敢肯定,对此我很早就是知道的,因此,我认为我是想忘掉这个编号,我的任何思想似乎都是徒劳的。我开始急需阅读这本书,但我的阅读很机械,无法理解书中的内容,因为17这个数字仍萦绕在我的脑海。这时,我将灯关掉,继续思索。最后,我意识到17这个编号是莎士比亚的剧本,但是哪一本呢?我想到了《希洛和黎安德》——很明显是我的愚蠢企图使我误入歧途。最后,我不得不放弃,查阅了这所图书馆的目录,发现17号是《麦克白》。使我感到困惑不解的是,我根本不了解这个剧本,尽管我对它的重视程度和莎士比亚的其他剧本一样。我想到的仅仅是:凶手,麦克白女士,巫婆,'公正即邪恶';想到有一段时间我发现席勒的《麦克白》译本非常好。毫无疑问,我希望忘掉这个剧本。接下来想到的是17和34可以被17整除,得1和2,在这个图书馆的1号和2号好像是歌德的《浮士德》,我越来越感觉我和浮士德有很多相似之处。"

令我们感到遗憾的是,从这个医生的分析中,我们并没有发现什么重要的东西。阿德勒认为,这个男人对他的这些联想的综合并不成功,如果不从这些对1734数字的联想中获得一些理解这个数字的关键,那么很难对此做出有价值的解释。

"我今天早上的经历,有力地证明了弗洛伊德的观点的正确性。当我晚上下床的时候,惊醒了妻子,她问我为什么要找这个图书馆的目录。我对她讲了当时的情况,她认为我是小题大做——但观点很有意思——在我一再坚持下,她还是接受了对《麦克白》进行联想,她说在她想到这个数字的时候,她什么也联想不起来。我回答说:'让我们测试一下。'她说了一个数字117,我马上回答说:'117是指我告诉你的那个数字,而且,我昨天对你说过,一个82岁的妻子和一个35岁的丈夫在一起的确不协调。'前几天我取笑我的妻子说她是一个82岁的小老女人,$82+35=117$。"

这个原没有找到决定他生成数字的因素的男人,当他的妻子给他一个随意生成的数字的时候,他马上就找到了问题的答案。实际上,妻子很明确丈夫生成这个数字的症结所在,因为她选择的数字也是出于一个情结——这是他们同有的情结,因为这种情况涉及他们相互的年龄。现在我们就能够很容易地对出现在这个丈夫头脑中的数字做出解释。阿德勒认为,这个数字表明了他的一种压抑的欲望,这个欲望便是:"像我这样34岁的男人应该有一个17岁的妻子才合适。"

如果你认为这是无稽之谈,那么我要补充一点,最近我从阿德勒那里得到消息,在他的这个分析出版一年之后,这个男人和他的妻子离婚了。

阿德勒对强迫生成的数字给予了同样的解释。

四是人们选择所谓的"吉祥数字"并非与这个人的生活毫无联系,或它的出现也并不是没有什么特定的心理原因的。一个男人承认自己特别偏爱17和19这两个数字,在稍做思考后,他便发现,在17岁这个年龄,他考上了大学,并从此获得了他梦寐以求的科学研究的自由。19岁的时候,他第一次做长途旅游,之后不久便有了重大的科学发现。但是这个偏爱的固定化还是在10年以后,即在他发现这个数字在婚姻生活中的重要意义之后。即使是人们在一些特殊情况下偏爱的数字,或明显以很随意的方式生成的数字,也都可以通过分析追溯它料想不到的含义。我的一个患者在这方面曾给我留下了深刻的印象。有一天,当他很不愉快的时候,很特别地甩出一句这样的话:"我已经告诉你17到36次了。"我问他这么讲话的动机所在,他说他的脑海马上出现的是:他生于那个月的17日,而他的小弟弟也生于这个月的26日。他抱怨说,命运从他的生活中剥夺走了美好的东西,并把这些东西给了他的弟弟,因此,他便在弟弟的出生日期这个数字上加上10来表示命运对自己的这种不公,"我虽然年龄较大,但我却要矮人半截"。

如果你要对这个观点——数字记忆在人的潜意识中发挥作用——获得更深刻的印象,你就应该了解一下荣格和琼斯的文章。

在对这类问题进行分析的时候,我发现有两种东西给我的印象特别深:首先,人们似乎像梦游的确定性一样,为了达到一个意识不到的目的,进行了一系列数字的思考,这种思想马上便表现于所期望的数字,而且其计算速度之快令人惊异。其次,在我的潜意识里,我可以很自由地支配这些数字,但在我的意识状态下,我对数字的推断能力则很差,很难记住日期、房间号码等诸如此类的数字。而且,在这些潜意识状态下,对数字的思维操作有一种迷信的倾向,我很长一段时间不明确其根源是什么。如果你发现,不仅这些生成的数字,而且这些生成的文字材料也有一定的根源,这就不足为怪。

五是这是一个关于强迫性的单词消除的很好的例子,强迫性的单词，即那些无论做出多大努力也无法从我们的脑海里消除的总是出现的单词。这是由荣格观察发现的："一个女士告诉我说，在这些日子里'塔干洛'经常挂在嘴边，但又不知道它的意思。我问她这些天是否有一些刺激她的事件发生，是否有不愉快的情绪。她犹豫片刻后对我说，她很喜欢一件睡衣，但是她的丈夫对此不感兴趣——很明显，它们在发音和意思上相似。之所以用俄文的方式，是因为当时这个女士刚认识一个来自塔干洛的人。"

六是我很感谢赫奇曼博士，他提供了另一个类似的例子。在一个特殊的地方，一行诗歌不明原因地、强迫性地反复出现了。

一个法学博士说道："六年前，我从比瑞兹到圣塞瓦斯坦旅行，在铁路线跨越比沙河——这个地方是法国和西班牙的边界，从边界桥上看，这里的景色很优美——一侧是一条宽阔的大峡谷和晓利牛靳山，另一侧是一望无际的大海。这是一个美丽清爽的夏日，万物被阳光普照，我在做假日的旅行，碰巧要去西班牙。在这个美丽的地方我的脑海里出现了诗。

"我回忆起来，当时我正在想这个铁路的起点在哪里，我无法回忆起这个地方。从韵律上来判断，这些词一定来自一首诗歌，但这首诗歌我完全忘掉了。后来，当这句诗反复地出现在我的脑海的时候，我问了很多人，但是一无所获。

"去年，当我从西班牙回来的时候，也经过了这个相同的铁路线，那是一个漆黑的夜晚，而且在下雨。我看着窗外，看是否能看到边防站，我发现我正在比沙桥上。这句诗马上又闯入了我的记忆，而且我仍回忆不起来它的出处。

"几个月后，我回到了家里，发现了一本法国诗人乌兰特的诗集，打开后，那句诗就映入眼帘。它是诗歌的结尾部分。读这首诗的时候，我隐隐地意识到，很多年前我读过这首诗。在西班牙的情景好像与这首诗的这一句有密切的关系，这很符合我对这个地方的描述。但对这个发现，我只有一半的满意，然后我继续翻看着那本诗集。翻过一页，我在另一页发现了题为《比沙大桥》的诗。"

我要补充说明的是，与前面的内容相比，我对这首诗的内容更不熟悉。

十九、数字与名字

对决定随意生成的数字和名字的因素的探讨，有助于我们对另一个问题的解决。人们知道，很多人反对这种彻底的心理决定论，因为他们确信自由意志的存在。当然，这种确定的感觉确实存在，即使你相信这种决定论，也不能否定自由意志的表现。一方面，和其他正常的情感一样，这种感觉也是有证可寻的，但是，到目前为止，据我本人的观察，这种自由意志的感觉并不会在需要做出重要决定的紧要关头表现出来。在这样的情况下，这种我们拥有的感觉好像有一种不可抗拒的心理力量，我们很希望它能够代表我们的意志。

另一方面，对于一些无足轻重的决定，情况则与此不同。这时我们的活动往往出于我们的自由意志——没有什么动机驱使的意志。根据我们的分析，我们不需要讨论这种自由意志的感觉的正确性，如果要考虑到这种有意识和潜意识的动机的话，这种确定的自由意志的感觉会提醒我们，有意识的动机就不能扩展到我们所有的动作方面，即有些动作不需要劳驾意识动机，"小事不去惊动法官"。但是，这个所谓的自由的活动，却在潜意识方面获得了动力，通过这种方式，决定论彻底地表现在整个心理领域。

事实上，随着对这种潜意识原因的揭示，我们便有可能发现这些证据。在两个领域，有可能验证这种潜意识动机的存在，在这样的状态下我们有可能认识这种动机。

一是我们观察到偏执狂患者的一个典型特点是：他们将我们通常忽略的细小行为赋予深刻含义，或者说，在他们观察到他人这些细小的行为时，总是说这些行为意义重大，并据此得出重要结论。例如，我最近见到的一个偏执狂患者说，周围的人们好像都达成了共识，因为，当火车驶出车站时，人们都是挥动一只手。另一个患者注意到，人们走路的方式、使用手杖的方式等都有重大意义。

这些没有动机的、偶然的行为——正常人也具有的这种心理操作，或是正常人的失误行为——一旦被偏执狂患者在他人身上看到，他们并不认为这是一种正常的心理表现。他们在他人那里观察到的任何东西意义深刻，每一个行为都可以做出这样或那样的解释，那么，为什么他们会如此呢？或许，和在其他类似的情况下一样，他将自己意识不到的东西投射到了他人的身上。对偏执狂患者而言，他们被迫让出现的正常人潜意识中的东西进入意识，而要让正常人意识到这些东西必须通过相应的心理分析。在某种情况下，我们认为偏执狂患者的认识有一定的正确性，因为他们认识到了正常人认识不到的东西，他们在这个方面比有正常心智能力的人看得更清楚，只不过，他们将这种看法以替代的方式投射到他人的身上，这使他们的这个认识变得毫无价值。我希望自己也不相信这些偏执狂患者的解释，但是，偏执狂患者对这种偶然行为的解释还是有一定程度的合理性。这种认识有助于我们对这种确信感觉的理解，即偏执狂患者确信其解释的正确性。事实上，在这些解释中有一些是符合实际的东西。我们的那些非病理性的判断失误也应有这样的确信感觉，即确信这些失误是有一定意义的，或这些失误是有一定原因的。

二是对偶然和失误行为的潜意识动机的这种替代，还表现在迷信现象中，我将通过自己的小小经历来阐明我的观点。

我在度假回来后，思绪马上回到我的患者身上，在新的一年开始后，我首先要注意的是哪一个患者呢？首先，我要看望的是一个老妇人，多年来我一直是坚持每天为她服务两次。由于这是例行的服务，且单调乏味，在我去看她的路上和探视她的过程中，我的潜意识思想就会表现出来。她已年逾九旬，每年开始时，我都会很自然地问自己，她还能支持多久。就在这一天，我匆匆叫了一辆车赶往她家，在这里的每个车夫都知道这个老妇人的家，因为我经常坐他们的车。但这一天却发生了一个很偶然的情况，这个车夫在她的门口没有停车，而在附近另一个与此平行的街道上的同一个门牌号前停了下来。当我看到他走错了路后，斥责了这个车夫，他急忙对我道歉。那么，我在另一个没有居住这个老人的家门口停车是否有重大意义呢？当然，这并非对我有什么意义。但是，如果我迷信的话，从这个偶然事件可以看出一种预兆，这将是这个老人的最后一年。历史上记录的很多预兆也只不过是依据这种象征，我当然将这种情况解释为一种偶然，没有其他的意义。

但是，另一种情况则完全不同，如果我步行前往，当自己"陷入沉思"或"心不在焉"，也到了另一个与此平行的街道的这所房子，而不是这个老妇人的家门口，这就不能解释为偶然，而是值得解释的、有无意识目的的行为。我对这种"误入歧途"的解释是这样的：我不久就不会再看到这个老妇人了。

二十、我与别人的区别

我不相信心理生活中的那些无足轻重的事件的发生,会预知我们将来在现实中的隐藏的东西。但是,我相信,我们心理活动的偶然表现,会揭示一些隐藏的东西,尽管这些东西也属于心理方面的(不属于外在现实)。我相信外在的偶然性,但是不相信内心的(心理的)偶然性。而迷信的人看法则相反,一方面,他们对这种偶然和失误行为的动机一无所知,而且相信这种心理的偶然事件;另一方面,他们赋予外在的偶然事件以特定的意义,一种对将来现实的预兆,他们认为这种偶然事件的发生是表达外在现实中隐藏东西的一种方式。由此可见,我和迷信的人的区别,主要表现在下面两个方面:首先,他们寻找外在的动机,而我则寻找内在的动机;其次,他们将这种偶然解释为一种事件,而我将这种偶然解释为一种思想。但是隐藏于他们的东西和隐藏于我的东西相对应,而且都不想将这个偶然解释为偶然事件,而宁肯对它做其他的解释,这是我们的共同之处。

我认为,意识的疏忽和潜意识中对这种偶然的心理事件动机的认识,是迷信产生的心理根源。因为,迷信的人并不知道他们偶然行为的动机,但是又要求能够认识到这个动机,这样他就不得不在外界寻找其替代的根源。如果这样的联系确实存在,它就不可能局限于这个单一的情景。在这一点上,我相信世界上迷信的大部分观点——经过漫长的演化,形成了现代的宗教——只不过是心理向外在世界的投射,这种心理因素以及在潜意识中联系的模糊认识——对此很难表达,用偏执狂患者做类比有助于我们的理解——都反映在超自然现实的构成上。这些超自然的现实最终会被潜意识心理学这门科学所取代。人们也可以用同样的方式去解释天堂和地狱的神话,去解释上帝和不朽的灵魂，去解释善良与丑恶，将这种形而上学转化为心理玄学。初看起来，偏执狂患者的替代和迷信人的替代并没有多大区别，但人类开始思考的时候，众所周知，他们被迫以人神同形的方式去对此加以解释，或用自己想象出来的众多人格的力量来对此予以解释。他们将这些偶然的事件神秘地解释为是那些有神秘力量的人们所为，其所作所为有时像偏执狂患者，从他人的细小的行为得出重要的结论，有时又像很多正常人，他们根据这些偶然的和不存心的行为来判断邻居的性格。在现代的科学中，这种迷信的世界观将失去存在的根基，但在前科学时期的世界观里，人们坚信他们解释的正确性和合理性。

罗马人看到门口飞过一只小鸟，便认为这不是好的兆头，他们就会放弃去做一些不论多么重要的事情，他们用这种洞察力来判断自己的活动，这样的行为与他们的前提便达到了一致。但是，如果他们放弃去做这件重要的事情，是因为他们在出门的时候摔了一跤，他们的这种洞察力比我们这些无宗教信仰的人还要优越，他们比我们这些心理学家更像心理学家。因为这一跤向他们表明，他们还有疑虑，还有反面的力量在对他们发生作用，这种力量在做涣散意识的努力。因为，如果我们把所有心理力量联合起来去达到这个共同的目标，肯定会取得成功的。这正如席勒笔下的泰尔，在让他用箭去射他儿子头上的苹果时，官员问他为什么抽出两根弓箭？他的回答是这样的："我用第二根箭射穿你，如果我伤了我亲爱的儿子的话，这根箭就是你的，我不会放过这个机会。"

任何人只要有机会用精神分析的方式研究一下人类隐藏的心理冲动，他们都会发现，在迷信里，这种潜意识动机的特点得到了表现，我们可以在那些患有强迫性思考或其他状态的神经症患者那里得到证明。这些人的智力一般都很高，可以清楚地看到：迷信来源于压抑的敌对冲动，迷信在很大程度上是对灾难的期望。如果一个人经常有邪恶欲望，但他又想变好，他就不得不将这个欲望压抑在潜意识之中，并期待着通过灾难的方式来惩罚这种潜意识的邪恶。

尽管这几句话不能完全阐明迷信心理学，但是我们至少触及了这样的问题：迷信到底有没有现实根源，或者说，诸如真实的预感、梦的预见、心灵感应以及超自然力量的表现等，这些说法是否完全是假的。我的意思并非是对这些说法一概否定,因为,很多哲人名士对此都有详细的观察,并确认其存在,当然对此还有待进行深入的研究。我希望的是,其中的一部分能够通过人们对潜意识过程的认识而得到解释,从而使我们今天的观点更加巩固。如果像招魂术这样的现象仍然存在,那么我们就应该能够用对这种现象的新发现来进一步限定我们的"定律",而不使我们动摇关于世界上事物之间的一致性的信念。

对此问题的讨论,我只能提供一个主观性的答案——据我个人经验的答案。遗憾的是,我必须承认我也是一个凡夫俗子,我出现的时候,神灵停止活动,超自然的力量也隐身而去,因此,我没有任何这方面的经验使我相信这种奇迹的存在。和其他人一样,我也有预感,并经历了一些烦恼,但是二者总是联系不起来,预言的事件总不出现;而一些不幸的事件经常无声无息地出现在我的面前。在我孤居其他城市的日子里——当时我还年轻——我经常误听到有人叫我的名字,声音倍感亲切,然后仔细地记下这个时刻,并追查在这个时候我的家人是否真的叫过我的名字,或有无什么事件发生,但是,什么也没有发生。与此相应,有一次,在我忙于为一个患者看病的时候,我的一个孩子突然患病,几乎因此死去,当时我仍没有烦恼的预感。到目前为止,我所遇到的患者中,没有一个能够证明自己的预感应验。我也必须承认,在最近几年,我的一些经历也可以用心灵感应的假设对此予以解释。

很多人都坚信梦有预见性,因为人们可以用很多事实对此予以论证:在梦中出现的愿望,在以后的生活中得到了满足。但是,毫无疑问的是,通常在梦和愿望的满足之间有很大的差异,而这种差异往往被做梦的人给忽略了。一个聪明、诚实的女患者,提供给我一个很好的关于梦的预见性例子。事情是这样:她曾经梦见自己在某条街道的某家商店里遇见了她以前的一个朋友——她的家庭医生。第二天早上,当她来到市中心梦里梦到的那个地方的时候,确实遇到了他。

在仔细地询问了她一些问题后,我发现,在她做梦的那个早上,她并没有回忆起来这个梦——直到她出去散步并遇到这个人时才回忆起晚上的梦。她对这样的解释并不反对:这种事件的发生并非神秘,只不过是一个有趣的心理问题。那天她走在街道上,遇到了她的家庭医生,见过以后,她感觉到前天晚上自己在梦里梦到过在这个地方遇到了他。对她做具体的分析后,就会发现她的这个确定的感觉是如何出现的,一般而言,在这样的情况下,人们往往否定其真实性。一个期待已久的在某个特殊的地方相遇,实际上等同于一种约会。这个老家庭医生唤起了她对以前的回忆,她通过这个医生认识了另外一个人,这个人曾经在她生活中是很重要的一个部分。从此以后,她继续和这个绅士有密切的联系,就在做梦的那天晚上,她还在期待着他的到来,但是他并没有来看她。如果对这种情况做进一步分析的话,便会很容易地发现,当她见到她以前的一个老朋友的时候,她表现出的做过这个预见性的梦的幻想等于在说:"啊!医生,你使我陷入过去的回忆,那个时候,如果我们安排一个约会,我会很高兴的。"

这种"明显偶合"——说到某人时,他确实出现了——也是有的。我也记起自己一次这样的小小经历,这或许代表了很多类似的经历。在我获得了教授头衔后的几天——在当时的专制时期,教授是有一定的权威性的——当我走到市中心的时候,我突然产生了一种童年的幻想,即想去报复一下那对夫妇。几个月前,这对夫妇请我去给他们的小女儿看病,这个女孩在做了一个梦后,出现了有趣的强迫症状。我对这个病例很感兴趣,对其病因我是知道的。但是,这对夫妇反对我给他们的女儿提供治疗,而让她转到了一个外国权威那里,这个权威以有效的催眠疗法著称。我的这个报复性的幻想是:在这个权威的治疗彻底失败后,他们会再来求我进行治疗,并且向我表示,他们对我的治疗很有信心,如此等等。然而我就会这样回答:"是的,现在你们对我有信心了,因为现在我也是教授了。这个头衔并没有改变我的能力,我当大学讲师的时候,你们没有用我,那么我现在做了教授,也可以不用我。"这时,我的幻想被一个声音打断。"教授,你好!"我一看,站在我面前的正是我正在想着要报复的那对夫妇。当时我的第一个反应便是,这并非奇迹,我在这个宽阔、笔直、几乎没有什么人的街道上走,迎面而来的正是这对夫妇。在我们相距二十码的时候,我可能偶然的一瞥,看到了他们的身影,并认出了他们,但是我却将这个感觉放到了一边,或被消极地忽略了。很明显是情绪的因素在这个幻想中发挥了作用,于是就出现了这种巧合。

在某种时刻,或某个地方,我们会发现,这个地方这么熟悉,好像以前我们到过这里，但是经过努力回忆，发现自己以前确实没有来过这里。人们在言语的表达上，将此习惯上称为"感觉"，但实际上这是一种判断，更确切地说是一种知觉判断。这些情况有其本身的特点，我们不要忘记这个事实，他无法回忆起来他想要的东西。这个"似曾相识"的现象是否可以证明有前世的存在呢？当心理学家注意到这个问题后，便企图用特殊的方式解决这个问题。但是，目前提出的解释，在我看来，没有一个是正确的。他们没有人能够通过这个现象的表面而看到其深层的东西。据我观察，这些心理过程可以对这种"似曾相识"——潜意识幻想的现象做出解释，但当代的心理学家仍然忽略这一点。

我认为将这种似曾相识的经验看成幻觉是错误的，实际情况是这样的，当时的情景确实触及到了他以前曾经经历过的东西，只是无法将这种经历回忆起来，因为它还没有被意识到。简单地说，似曾相识的感觉与一种潜意识幻想的再现相对应。这里存在着的潜意识幻想，就像我们意识中产生的同种创造一样，对后者每个人都可以从自己的经历中了解到。我想对此问题应该给予认真对待，但这里我能做的只不过是对一个具体的、"似曾相识"的例子进行分析。在这个例子中，这种感觉是那样的强烈和持久。一个37岁的女士对我说，她对她在12岁半时的一次记忆有非常深刻的印象。那是到乡村去看她的几个同学，当进了大院，她马上感觉自己以前来过这里；来到客厅时，她的这种感觉就更加强烈，她感到自己原来就知道这座房子的结构以及这座房子的隔壁是一座什么样的房子，并且知道在这里会看到些什么。当时她想，之所以会有这种熟悉的感觉，可能是在自己很小的时候到过这里。但是，询问了父母后，这个看法却被否定了。这个女士并没有从心理学方面对此予以深究，但是她认为这种感觉的出现是她的重要的情绪生活的预见，因为这些同学对她以后的生活意义重大。但是，如果我们了解到她当时的处境，就会对这一现象有另外的解释。在她去看望同学的时候，她知道，她的一个女同学只有一个哥哥，当时他病得很重，她来到他们家后，也瞟了他一眼，他已经病入膏肓，她对自己说，他将不久于人世。现在，她自己唯一的哥哥也患有重病几个月了，在他生病期间，她不得不和她父母分开几星期，而和她的一个亲戚待在一起。她相信，她的哥哥和她一起去了乡下，而且她认为这是他病愈后的第一次旅行。但奇怪的是，她对其他的很多细节都很不确定，唯独有一个深刻的印象是，还记得自己那一天穿着一件很特别的裙子。了解到这些讯息后，任何一个人都不难从这些暗示中得出结论：她有一个期望，这个期望就是期望她的哥哥死去。这一点对这个女孩的思想发生了重要的影响。她对这个愿望意识不到，而且，在她的哥哥恢复后，她又将这个思想更强烈地压抑下来。但是，如果情况恰恰相反，她的哥哥没有恢复，那么她就要穿孝服了。她在自己同学的家里发现了一个很类似的情景，她的哥哥也临近死亡，事实上他不久就死了。她应该意识到这一点，几个月前，她本人也有同样的经历，但是，她并没有回忆起来这件事。相反，取而代之的是她对这个地方的似曾相识感，如这个环境，这座房子，这座花园等，自己又成为这个"虚假探索"的受害者。从这个事实我们可以得出这样的结论，她对哥哥死的期望还没有从她的幻想欲望中消除，她希望自己成为家里唯一的孩子。后来，她患有严重的恐怖性神经症，害怕失去自己的父母，这种症状的潜意识根源也是同一个内容。

我的一次类似的、似曾相识的短暂经历，也可以追溯到当时的这种情绪的聚集。"在这种情况下，也唤起了我原来形成的改良自己处境的幻想欲望。"关于这种似曾相识的现象，我们认为费伦茨博士的解释是值得考虑的。在这个问题上他写道："就我自己的情况而言，和其他人一样，我深信，有无数的似曾相识的经历，都可以追溯到潜意识的幻想，在当时的情景中，人们又潜意识地联想到了这种幻想。我的一个患者的具体情况，虽然不同于其他人，但是，实际上也是其他人的翻版。这种感觉经常出现，后来发现，这种感觉来源于他以前做的一个梦，而这个梦的内容他早就忘掉了。由此可见，似曾相识不仅可以源于白日梦，同样也可源于夜间梦。"

后来，我发现格拉斯特也对这个现象做出过解释，他的解释和我的观点极为相似。

1922年我曾写过一篇短文来论述一种很类似于似曾相识的现象，这便是"似曾谈及"，即患者在前来治疗时，幻想着自己已经报告过那些很感兴趣的东西。在这种情况下，这个患者主观上坚信，他在很久以前就说过这些记忆材料，医生则很确定地说他并没有讲过，并肯定地告诉患者他一定是记错了。对这种有趣的失误的解释，可能是这样的：这个患者在说明这个材料上有压力，因此他便试图将这些材料说出来，但是，并没有真的说出来。在治疗的时候，他将原来的这种记忆当成了已经发生了的事件，这样就达到了自己的目的。

另一种类似的情况，其机制可能是一样的，费伦茨将此称为"信以为真"的失误。我们相信，我们会遗忘、误置或丢失一些事情、事物，但是有时我们却坚信自己没有做过这样的事情，并认为事情本来就如此。例如，一个女患者又返回到医生的家里，说她是回来取伞的，因为她将伞丢在了这里，但是这个医生发现，伞就在她的手里。这个失误的发生显然与一个冲动有关，这个冲动便是，她想将这把伞放到这里。由此可见，"信以为真"的失误与真正的动作相对应。这正如人们所言：这太便宜了，因此便想回报一下。

最近，我将名字遗忘例子的一个分析报告给一个学哲学的同事看，他马上反驳说："这很有意思，但是，我对名字的遗忘则不是如此。"对我的观点，当然不能用如此简单的方式予以拒驳，我不认为这个同事以前曾对名字的遗忘这种现象进行过分析，也不能说他对名字的遗忘现象的解释完全不同。然而，他的这个说法涉及了一个很多人都关心的问题，即关于这些失误、偶然行为的解释是仅适用于个别情况，还是具有普遍的适用性？如果仅适用于个别情况，那么其条件是什么，是否还有其他的解释呢？对此问题的回答很困难，或使我进退维谷。但是，我要声明一点，我们所报告的这种联系绝非少数，每次对自己或患者做实验的时候，在这些例子中都会明显地看出这些联系，或者说我们的看法是有基础的，是站得住脚的。当然，如果你没有发现这种隐藏的思想也是不足为怪的，因为在你设法找到这些思想的时候，可能会有一些内在的抗拒。同理，我们也不可能对自己或患者的梦都做出解释，为了证明这个理论具有普遍性，只要你用这样的方法去寻找这些隐藏的联系就足够了。对前一天做的一个梦进行解释的时候，你可能感觉非常曲折，难以理解，但往往在一个星期或一个月以后，你会揭示其秘密。因为在这一段时间，生活发生了一些变化，这种反面的力量减少了，这样你的解释就容易了。这也适用于对失误和症状行为的解释，在前面举的那个读误的例子中，我有机会看到了这种现象的发生。最初我对这种失误无法解释,但是当我对这种压抑思想的兴趣消失后,情况却明朗开来。只要这种痛苦——我的弟弟比我获得教授的头衔的时间早,那么,对这个读误的分析就需要我付出很大的努力。但是,当我发现这一点并不能说明他比我优越时,我便突然找到了问题的答案。当然,我们也不能这样认为:这种持续时间的分析都是由于这个机制,而非所揭示出的心理机制导致。如果对这种假设并没有得到反面材料,人们就准备相信对失误和症状行为,这些可能是发生在正常人身上的行为的其他解释,便使这种假设失去了现实价值。也正是同一种心理力量使人们产生了一些秘密,并促使自己去探究这个秘密,最后对此做出解释。

另外,我们也不能忽略这个事实:仅仅通过其本身的力量,压抑的思想和冲动尚无法通过失误和症状行为获得表现。因为,在此情况下,这种一边倒的可能性,就其神经机制而言,必然是孤立的。而这一点正好被压抑的思想利用,据此使人们的意识有所感觉,即仅仅是想让人们有所意识。在言语失误的情况下,哲学家和语言学家企图确定的是,造成这种失误产生的结构和功能上的联系。如果我们将这些失误和症状行为产生的原因,区分为潜意识的动机和心理—物理联系,那么就出现了一个公开的问题:在正常人的范围内,是否还有其他的因素——像潜意识这样的因素,并取代潜意识——能够说明这些失误的产生。但对此问题的回答并非我的任务。

尽管在精神分析相对于失误的一般观点之间,存在较大的差异,但是,我也不想夸大这种差异,我宁可将自己的注意力转向那些差异不明显的例子上。对于那些简单的、不引人注意的口误和笔误而言,仅仅是一种压缩,或少了一个词,缺少一个字母——这是不会有什么复杂的解释的。按照精神分析的观点,我们必须坚信:对意识的某种干扰仅仅是表明它的存在,但是,我们说不清楚这种干扰来自哪里,其目的是什么。事实上,这除了说明它的存在外,并没有其他的意义。在这种情况下,我们可以看到语音的相似相接近的心理联想对失误的作用,对这个事实我们从来没有争辩过。一个合理的科学要求是,对那些尚未解释的口误和笔误的解释,应该依据那些有明确分析的例子和那些通过分析得出相应结论的例子。

二十一、对口误的讨论

从我们对口误的讨论开始，就已经证明：失误是有隐藏的动机的。借助精神分析的方式，我们可以追踪并认识这个动机。但是，到目前为止尚未归纳出其一般特点，以及在失误中所表现出的心理因素的特殊性。我们尚不想对此做很明确的解释，或将此总结成一种规律并加以验证。同时，我们也不想用很直接的方式来处理这些材料，因为对此完全可以从另一个角度进行探讨。第一步要做的，不久大家就会看到。在这里我们首先提出几个问题，至少应当提出来并对此加以描述。①表现在这些失误和偶然行为中的思想、冲动的内容和根源是什么？②确定这种思想和冲动使用如此的活动作为其方式的因素是什么？是什么决定了它用这种特殊的方式？③在失误和通过这样的方式表达的内容之间，是否可以建立明确的固定联系？

我将收集有关资料首先回答最后一个问题。在讨论口误的例子时，我们发现，超脱其要表达的内容是很有必要的。这样我们被迫要在这个意图之外来寻找言语混乱的原因。在很多情况下，讲话者对这些原因也是有意识的。即使在那些简单明了的例子中，也只不过是同一个思想的翻版，这个思想看来同样有表达的权利，因而使这些表达合而为一，阻碍了思想的表达。但是，我们却无法解释为什么用这个叙述，而不用另一个叙述，这是梅林格尔和迈耶尔所讲的"混合"。在第二组例子中，摆脱一种叙述的动机是出现这种失误的一个原因，但这个动机并不是很强烈，以致无法将其叙述方式完全摆脱，而且这种被压抑的叙述也是完全有意识的。只有在第三组例子中，这种干扰的思想才毫无保留地和要表达的意思区别开来，也只有在这样的情况下，才能够看出明显的区别。在这样的情况下，或者干扰思想由于思想联想使二者之间形成联系（由于内在的矛盾而形成的干扰），或者这些思想之间并没有本质的联系，联系发生在干扰的单词和干扰的思想之间——而这些联系是意识不到的（潜意识的外在联系）。在列举分析过的例子中，整个言语过程受这个思想的影响。在人们讲话的时候，这种处于潜意识状态的思想被激活，或者它们通过自身的干扰而表露出来，或者通过使要表达的言语部分之间相互干扰的方式间接地发生作用。引起这种干扰产生的压抑的潜意识的思想与言语的干扰本身有很大区别，对这些思想的探索不可能找到一个概括的东西。

将这些分析与对读误、笔误的分析进行比较研究后，我们得出了同样的结论。如对口误而言，有的时候，这种口误仅仅是一种简化或凝缩，并没有什么其他动机存在。梦的凝缩和清醒时候产生失误时的凝缩，是否需要一定的条件呢？从获得的例子来看，尚无法对此做出解释。但是，我不会因此得出这样的结论：除了意识的松弛外，没有其他什么条件，因为，就其产生而言，这是一种自发的活动，而且有准确可靠的特点。我更强调这样的事实：正如在生物学领域的表现一样，正常人或接近正常的人与那些有病理性问题的人相比更不愿探讨这种混乱的根源。我希望把那些轻微的混乱也当作严重的混乱来解释。

在读误和笔误的情况下，我们通过分析可以确定其深刻而复杂的动机。"坐木桶跨越欧洲"这个例子说的是一个读误，这是由一个很深层的动机或思想的作用引起的，在本质上和要表达的意义上是不同的。它产生于压抑的嫉妒和野心冲动，然后通过"转换单词"表现出来，形成与此完全不同的联系。

无疑，这种对言语功能的干扰是有原因的，它也需要一定的干扰力量，虽然这种力量比其他心理活动的力量要小。

对遗忘而言，情况可能与此有所不同，因为遗忘是对过去的经历的遗忘。决定这种正常的遗忘过程的根本因素是我们所不明确的。同时，我们也注意到对遗忘的每一种记忆并非都予以承认，只有当这种记忆使我们感到吃惊的时候，才会察觉到自己的遗忘。因为这时它打破了一般的规律,即被遗忘的总是一些不重要的东西,而重要的东西仍保存在记忆里。对那些值得很好地解释的遗忘实例分析表明:遗忘的动机都来源于一个方面,这些材料可以唤起人们痛苦的情感,因此,人们就不希望这些材料出现在人们的记忆中。我们由此可以猜想,这种动机一方面,想在心理生活中处处表现出来;但是,另一方面,由于另一种反对力量的作用,这种表现又很难奏效。就人们不愿记忆那些引起痛苦的材料而言,其重要性和范围值得做详细的心理界定,而且,要使我们的说明适用于具体的例子,我们不能将这问题——遗忘的特殊条件是什么——和我们在全文中的说明分开。

在意向遗忘的情况下,需考虑另一个因素,那种压抑在潜意识中的冲突——由不愿记忆那些痛苦的东西而引发的冲突——变得非常真实可见,在对这些具体例子的分析中,我们发现了这种对立意志的存在,这种对立意志反对那种还没有付诸行动的意向。我们在失误行为的例子中也描述过,在这种行为中,我们也认识到了两种心理过程,或者是对立意志对抗这个意向,或者是在本质上与这个意向本身没有什么联系,但是通过外在联想使二者联系起来。

同样的冲突也在控制着人们的过失行为。阻碍这种活动的冲动也是一种行动,而且在很多情况下,这种对立行动与我们的那种活动的冲动毫不相干。在做出这个过失行为的过程中,使这个行动有机会得到表现。那些由内心冲突引起干扰的例子更为重要,往往出现在一些重要的活动中。

在偶然行为和症状行为中,内在冲突变得越来越不重要。在这些动作表现中,人们的意识变得更无价值,而且人们似乎完全忽略这样的行为。因此,很值得我们在潜意识和压抑的冲动那里对此进行解释,因为这些症状的表现有很多都代表了人们的幻想和欲望。

对前面提出的第一个问题——表现在这些失误中的思想和冲动的根源是什么——而言,我们敢说,在很多情况下你都会很容易地发现,这些干扰的思想来源于心理生活中压抑的冲动。在健康人中,自私、嫉妒、敌对等都是存在的,但是出于道德教育的巨大压力,这些东西只能利用失误等提供的机会来予以表现。这些冲动的存在是不可否认的，但是具有高级心理生活的人们并没有意识到这一点。对这些失误的默许实际是我们对不道德行为的容忍。在这些冲动中，我们似乎没有发现性冲动的作用。在分析的例子中，很少发现这方面的动机实属偶然。原因可能是绝大多数源于自己的心理生活，这些材料首先是经过选择的，选择的过程删除了与性有关的材料。同时，也可能是自己内心的反对干扰了这些思想的出现。

现在，我们来回答第二个问题——这些思想不能以完整的方式表现，而被迫依据其他的方式来寻求表现，如限定、干扰另一种思想。造成这种局面的决定因素是什么？很多典型的失误例子表明，这种决定因素必须与意识许可度相联系，即与意识对这种压抑思想的许可程度有关。但是，如果通过一系列的例子对这个特点进行分析，则很难对此做出明确的说明。由于耗费时间而将某些东西退避开来，或认为这种思想与当前的问题没有联系，而将这些作为推开一个思想的动机（这个思想保留下来，通过干扰另一种思想来寻求表达），其作用类似于这种情况：犯上的情绪冲动要遭到道德的谴责，这时要将它退避开来；或者，它完全来源于潜意识的思想。要探讨决定这些失误和偶然行为是如何产生的一般的决定因素，沿着这个线索是不会有什么收获的。由此分析产生的一个事实是，失误的动机越是微不足道，这种思想表现的阻力就越小，就越容易进入意识，当人们的意识留意到这个现象时，对这个问题的解释就越容易。如我们一旦注意到自己的口误，便会立即予以纠正。当动机来源于真正压抑的冲动时，这时就必须仔细地分析才能够得到解释，有时还要度过很多难关才会最终找到问题的答案。

通过对这些材料的分析，无疑会得出这样的结论：寻找决定这些失误和偶然行为产生的心理原因时，必须沿着其他的途径、用不同的方法去寻找。通过我们的讨论，读者会看到破壳的迹象，即这个学科是属于一个非常广阔的领域的。

二十二、依赖关系

　　自我在很大程度上是从认同作用中形成的，认同作用取代了已被放弃的本我的贯注。这些最早的认同作用总是完成自我的一个特殊职能，且以超我的形式和其他自我相分离，而后来，当它强壮起来时，自我就更能经受住认同作用的影响。超我把它在自我中或有关自我的特殊地位归功于必须从两个方面考虑的一种因素，即一方面，它是第一种认同作用，是当自我还很脆弱时就发生的认同作用；另一方面，它是奥狄帕斯情结的继承者，因而把最重要的对象结合到自我当中去。超我和后来的自我所产生的变化之间的关系，大体上就是童年期最初的性欲期和青春期之后，完全成熟的性活动之间的关系。虽然它服从于后来的每一种影响，但它一生仍然保留着从恋父情结派生给它的特点——自我分离并统治自我的能力。它是对自我以前的虚弱和依赖性的一种纪念，成熟的自我则受它的支配。就像儿童被迫服从其父母那样，自我也服从由它的超我发出的绝对命令。

　　然而，超我派生于本我最初的对象——贯注，派生于奥狄帕斯情结，对它来说还有更大的意义。这种派生，正如我们已经描述的那样，把它和本我在种系发生上获得的东西联系起来，并使它成为一个以前的自我结构的再生物。这个自我结构已把它的沉淀物留在了本我中，因此，超我总是和本我密切联系着，并能作为它和自我联系的代表。它深入本我之内，并且由于这个理由而比自我更远离意识。

　　通过把我们的注意力转向某些临床事实，这些事实早已失去其新意，但仍有待于理论探讨，我们就能更好地理解这些关系。

　　在分析工作中有些人以相当独特的方式行事。当我们满怀希望地对他们讲话、对治疗的进展表示满意时，他们则露出不满的神情，而且他们的情况总是变得更糟糕。人们一开始把这种情况看作挑战和试图证明他们比医生更优越,但后来则开始采取一种更深刻、更真实的观点。人们开始认识到,不仅这种人不能承受任何表扬或称赞,而且还对治疗的进展做出相反的反应,每一种应该引起的而且在另一些人身上的确引起了症状的改善,或不再恶化的那种治疗方法,却在他们身上引起了病情的恶化。这些病人在治疗期间病情加剧,而不是好转,他们往往表现出所谓"消极的治疗反应"。

毫无疑问,在这些人身上有某种坚决与康复作对的东西,它害怕接近康复,好像康复是一种危险似的。我们习惯上说,在这些人身上,生病的需要占了渴望康复的上风。假如以通常的方式来分析这种抵抗,那么,即使丢掉病人对医生的那种抵抗态度,去掉病人想从疾病中获得各种好处的那种固恋,大部分抵抗仍然遗留下来。这表明它本身就是恢复健康的一切障碍中最强大的,甚至比诸如自恋的难接近性这种熟悉的障碍更强大。

最后,我们开始认识到,我们正在对付一种所谓"道德的"因素。这是一种罪疚感,它要在疾病中获得满足,并拒绝放弃忍受病痛的惩罚。我们有理由认为,作为结论这是一个相当令人失望的解释。但是,就病人而言,这种罪疚感是无声的,并没有说他是有罪的,他也不觉得有罪,只觉得生病了。这种罪疚感只表示一种对极其难以克服的身体康复的抵抗。要使病人相信,这种动机是他继续生病的原因,这也是特别困难的。他坚持那种更明显的解释,即用分析法所做的治疗对他的病症来说是毫无补益的。

我们的描述适用于这种事态的最极端的例子,但是这个因素在极多的情况下,或许在一切较严重的神经症的病例中都应该加以考虑。事实上可能正是在这种情况下的这个因素,即自我理想的态度决定着神经症的严重性。因此,我们将毫不犹豫地更全面地探讨罪疚感在不同条件下借以表现自己的方式。

对正常的、有意识的罪疚感的解释并没有什么困难,应该把它归于自我和自我理想之间的紧张,并且是由它的批判功能发出的自我谴责的表现。可以推测,神经症中这么有名的自卑感可能和这种有意识的罪疚感密切相关。在两种非常熟悉的疾病(强迫性神经症和抑郁症）中，罪疚感有过强的意识；在自我理想在其里面表现得特别严厉，常常极其残暴地对自我大发雷霆。自我理想在这两种疾病中的态度，和这种类似性一道表现出具有同样意义的差异。

在某些形式的强迫性神经症中，罪疚感竭力地表现自己，但不能向自我证明自己是正确的。所以，这种病人的自我反抗地转嫁罪责，并在否定它的同时寻求医生的支持。对此予以默认是愚蠢的，因为这样做毫无用处。分析最终表明，超我正受着一直瞒着自我的过程的影响。要发现真正引起罪疚感的被压抑的冲动是可能的。由此可以证明，超我比自我更了解潜意识的本我。

在抑郁症中，超我获得对意识控制的印象甚至更加强烈。但在这种病例中，自我不敢贸然反抗，它承认有罪并甘愿受罚。我们理解这种差异。在强迫性神经症中，问题在于，应受斥责的冲动从未形成自我的一部分；而在抑郁症中，超我愤怒的对象则通过认同作用而成为自我的一部分。

当然，还不清楚为什么罪疚感能在这两种神经症中达到如此非凡的强度。的确，这种事态所表现的主要问题在于另一方面。在相关病例中，罪疚感是无潜意识的。

在歇斯底里症和某种歇斯底里症状态下，基本的条件就是发现这种情况。罪疚感用以保持潜意识的机制是容易发现的。歇斯底里症的自我保护自己免受痛苦知觉，它的超我的批判威胁说，要采取那种保护自己免受无法忍受的对象——贯注的同样方式，也就是采取一种压抑的行动。因此，正是自我应该对这种保留在潜意识中的罪疚感负责。一般来说，自我是在超我的支配和命令下进行压抑的，但是，在这种病例中，它把同样的武器转而对准它的严厉的监工了。在强迫性神经症里，反向作用占主导地位，但是自我在这里却满足于和罪疚感有关的材料保持距离。

人们可以进一步大胆地假设，大部分罪疚感在正常情况下必定是潜意识的，因为良心的根源和属于潜意识的奥狄帕斯情结紧密相连。如果有人想提出这种矛盾的假设，即正常的人不仅远比他所想象的要更不道德，而且也远比他所想象的要更道德，那么，精神分析就要对论断的前半句负责，但对剩下的那后半句则不会提出异议。

这种潜意识罪疚感的加剧会使人成为罪犯,这是个令人惊讶的发现,但无疑却是个事实。在许多罪犯中,特别是年轻的罪犯中,会发现他们在犯罪之前就存在着一种非常强烈的罪疚感。因此,罪疚感不是它的结果,而是它的动机,就好像能把这种潜意识的罪疚感,固定到某种真实的和直接的东西上,就是一种宽慰。

在所有这些情况里,超我表现出它和意识的自我无关,而和潜意识的本我却有密切关系。现在关于它的重要性,我们把它归之于自我中的前意识言语记忆痕迹。于是,问题也就必然产生了。超我,假如它是潜意识的,它是否还能存在于这种言语表象中,或者假如不是潜意识的,它究竟存在于何处呢?我们的回答虽然不会使我们走得太远,但是,人们也不可能对此提出怀疑,即超我和自我一样,是从听觉印象中获得的。因为它是自我的一部分,且在很大程度上通过这些言语表象(概念、抽象作用)而和意识相通。但是,超我的贯注能量并非起源于听知觉(教学、读书等),而是起源于本我。

我们放在后面回答的那个问题,因此就是:超我主要是怎样作为一种罪疚感来表现自己;另外,怎样发展到这种对自我的特别粗暴和严厉的地步呢?如果我们先转向抑郁症,就会发现,对意识获得支配权的特别强烈的超我对自我的大发雷霆,好像它要竭尽全力对此人施虐。按照我们关于施虐狂的观点,应该说,破坏性成分置身于超我之中,并转而反对自我。现在在超我中取得支配地位的东西,可以说是对死亡本能的一种纯培养。事实上,假如自我不及时转成躁狂症以免受暴政统治的话,它就常常成功地驱使自我走向死亡。

以某种强迫性神经症的形式进行的良心谴责,也同样是令人痛苦和烦恼的。但对这里的情况我们更不清楚。出乎意外的是,强迫性神经症和抑郁症相反,它不采取自我毁灭的步骤,它好像能避免自杀的危险,而且比歇斯底里症能更好地保护自己免遭危险。我们会发现,保证自我安全就是保留了对象这个事实。在强迫性神经症中,通过向前生殖器组织的退行,就可能把爱的冲动转变成对对象的攻击冲动。破坏性本能在这里再次得到释放,其目的在于毁灭对象,或至少看起来具有这个目的。这些倾向尚未被自我采纳,自我用反向作用和预防措施来奋力反对这些倾向,本能则保留在本我中。但是,超我的表现却好像是说，自我应该为此负责，并且在惩罚这些破坏性意图时，用它的热情表明，它们不但是由退行引起的伪装，而且实际上用恨代替了爱。由于在这两方面都孤立无援，自我同样白白地防御凶恶的本我的煽动，防御对实施惩罚的良心的责备。但它至少成功地控制了这两方面的最残忍的行动，结果便是没没了的自我折磨，最后在它所能达到的范围内对对象做系统的折磨。

它们用各种方法来对付个人机体内危险的死亡本能的活动，其一部分通过和性成分的融合而被描绘成无害的，另一部分以攻击的形式掉过头来朝向外部世界，而在很大程度上，它们无疑继续畅行无阻地从事它们内部的工作。那么，在抑郁症中超我是怎样成为死亡本能的一个集结点的呢？

从道德观上看，对本我的本能的控制可以说完全是非道德的，对自我的本能的控制则力争成为道德的，而对超我的本能的控制则可能是超道德的，因此，变得像本我那样冷酷无情。出人意外的是，一个人愈是控制他对别人的攻击性倾向，他就在其自我理想中愈残暴，也就是愈有攻击性。而日常的观点对这种情况的看法则正好相反：自我理想所建立的标准似乎成为压制攻击性的动机。但是，我们前面说过这样一个事实，即一个人愈控制他的攻击性，他的自我理想对其自我的攻击性倾向就愈强烈。这就像是一种移置作用，一种向其自我的转向，即便是通常的道德品行也有一种严厉限制、残酷禁止的属性。的确，无情地实施惩罚的那个更高级的存在的概念正是从这里产生的。

若不引入一个新的假设，我就无法继续考虑这些问题。据我们所知，超我产生于把父亲作为榜样的一种认同作用。每一种这类认同作用本质上都是失性欲化的，或是升华了的。现在看来，好像当这种转变发生时，同时会出现一种本能的解离。升华之后，性成分再也没有力量把以前和它结合的全部破坏性成分都结合起来，这些成分以倾向于攻击性和破坏性的形式被释放。这种解离就是理想——它的独裁的"你必须……"——所展示的一般严厉性和残酷性的根源。

让我们再来看一看强迫性神经症。这里的情况就不同了。把爱变成攻击性虽未受到自我力量的影响，却是在本我中产生的一种攻击性的结果。但是，这个过程已超出本我，扩展到了超我，超我现在增加了对清白的自我的残暴统治。但是，我们在这种情况下和在抑郁症的情况下一样，通过认同作用占有了力比多的自我便受到超我的惩罚。超我是用以前曾和力比多混合在一起的攻击性来惩罚自我的。

我们关于自我的观点趋向清晰，它的各种关系也变得日渐明了了。我们现在已经看到了自我的力量和弱点。自我依靠它和知觉系统的关系而以时序来安排心理过程，使它们服从于"现实检验"。通过插入这种思维过程，自我就保持了一种动力释放的延迟，并控制着运动的通路。当然，后一职能与其说是事实问题，不如说是形式问题。就行动而论，自我的地位就像君主立宪的地位一样，没有他的批准，什么法律也无法通过。但是，他对国会提出的任何议案行使否决权之前很久就犹豫不决。起源于外部的一切生活经验丰富了自我，但是本我对它来说则是另一个外部世界，自我力图使本我处于自己的统治之下。它把力比多从本我中撤回，并把本我的对象——贯注转变成自我结构。在超我的帮助下，虽然在某种程度上对我们来说还不清楚，它利用了贮藏在本我中的过去时代的经验。

本我的内容借以深入自我的道路有两条：一条是直接的，另一条是借助于自我理想的引导。对许多心理活动来说，它所走的后一条可能具有决定性的意义。自我从接受本能到控制它们，从服从本能到抑制它们，就这样发展起来了。在这个成就中，自我理想承担了很大一部分，的确，它有部分是反对本我的那种本能过程的一种反向作用。精神分析是使自我把它对本我的统治更推进一步的一个工具。

但是，从其他的观点来看，我们把这同一个自我看作受三个主人的支使，因此，便受到三种不同的危险。这三种危险分别来自外界、来自本我的力比多和来自超我的严厉性。因为焦虑是一种从危险中退缩的表示，因此，就有和这三种危险相应的三种焦虑。就像居住在边疆的人一样，自我试图做世界和本我之间的媒介，它要使本我遵照世界的要求去做，并通过肌肉的活动，使世界适应本我的要求。实际上它的行为就像用分析进行治疗的医生一样，由于它适应外界的力量而把自己作为一个力比多对象提供给本我，目的在于使本我的力比多依附于它。它不仅是本我的伙伴，而且是向主人求爱的一个顺从的奴隶。只要有可能，自我就试图和本我友好相处。它用前意识的文饰作用把本我的潜意识要求掩盖起来，甚至当它事实上仍然冷酷无情时，它也假装出本我对现实的命令表示顺从。它给本我和现实的冲突披上了伪装。如若可能，它也会给超我的冲突披上伪装。

自我对两类本能的态度并不是公正的。通过它的认同作用和升华作用，对本我的死亡本能掌握力比多是个帮助，但这样做会给它带来成为死亡本能的对象和灭亡的对象的危险。为了能以这种方式给以帮助，它只好用力比多来充斥自身。这样，自我就成为爱欲的代表，并且从那时起就要求活下去和被人所爱。

但是，既然自我的升华作用导致对本能的解离和对超我中攻击性本能的解释，那么，自我对力比多的斗争则面临着受虐待和死亡的危险。在受到超我的攻击之苦，甚至屈从于这种攻击的情况下，自我所遭受的命运就像原生动物被自己创造的裂变物所毁灭一样。从道德的观点来看，在超我中起作用的道德品行似乎是同一种裂变物。

在这种从属关系中——其中有自我的存在——和超我有关的关系或许是最有趣的。

自我是焦虑的真正住所。由于受到三方面的威胁，自我通过从危险知觉或从本我的同样危险的过程中收回自己的贯注，并把它作为焦虑排放出来，从而使逃避反射得到发展。后来由于引入了保护性贯注（恐惧症的机制），而取代了这个原始的反应。一方面，自我所害怕的东西，无论是来自外界，还是来自力比多的危险都无法详加说明，我们只知道它具有推翻和消灭的性质，但无法用精神分析来把握，自我只是服从快乐原则的警告；另一方面，我们还能说明，在自我害怕超我的背后究竟隐藏着什么，自我害怕的是良心。后来成为自我理想的更优越的存在曾用阉割来威胁自我，这种对阉割的恐惧可能就是后来对良心的恐惧所聚焦的核心。正是这种恐惧作为良心的恐惧而被保留下来。

"每一种恐惧最终都是对死亡的恐惧"，这个言过其实的警句几乎毫无意义，无论怎么说都是不合理的。在我看来，正好相反，把害怕死亡和害怕外界对象（现实性焦虑）及神经症的力比多焦虑区分开来是完全正确的。这给精神分析提出了一个难题，因为死亡是一个具有消极内容的抽象概念，对此我们没有发现任何与潜意识有关的东西。看来害怕死亡的机制只能是自我大量放弃它的自恋力比多贯注，就是放弃自身，正如在自我感觉焦虑的另一些情况下，自我放弃某个外部对象那样。我相信对死亡的恐惧与自我和超我之间的相互作用有关。

我们知道对死亡的恐惧只有在两种情况下才会出现：这两种情况和焦虑得到发展的其他情境完全相似，这就是说，作为一种对外部危险的反应和作为一种内部的过程。

在抑郁症中对死亡的恐惧只承认一种解释：自我之所以放弃自己，是因为它感到自己受到超我的仇恨和迫害，而不是被超我所爱。因此，在自我看来，活着就意味着被爱——被超我所爱。这里，超我又一次作为本我的代表而出现。超我实现的是保护和拯救的功能，这是和早期时代由父亲实现，而后来则由天意或命运实现的功能相同的。但是，当自我发现自己处在一种真正的极端危险中，而它认为自己无法凭借自己的力量来克服这种危险时，它必然会得出同样的结论。它发现自己被一切保护力量所抛弃，只有死路一条。另外，这种情境又和出生时所经历的第一次很大的焦虑状态，以及婴幼儿时期那种渴望的焦虑——由于和起保护作用的母亲相分离而引起的焦虑——是一样的。

这些考虑使我们能把对死亡的恐惧，像对良心的恐惧一样，视为对阉割恐惧的一种发展。罪疚感在神经症中的重大意义使我们可以想象，通常的神经症焦虑在很严重的情况下，往往被自我与超我之间产生的焦虑所强化。

我们最终再回到本我上来。本我没有办法向自我表示爱或恨，也还不能说它想要什么，因为它还没有达到统一的意志。爱欲和死亡的本能在本我内部进行着斗争，我们已经发现一组本能是用什么样的武器来抵御另一组本能的。我们可以把本我描述给受那些缄默的却受强大的死亡本能的支配，死亡本能渴望处于平静状态，而且（受快乐原则的怂恿）让爱欲这个挑拨离间的家伙也处于平静状态。但是，或许这样就会低估爱欲所起的作用。

二十三、认同作用

认同作用是精神分析已知的与另一人情感联系的最早表现形式。它在奥狄帕斯情结的早期史上起一定的作用。小男孩会表现出对他父亲的特别兴趣：他愿意像他一样长大，并成为像他那样的人，而且处处想要取代他的地位。我们可以简单地说，他把他父亲当作典范。这种行为与对他父亲（以及对一般男性）的被动的或女性化的态度毫无关系。恰恰相反，它是典型的男子气。它非常适合奥狄帕斯情结，它有助于为这种情绪开辟道路。

在与他父亲这种认同的同时或稍后，男孩开始按依恋（情感依恋）形式形成向他母亲真正的对象贯注。因而他显示出两种心理上不同的联系：对母亲直接的性对象贯注与当作模范的父亲的认同。二者没有任何相互影响或干扰地并存一段时间。作为不可阻挡地向心理生活的统一化发展的结果，它们最终合为一体，正常的奥狄帕斯情结就源于它们的融合。小男孩注意到，父亲横阻在他和母亲之间。于是，他对父亲的认同就带有敌意的色彩，并等同于这样一种愿望：取代他父亲。事实上，认同作用从一开始就是矛盾的。它能如此容易地转变成一种柔情的表达——就像转变成排除某人的愿望一样。它就像力比多组织最早的口欲期的衍生物一样行动——我们渴望和珍视的对象通过吃而被同化，并以此消灭对象本身。正如我们所知，食人者仍然处于这个水准，他对他的敌人具有吞食的情感，但只是吞食他所喜欢的人。

与父亲认同的随后发展容易被忽视。可能发生的情况是，奥狄帕斯情结发生了转向，父亲被当作一种女性气质的对象——性本能直接要求满足的对象。在此过程中，与父亲的认同就成为与父亲对象联系的前驱。同样的情况——经必要的替换——也适用于女婴。

与父亲认同和选择父亲作为对象之间的区别，容易用公式陈述出来。在前一种情况下，一个人的父亲就是这个人想要成为的对象；在后一种情况下，父亲就是这个人想要占有的对象。也就是说，这种区别依赖于这种联系是依附于自我的主体还是客体。因此，在形成任何性对象选择之前，前一类联系就已经是可能的了。但要对这种区别做出清晰的心理玄学表征是相当困难的。我们仅仅能看出，认同机制就是努力模仿被视做模范的人来塑造一个人自己的自我。

让我们从认同作用相当复杂的联系入手，解决出现在神经症症状的结构中的认同作用。假设，一个小女孩产生了与她母亲同样的痛苦症状——例如，同样令人苦恼的咳嗽。这种情况可能以各种方式出现。认同机制可能来自奥狄帕斯情结。在这种情况下，它代表女孩取代她母亲的敌意愿望，该症状表达了她对她父亲的爱。在一种罪恶感的影响下，致使她替代母亲的愿望得以实现："你想要成为你的母亲，现在你成了——无论如何，就你的患病而言。"这就是歇斯底里症结构的完整机制。或者症状可能与所爱的那个人的是一样的，例如，杜拉模仿她父亲的咳嗽。在这种情况下，我们只能这样描述这一事态：认同机制替代对象选择而出现，对象选择被退行到认同机制。我们知道，认同是情绪联系的最早而又最原始的形式，常常发生的是，在形成症状的条件下，也就是存在退行以及潜意识机制占主导地位的地方，对象选择就退行到认同作用——自我表现为对象的特征。值得注意的是，在这些认同作用中，自我有时模仿他不爱的人，有时模仿他所爱的人。使我们惊讶的是，在这两种情况下，认同作用是部分的并且极端有限的，仅仅从作为它的对象的人那里汲取单一的特性。

还有一种特别重要的症状形成的病例。在这种病例中，认同作用完全不考虑与被模仿的人的任何对象关系。例如，假设一所寄宿学校的一个女生收到她暗恋着的一个人的来信，该信唤起了她的嫉妒，于是她以歇斯底里症的发作对此做出反应。后来，她的知道此事的一个朋友——正如我们所说——通过心理感染作用也发作了歇斯底里症。这种机制就是以把自己置于同样情境的可能性或愿望为基础的认同作用机制。其他的女孩也想有秘密的恋爱，在罪恶感的影响下，她们也在这一秘密恋爱过程中忍受着痛苦。如果假设她们采取这种症状是出于同情，那是错误的。恰恰相反，同情仅仅出于认同作用。如下事实可以证明这一点：这类感染或模仿发生在女子学校的朋友之间预先存在的同情心显得比通常还要少的情况下，一个人的自我在某一点上——在我们的例子中是在分享相似的情感上——感知到与另一人的自我有意义的类似性。正是在这一点上构成了认同作用，在致病情境的影响下，认同作用被移置到一个人的自我所产生的症状上。这样，这种以症状表现出来的认同作用，就成为在两个不得不保持压抑的自我之间有一致点的标志。

我们把从以上得知的东西概括如下：第一，认同作用是与对象情感联系的原初形式；第二，认同作用以退行的方式成为对力比多对象联系的一种替代，正像靠对象内向投射到自我那样；第三，认同作用可能随着对与某些个别人分享的共同性质产生任何新感觉而出现。这种共同性质越重要，这种部分的认同就可能变得越成功，因而它可能代表新的联系的开端。

我们已经开始推测：群体成员之间的相互联系就属于这类认同作用的性质——以重要的情感共同性质为基础。这种共同性质在于与领袖联系的性质。怀疑会告诉我们，我们还绝没有穷尽认同作用的问题，我们正面临着心理学称为"感情移入"的过程，而对我们的自我又是固有陌生的东西起着最大的作用。但在这里只把自己局限于认同作用的直接情绪结果上，而将认同作用对于理智生活的意义置而不论。

精神分析研究已经偶尔触及更困难的精神病问题，这一研究也能在某些病例——这些病例并不直接给我们显示出认同作用。我将详细地讨论两个这样的病例作为我们进一步考虑的材料。

大部分男同性恋的发生过程如下：一个年轻人在奥狄帕斯情结意义上不同寻常地长期而强烈固着于他的母亲。但最后在青春期结束之后，用某个别的性对象代替他母亲的时刻到来了。情况出现了突然的转换：这个年轻人不是放弃母亲，而把自己与她认同，把自己转变成母亲。然后为自己寻找能取代他的自我的对象——给这个对象以他从母亲那里体验到的爱和关怀。这是一个经常发生的过程。它能像人们喜欢的那样经常被证实，并且完全不依赖任何有关这种突然动机的假设。这种认同作用的一个惊人的特征是其丰富的范围：它按迄今一直作为对象的模范来重新塑造自我的一个重要特性。在此过程中,对象本身被抛弃——被保留在潜意识中的意义上,这是超出此刻讨论之外的问题。与被抛弃或失去的对象认同,作为对于那一对象的替代——将对象内向投射于自我,这的确不再使我们感到惊奇。这类过程有时在小孩那里可以直接观察得到。不久前,在《国际精神分析杂志》上发现过这类观察报告:一个不幸失去一只小猫的儿童直截了当地宣称,现在自己就是那只小猫,并因此在地上到处爬行,不在桌上吃饭等。

对象的内向投射的另一个例子,由分析忧郁症所提供。我们把真实的或情感上的失去所爱的对象看作忧郁症最显著的、令人兴奋的原因。这些病例的主导特征是对自我残酷的自贬,并与无情的自我批评和痛苦的自我责备结合在一起。分析表明,这种蔑视和这些责备说到底指向对象,代表着我向对象的报复。对象的阴影落在了自我身上——正如我在别处所说的那样。在这里,对象的内向投射无疑一目了然。

但是这些忧郁症也向我们显示某些别的东西,这可能对我们后面的讨论具有重要的意义。它们向我们表明,自我被划分成两半——其中的一半反对另一半。这另一半被内向投射所改变,并包含着失去的对象。但是如此残酷行事的这另一半也不是不为我们所知。它包含着自我之内的良心和批判能力,甚至在正常时刻对自我持批判态度——尽管决不是那么无情和不公正。在先前的场合,曾驱使我们做出这样的假设:在我们的自我中形成了某种这样的能力,使自己从自我中分离出来,并与它们发生冲突,我们称为"自我理想"。按其功能把自我观察、道德良心、梦的稽查以及压抑的主要影响归咎于自我理想。我们说过,它是幼稚的自我从中享受自足的原始自恋的后续;它从环境的影响那里逐渐收集环境施加给自我,而自我又总是不能达到各种要求。于是,当一个男人不能被自我本身所满足时,仍然可能在从自我分化出来的自我理想中找到满足。正如进一步表明的那样,在观察的妄想中,这种能力的瓦解变得更明显了,因而显露了它在优势力量(尤其是父亲)的影响方面的根源。

在这种自我理想和真实自我之间的距离的大小是因人而异的,就许多人而言,自我内部的这种分化并不比儿童大多少。但是在我们能利用这一材料理解群体的力比多组织之前,必须说明对象和自我之间相互关系的某些其他例子。

二十四、两类本能

我们已经说过,假如把心灵分为本我、超我和自我,而这种区分代表我们知识的进步的话,就应该能更彻底地了解心理内部的动态关系,并且更加清楚地描述它们。我们已经得出了一个结论,自我特别容易受知觉的影响,广义地说,知觉对自我就像本能对本我一样具有同样的意义。同时,自我和本我一样也容易受本能的影响,事实上自我只是本我的一个经过特殊变化的部分。

最近我曾提出一种关于本能的观点,在这里我将继续把它作为进一步讨论的基础。根据这个观点,我们不得不区分出两类本能,其中第一类本能就是爱欲或性本能,这是迄今为止更引人注目和更易于研究的。它不仅包括不受禁律制约的性本能本身和具有升华作用的冲动或由此派生的受目的制约的冲动,而且包括自我保存本能。必须把这种本能分配给自我,在我们的分析工作之初,我们就有充分的理由使之与性的对象本能相对立。而第二类本能则不那么容易下定义。最后,我们开始把施虐狂作为第二类本能的代表。出于受生物学支持的理论的考虑,一方面,我们假定存在着一个死亡本能,它的任务是把有机的生命带回到无机物状态。另一方面,我们假定爱欲的目的在于把里面分散着的生物物质微粒愈来愈广泛地结合起来,从而使生命复杂化,因此,它的目的当然就是保存生命。既然这两种本能都致力于重建一种由于生命的出现而受到干扰的状态,那么,照此行事,这两种本能从最严格的意义上讲就都是保守的。生命的出现因此被看作生命继续的原因,同时也被看作走向死亡的原因;而生命本身则是这种倾向的冲突与和解。生命的起源问题仍将是一个宇宙论的问题,对生命的目的和目标的问题就会做出二元论的回答。

基于这种观点,一种特殊的生理过程将和两类本能之一发生联系。这两种本能在每一个小生命实体中,虽然是在大小不等的实体中,却都是活跃的。这样,某一个实体就可以成为爱欲的主要代表。

这种假设并未清楚地显示出,这两类本能相互融合或混合的方式,但这种有规律的、非常广泛发生的现象,却是我们的概念所必需的一个假设。看来,由于把单细胞机体结合成多细胞的生命形式,单个细胞的死亡本能就可以成功地得到抵消,破坏性冲动就能借助于一个特殊器官而转向外部世界。这个特殊的器官似乎是肌肉组织。而死亡的本能,作为一个指向外部世界和其他活的机体的破坏性本能,似乎就会表明自己的意思——虽然可能只是部分的表明。

我们一旦承认了两类本能相互融合的概念,就把"解离"它们——基本上是完全解离它们的可能性强加于我们。性本能的施虐狂部分,是本能融合服务于一个有用目的的典型事例。施虐狂促使它自身独立的这种性反常行为,则是典型的解离,虽然不是绝对完全的解离。从这一点上,我们获得了以前在这一方面未曾考虑过的一系列事实的一个新观点。我们发现,出于发泄的目的,破坏性本能习惯上是为爱欲服务的。猜想癫痫病发作就是本能解离的一个产物和症状。我们开始理解,本能的解离和死亡本能的明显出现,是许多严重的神经症——如强迫性神经症最值得注意的表现。为了作出迅速的概括,我们可以假设,力比多退行的实质,就在于本能的解离,相反的话,就会像从早期阶段向发育完全的生殖器阶段的进展,与受增加性成分的制约一样。在神经症的身体素质中往往异常强烈的日常矛盾心理,是否不应被看作是一种解离的产物,这个问题也提出来了。然而,矛盾心理是这样一种基本现象,它更能代表一种不完全的本能融合状态。

显然,现在应该把兴趣转向询问,在我们假定存在着的结构——自我、超我和本我——与两类本能之间,是否有什么指导性的联系可循。再者,支配心理过程的快乐原则,是否能表明它和两类本能及我们在心理上做的这些分化有什么固定的联系。但是,在讨论这个问题之前,我们必须清除一种怀疑,它和问题本身的术语有关。对于快乐原则，那是没有什么可怀疑的，自我内部的分化也有很好的临床上的理由，但是，两类本能的区分似乎并没有足够的证据，人们发现很可能临床分析的事实就与它相矛盾。

看来这样一个事实是存在的。姑且不论两类本能之间的对立，让我们先考虑一下爱和恨的极性情况。要发现爱欲的一个代表是没有困难的，但我们必须感谢的是，我们在破坏性本能中找到了一个难以捉摸的死亡本能的代表，恨就可以作为它的一个代表。现在临床观察表明，不仅爱总是以意想不到的规律性伴随着恨（矛盾心理），在人类关系中恨常常是爱的先河，而且在很多情况下，恨会变成爱，爱也会变成恨。假如这种变化远不只是一种时间上的相继关系——就是说，如果其中一方实际上变成了另一方——那就显然没有根据像区分性本能和死亡本能那样存在着基本的差别。这种划分能预测确实存在着相互对立的生理过程。

在一种情况下，某人对同一个人先爱后恨（或者相反），因为那个人使他产生了这样做的原因，现在这种情况显然和我们的问题无关。在另一种情况下，还不明显的爱的感情，最初是用仇恨和攻击性倾向来表现自己的，这也和我们的问题无关。因为情况可能是，在对象——贯注中的破坏性成分，在这里胜过了性爱，只是以后才把性爱加进去。但我们知道神经症心理学中的几个例子，其中有更好的基础来假设的确发生了某种变化。在迫害妄想狂中，病人采取一种特别的方式来防备自己，对某人产生过分强烈的同性恋。结果，他曾最爱的那个人变成了一个迫害者，然后变成了对病人采取攻击性的并常常是危险冲动的对象。这里我们有插入一个中间阶段的充分根据，在这个中间阶段，爱变成了恨。分析研究只是到了后来才揭示，同性恋的根源和失去性欲的社会情感的根源，包括引起攻击欲望的非常强烈的敌对情感，在克服了这些情感之后，接着就爱上了以前恨过的对象，并以他（她）自居。这就产生了一个问题，即是否在这些事例中我们打算假定恨直接转变成爱。显然这里的变化是纯内部的，对象行为上的变化对它们不起作用。

然而，通过对妄想狂的有关的这一变化过程的分析研究，我们开始了解到,可能还有另一种机制。从一开始就表现出一种矛盾的态度,并且这种转变是依靠贯注的一种反应移置起作用,能量以此从性冲动中退缩回去而用来补充敌对的能量。当克服了一种敌意的敌对态度并产生了同性恋的时候,就发生了类似的事情。敌对态度没有任何令人满意的前景,因此——就是说,作为一种道德标准——它被一种爱的态度所取代,对此有更多的令人满意的希望,也就是发泄的可能性。

  无论在什么情况下,我们都不满意把恨直接转变成爱的假设,这是和两类本能之间质的区别毫不相容的。看来在我们的分析中还应包括另外一个机制,借此就可以将爱变成恨,这样,我们就默默地做了另一个应该受到明确阐述的假设。我们推断,好像在心理上——不管是在自我中,还是在本我中——存在着一种可替换的能量,它本身虽然是中立的,却要么和性的冲动,要么和破坏性冲动通力合作。这两种本能有质的不同,并能增加它的全部贯注。如果不假设存在这种可替换的能量,我们就无法取得进展。唯一的问题是它来自何方,属于什么,表示什么意思。

  本能冲动的性质问题及其在整个变化中的持久性问题还是非常模糊的,直到现在还没有得到解决。在性的成分本能中,这是特别易于为观察者所理解的,可以把属于同一范畴的这些过程的工作,看作正在讨论的东西。例如,我们发现,在成分本能之间存在着某种程度的交往,还发现从某一特定的性欲来源中获得的一个本能,可以把它的强度转移到用来强化发自另一根源的另一个成分本能。我们还发现,一种本能的满足可以取代另一种本能的满足,以及更多具有同样性质的事实——所有这一切必将鼓动我们勇于提出某些假设。

  在目前的讨论中,我除了提出一种假定外别无他论,我也拿不出什么证据。这个观点似乎是有道理的,即这个在自我及本我中,同样活跃的、中立的、可移置的能量,是从自恋的力比多的贮存库发出的,也就是说,这是个失去性能力的爱欲(总体来说,性本能看来比破坏性本能更具有可塑性,更容易转移和移置)。由此,我们就能很容易地继续假设这个可移置的力比多是受快乐原则支配,以避免能量积压和促进能量释放的。顺便说一句，显然，只要发生了能量释放，就不会计较释放借以发生的道路。我们知道这个特点，它是本我中精力贯注过程的特点。在性欲贯注中发现，那里表现了一种对象的特别冷淡，它在从分析所产生的移情中表现得特别明显，不管分析者可能是谁，它都必然要表现出来。最近，兰克发表了一些很好的关于方法的实例，用这种方法能命名报复性的神经症活动的人。这种潜意识方面的行为使人们想起了一个有关三个乡村裁缝的喜剧故事，其中有一个裁缝必须被处以绞刑，因为村里唯一的一个铁匠犯了死罪。处罚必须实施，即使处罚的并不是罪犯本人。正是在梦的工作的研究中，我们首先在移置作用中遇见了这种由初始过程所引起的放纵情况，在这种情况下这些对象正如现在所讨论的这种情况一样，它是释放能量的道路。过分讲究对象的选择和能量释放的道路似乎成了自我的特点。

如果这个可移置的能量是失去性能力的力比多，就可以把它也描述为被升华了的能量。因为它帮助建立了那种统一性，就统一的倾向而言，这是自我的特殊性质仍然保持着爱欲的主要目的——统一和结合的目的。假如在更广泛的意义上把思维过程在这些移置作用中加以分类，那么思维活动的工作能量也要由被升华了的性动机力量中得到补充。

升华作用可以通过自我的调解而有规律地发生。自我对付本我的第一次对象——贯注，是通过把从中接收的力比多纳入自身，并把它结合到靠认同作用产生的自我矫正中实现的。把性欲力比多转变为自我力比多当然包括放弃性目的，即失性欲化。这在任何情况下，都表明了在自我和爱欲的关系中自我的一个重要功能。自我由此从对象贯注中获得力比多，而把自身作为唯一的恋爱对象，并使本我的力比多失去性能力或使力比多升华。自我的工作和爱欲的目的相反，它使自身服务于相反的本能冲动。它只好默认另外一些本我的对象——贯注，可以说，它只好和它们携手并进。

这似乎表示自恋理论的一种重要的扩充。最初，所有的力比多都是在本我中积累起来的，而自我还在形成过程中，或者说它还很不健全。这个力比多的一部分被本我释放出来，成为性欲的对象——贯注，于是，现在日益强大的自我就试图获得这个对象力比多，并把自身作为恋爱对象强加给自我。自我的自恋因此被看作次要的，这是由于力比多从恋爱对象身上撤回而获得的。在追溯本能冲动时，我们一再发现它们是作为爱欲的派生物来表现自己的。要不是出于对《超越快乐原则》中所提出来的考虑，和最终为了依附于爱欲的施虐狂成分的缘故，我们就难以坚持我们基本的二元观点。但是，既然我们无法摆脱那种观点，我们便被迫作出结论，死亡本能在本质上是缄默的，生命的叫喊大部分是从爱欲发出的。

生命的叫喊也是从和爱欲的斗争中发出的。毋庸置疑，快乐原则在同力比多——把这种障碍引入生命过程的一种力量——斗争中作为一种指南来为本我服务。如果生命真受费希纳的恒定原则支配，它就会不断地向死亡滑去。但是水平的下降受到延误，新的紧张就像本能的需要所表明的那样，被爱欲的要求、性本能的要求所引进。这就是说，受快乐原则——受"痛苦"知觉——所支配的本我以各种方式来防止这些紧张。要做到这一点，首先要尽可能快地遵照非性欲的要求去做，努力满足直接的性倾向。但是，它进一步以一种更全面的形式这样做了。这种形式与一个把一切成分的要求都纳入其中的特殊的满足形式有关——通过释放性欲的物质，这些物质可以说是性紧张饱和的管理者。在性活动中，性欲物质的排放在某种程度上是和躯体及物质的分离相一致的。这就说明了在死亡和追求完全的性满足之间的相似性，也说明了死亡和某些低等动物的交配活动相一致这个事实。这些生物在再生产活动中死亡，因为当爱欲通过满足过程而被排除之后，死亡本能就可放手实现它的目的了。最后，自我通过使某些力比多为本身及其目的升华，在它对紧张加以控制的工作中帮助了本我。

二十五、爱和催眠

在某一类情况下，爱不过是性本能以直接的性满足为目的的对象贯注，当达到了这一目的时，这一贯注就消失了。这就是所谓一般的性感受。但是，正如我们所知，力比多的境况很少如此简单。指望重新恢复刚刚消失了的需要，无疑是直接对性对象持续贯注的最初动力，也是在不动情的间歇期间"爱上"性对象的最初动力。

在这方面，必须补充另一个因素，它源自人的性生活所走过的特别显著的发展过程。在其发展过程的第一阶段——通常到儿童五岁时结束。他在父母中的某一个身上发现了他爱的第一个对象，而他所要求满足的所有性本能都被维系在这一对象上。只是后来开始的压抑迫使他放弃这些婴儿性目的的大部分，并在他与其父母的关系中引起了深刻的改变。儿童仍然与他父母相联系，但却是通过必须被描述为"其目的受抑制的"本能来联系的。他从今以后对所爱的那些对象的感情，就具有了"情感性的"特征。众所周知，这些早期的"性感"倾向或多或少仍然强烈地保持在潜意识中，以至于在某种意义上，整个源头的倾向继续存在着。正如在青春期，出现了新的非常强烈的直接指向性目的的冲动。在不利的情况下，它们以性感倾向的形式与持续存在的"情感的"倾向保持分离。于是在我们面前呈现出这样一幅图景：它的两个方面都被某些文学流派如此得意地典型化。一个男人会对他深深崇拜的女人表现出痴情的迷恋，但这个女人不使他兴奋以致和他发生性活动，那么他会只是与他并不"爱"并且很少思念，甚至看不起的女人交往。然而更常见的是，青年人成功地在非性感的、神圣的爱和性感的、世俗的爱之间产生了某种程度的综合，他与其性对象的关系具有了未抑制的本能和其目的受抑制的本能相互作用的特征。任何人所爱的深度——与他纯粹性感的欲望相比较,可以通过由目的受抑制的情感本能所包含的多少来加以测定。

就爱这个问题而言,我们总是因性估价过高的现象而感到吃惊,也就是这样一个事实:被爱的对象享有某种程度上的免受挑剔,其所有特征比没有被爱的人或者比他本人还没有被爱的时候,都评价得高些。如果性感的冲动或多或少有效地被压抑或被阻止,那么产生的感觉就是,将按其精神上的优点从性感上爱上这个对象,然而恰恰相反,这些优点实际上仅仅是靠其性感上的魅力而被赋予这个对象的。

在这方面使判断失误的倾向是理想化的倾向。但是现在更容易发现我们的方向。我们看到,对待对象与对待自我方式是一样的。当我们处于爱的状态时,相当的自恋力比多溢到了该对象上,甚至在许多爱的选择形式中,该对象起着代替我们自己的某种未达到自我理想的作用。这是显而易见的。我们爱它,是因为为了自我所努力追求的完善性。我们以这种迂回的方式作为取得满足自恋的手段。

如果这种性估价过高和爱进一步加强,那么对这幅图景的解释就更是变得准确无误。那种直接指向性满足的冲动倾向,现在可能完全处于次要地位,正如年轻人的炽热情感经常发生的那样:自我变得愈益谦卑,对象则变得愈益高贵,直到它最后占据自我的整个自爱,这样,其自我牺牲就作为自然的后果而出现。可以这样说,这个对象耗尽了这个自我。谦让、限制自恋和自我伤害这些特点,出现在爱的每一个场合,在极端的场合中,它们只是被强化,作为抵消性感要求的结果,它们仍然是处于至高无上的权威中。

这特别容易发生在不愉快的和不能得到满足的爱中。因为不管怎样,每一次性的满足总是涉及性估价过高的降低。同时伴随自我对该对象的"奉献"——与对抽象观念的崇高奉献不再有别,归诸自我理想的这种功能完全不再起作用了。由这种动因所激发的批判也沉默了。该对象所做的和要求的一切都是无可指责的。良心也不适用于为该对象而做的任何事情。在这盲目的爱中,冷酷无情达到了犯罪的程度。整个状况完全可以用一句话来概括:该对象被置于自我理想的地位上。

现在确定认同作用和诸如可以被描述为"着迷"或"屈服"的

爱的极端发展之间的差别就容易了。在认同作用情况下，自我用对象的特性丰富自己，它把对象"内向投射"于自己，正如费伦茨（1909年）所表达的那样。而在爱的极端发展情况下，自我是贫乏的，它使自己屈从于对象，它用对象取代自己最重要的部分。然而，更细密的考虑即刻清楚表明：这种解释制造出并不真实存在的对比错觉。简单地说，不存在贫乏或丰富的问题。甚至把爱的极端情况描述为自我把对象内向投射于自身这样一种状态，也是可能的。另一区分也许更好地适于发现事情的本质。在认同作用情况下，对象丧失或被放弃了，然后它在自我内部再次被建立起来，仿效失去了的对象，自我本身又发生了部分的改变。在另一种情况下，对象被保留，通过并以自我为代价出现了对对象的过度贯注。但这里再次出现了困难。可以断定，认同作用以放弃对象贯注为前提吗？当对象被保留时就不能存在认同作用吗？在我们着手讨论这个微妙的问题之前，已经开始使我们渐渐明白：还有另一种选择把握事情的真正本质，即对象被置于自我还是被置于理想的地位上。

从爱到催眠显然仅有一小步之遥。这二者一致的方面是明显的。一方面，对催眠师就像对被爱的对象一样，都有同样谦卑的驯顺，同样的盲从，同样缺乏评判。主体自身的创造性同样出现呆滞：没有人会怀疑，催眠师步入了自我理想的地位。仅仅是在催眠中，一切甚至更清晰、更强烈，以至于用催眠解释爱比用其他方式更为中肯。催眠师是唯一的对象，除他之外没有注意到任何人。自我以似梦的方式体验到催眠师要求或断言的无论什么东西，这一事实使我们回想到，在自我理想的特定功能中忽略了论述它检验事物实在性的功能。毫不奇怪，如果自我的实在性是由通常行使检验事物实在性职能的心理动因所保证的话，自我就会把一个知觉当作是实在的。完全缺乏其性目的不受抑制的冲动，进一步有助于这种极端纯粹的现象。催眠关系是对所爱的某人无限的奉献，而且排除了性的满足。而在实际中爱的情况下，这种满足只是暂时被抑制了，仍然在某一未来时刻作为可能的目的而处于次要地位。

另一方面，我们也可以说，催眠关系——如果这一表述是许可的话——是具有两个成员的群体形式。把催眠与一种群体形式相比较并不是一个好对象，因为它与一种群体形式是等同的，这样说确实是真的。从该群体的复杂构造当中，它为我们分离出一种因素——个人对领袖的行为。催眠通过它的数量限制与群体形式区分开来，正像它通过缺乏直接的性倾向而与爱本身区分开来一样。在这方面，它处于群体形式和爱这二者的中间地位。

正是那些目的被抑制的性冲动，才在人们之间取得如此持久的联系，这一点是有趣的。这从如下事实中容易得到理解。它们不能得到完全的满足，而其目的未被抑制的性冲动，则通过能量的释放——每当性目的被达到时——而受到格外的降低。当性感的爱被满足时，其命运是消失。因为对这种爱来说，要能持续存在，它必须从一开始就与纯粹情感的成分——与其目的受抑制的情感成分——相混合，或者它本身必须经历这样的转变。

要不是催眠本身显示出理性解释还不能令人满意的某些特征，那么它就会为我们直接解决群体的力比多成分之谜了。迄今为止，我们把催眠解释为排除了直接性倾向的一种爱的状态。在催眠中仍然存在着许多未得到解释的和神秘的东西。它包含着麻痹的额外因素，这种因素源自某个强者和某个弱者之间的关系——可能提供像动物中出现的惊恐性催眠的转变。它得以产生的方式及其与睡眠的关系尚不清楚。某人信服催眠令人困惑的方面，而其他人又完全抵抗催眠，这使人注意到仍然有未知的某种因素。这种因素在催眠中得到了实现，也许只是使得催眠显示的纯粹力比多倾向成为可能。值得注意的是，即使在其他方面出现完全暗示性的顺从，被催眠者的道德良心也可能显示出抵抗。但这可以归咎于如下事实：在通常实施的催眠中，可能仍然保留着某种认识，即所发生的东西仅仅是一种游戏，是对生活更为重要的另一情境非真实的再现。

通过上述讨论，我们完全能够为群体——至少是我们迄今所考虑到的那种群体的力比多构成提出一个公式。也就是这样的群体：一个领袖且未能通过太过"组织化"而次生地获得个人特征的群体。这种原始群体是一些这样的个人：他们把完全相同的对象置于他们自我理想的位置上，结果在他们的自我中使他们自己彼此认同。

二十六、女性气质

从整个历史看来，人们对女性气质的性质这个谜一筹莫展。

当遇到一个人时，人们所做的第一个区分是："男人或女人。"并且习惯于以毫不犹豫的确定性进行区分。在这点上，解剖学有同样的确定性，而且并不比人们更深刻。男人的性产物，即精子及其载体是雄性的；女人的性产物，即卵巢和含有卵巢的有机体是雌性的。在两性中，绝对为性功能服务的器官形成了。它们可能起源于相同的（遗传的）性倾向，进而发展为两种不同的形式。首先，两性的其他器官、体形和组织，都显示了个体性别的影响，但这种影响并不稳定，而且它的程度也是可变的，这些就是所谓的第二特征。其次，科学会告诉人们某种与人们期望相悖，并且可能扰乱了人们的情感的事情。它使人们的注意力转向下述事实：男人性器官的某些部分也会在女人身体上出现，尽管是以一种发育不全的状态出现，反之也一样。这种观点把上述情况视为双性特征的表现，仿佛一个个体既不是男人也不是女人，而又始终既是男人又是女人——仅仅是某一种性别比另一种性别更明显而已。最后，要求熟悉这样一种观点：个体身上男性成分与女性成分相混合的比例，具有相当大的波动性。然而，除非是在极其罕见的情况中，因为一个人身上所呈现的只能是一种性产物——或者是卵细胞，或者是精液，人们会怀疑上述成分的决定性意义，并推断出构成男性气质或女性气质的东西是解剖学所无法控制的、不为人知的特征。

或许，心理学能够解决这个问题。人们习惯于把"男性的"和"女性的"作为心理品质来使用，并且以同样的方式把双性特征的概念引入心理生活之中。因此，我们谈到某个人时，无论是男是女，都说他在一个方面表现为男性的，而在另一个方面表现为女性的。很快就会发现，这种说法只是对解剖学或习俗的让步，不能给予"男性的"和"女性的"这两个概念以任何新的内涵，这种区别不是心理学上的区别。人们说到"男性的"时，通常意指"主动的"；而说到"女性的"时，通常意指"被动的"。这种关系确实是存在的。男人的性细胞是积极活动的，它寻找女人的性细胞，而后者即卵子则是静止的，它被动地等待着。这种基本的性生物体的行为的确是性交中性个体行为的原型。男人为了性交目的而追求女人，占有她并进入她的体内。但就心理学而言，这种说法恰好把男性气质的特征变成为攻击性因素。但当人们想到，在某些动物中，如蜘蛛，雌性更强壮而且更具有攻击性，而雄性仅在性交这一个行为中才具有主动性时，人们很可能会怀疑是否真正有权保持上述说法。甚至是那些抚育和照料幼儿的功能（我们认为这些功能是女性的优良美德），在动物中也并不总是与雌性相关。在相当高级的动物中，人们发现两性共同承担着照料幼崽的任务，或由雄性单独承担。即使在人类性生活中，也很快会看到，把男性的行为与主动性等同，把女性的行为与被动性等同是多么不完善。母亲对孩子是主动的，哺乳这一行为可以等同地说是母亲给婴儿喂奶或被婴儿吮吸。人们愈脱离狭隘的性交领域，这种"重叠性谬误"就暴露得愈明显。女人可以在不同方面显示出强大的主动性，而男人只有养成大量的被动适应性，才能与其同类相伴生活。如果现在说这些事实，恰好证明了心理学意义所说的男人和女人都是双性的，那么我将断定，人们心里已决定使"主动的"与"男性的"等同起来、"被动的"与"女性的"等同起来，这种见解对追求有益的目的毫无用处，也不能给我们的知识增加任何东西。

　　人们可能会考虑从心理学上把女性气质描述为偏爱被动性目的。当然，偏爱被动性目的与被动性不是一回事，实现被动性目的可能需要大量的被动性。情况可能是这样：对于女人来说，基于她所承担的性功能，她对被动性行为和被动性目的的爱好，在一定程度上扩大到相应有限的或广泛的生活领域之中，她的性生活可作为这些领域的模型。但是，我们应该警惕在这个方面低估了社会习俗的影响力。这些影响力迫使妇女陷入被动状态。所有这些情况仍远未被澄清。在女性气质与本能生活之间还存在着一个不可忽视的、特别稳定的关系。妇女对攻击性的压抑是由其体格规定，并由社会强加给她们的。这种压抑有助于强力的性受虐狂冲动的形成，正如我们所知，这种压抑成功地约束了已转向内部的性欲的破坏性倾向。因此，可以说受虐狂确实是为女性所独有的，但是，就像经常发生的那样，在男人中遇到了性受虐狂，除了说这些男人显示了女性特征外，还能说什么呢？

现在，心理学也不能解开女性气质之谜。无疑，这个解释要到别处去寻求，而只有在我们大致认识到活着的有机体，是怎样演变成两种性别之后，才能找到解释。我们对这个演变一无所知，而两种性别的存在是有机生命中最显著的特征。该特征明显地把有机生命与非生物自然界区分开来。然而，对于研究那些拥有女性生殖器，而且具有显著的或占优势的女性特征的人类个体而言，我们已发现了很多东西。按照精神分析的特殊性质，它并不试图描写什么是女人——那将是一件它几乎无法胜任的任务——而是着手研究女人是怎样形成的，即女人是怎样从具有双性别倾向的儿童成长起来的。幸亏有几个优秀的女精神分析家已开始研究这一问题，所以我们近来对这方面也掌握了不少知识。该问题的探讨已从两性差别中获得了特别的吸引力。对于女士们来说，只要某种比较似乎被证明为不利于她们的性别，她们就有可能提出怀疑。我们这些男性的精神分析家，一方面无法消除对女性气质所抱有的某些根深蒂固的偏见，而且这种比较正在不公正的研究中受到损害；另一方面，立足于双性特征，我们毫不困难地就避免了对女士们的失礼行为。我们只要说："这种比较不适用于你们，你们是例外，在这点上，你们所具有的男性成分多于女性成分。"

在研究妇女的性别发展中，提出了两个预测。第一，妇女只有经过反复的挣扎，她的体格才能适应其功能。第二，性别发展中的关键性转折点，在青春期以前就已做好准备或已经完成了。这两个预测很快就会被证实。而且，通过与男孩的情况的比较，我们知道，小女孩向正常妇女的发展更加困难，也更加复杂，因为它包括两个额外的任务；而在男人的发展中并没有与之相当的任务。

让我们从两种性别的起源谈起吧。男孩和女孩的生理物质无疑是各不相同的，关于这一点，不需精神分析来确定。生殖器结构的差异伴随着其他一些身体上的差异，对于这点，大家都熟悉，在此不须再提。差异也出现于本能气质中，从中可以看出后来所形成的妇女的性质。小女孩通常缺少攻击性、对抗性和自我满足感。她似乎更需要给予爱抚，因而显得更具依赖性和顺从性。这种顺从性的结果可能是这样：她更容易也更快学会控制排泄。尿和粪便是儿童送给其照料者的一批礼物，而且控制大小便，是儿童的本能生活能被诱导取得的第一个让步。人们还有一个印象：小女孩比同龄男孩更聪明、更活泼，她们更常走出户外接触外部世界，同时形成更强烈的对对象的精神贯注。我无法说清，女孩在发展中的这种领先是否已被精确的观察所证明，但毋庸置疑，无论在什么意义上都不能说女孩在智力上落后于男孩。然而，这些性别差异并不非常重要，因为它们可以被个性变化所超越。就我们当前的目的而言，它们可以忽略不计。

两种性别似乎都以同样的方式，经历了力比多发展的早期阶段。我们的女精神分析家对儿童游戏的分析已表明，小女孩的攻击性冲动，在丰富性与猛烈性方面都完整无缺。当她们进入阳具欲阶段时，两性的差别就完全被两性的一致所掩盖了。现在，不得不承认，小女孩是一个小男孩。正如我们所知，对于男孩而言，这个阶段的标志即下述事实：他们已学会如何从他们的小阴茎那里获取快乐感，并把其兴奋状态与他们性交的念头联系起来。小女孩则通过其更小的阴蒂做同样的事。她们的一切手淫活动，看起来都是在这种阴茎的等同物上进行的，而真正的女性阴道则仍未被两性发现。一些关于阴道感觉的报告也确实存在，但是要把这些感觉同肛门（或阴道）前庭的感觉区别开来，却是不容易的，而且这些阴道感觉在任何情况下都不能起重要作用。在女孩的阳具欲期，阴蒂是主要的性感区。当然，情况不会一直如此。随着女性气质的产生，阴蒂就全部或部分地把其敏感性连同其重要性移交给了阴道。这是妇女在其发展中不得不完成的两个任务之一，而相比之下要幸运些的男人只需在其性成熟时期，继续进行那个他早先在性欲早期旺盛阶段就从事过的活动。

再说女孩在发展中肩负的第二个任务。男孩爱恋的第一个对象是他的母亲,在男孩奥狄帕斯形成时期依然如此。而且从本质上说,终生如此。对女孩而言,她的第一个对象也应该是她的母亲。儿童最初对对象的贯注,表现于对满足某些既主要又简单的基本需求的依恋中,并且照料儿童的环境对两性而言也都是相同的。但在奥狄帕斯状态中,女孩的父亲变成了她的爱恋对象。我们期望在正常的发展过程中,她将找到从亲本对象通向最后选择的对象的道路。因此,在该时期,女孩不得不改变她的性欲区和爱恋对象——而男孩则保持二者不变。于是便产生了这些问题:这种转变是怎样发生的?特别是女孩是怎样从对母亲的依恋转到对父亲的依恋的?她是怎样从男性阶段转向生理上注定的女性阶段的?

如果我们假定,从某一特定年龄开始,异性相吸这一基本力量便被儿童感觉到了,并使女孩趋向男人,而同样的法则则允许男孩继续与母亲在一起,那么,这种假设将会是一个理想的简单解释。此外我们还可以假设,在这一时期,儿童遵循着父母性偏好所给予他们的暗示,并不会这么容易地找到答案。我们几乎不知道,是否要确信这种吸引力,尽管诗人们以极大的热情赞美这种力量,而在精神分析上却无法进一步对它做出解释。通过艰辛的研究,我们已经找到了一个完全不同的答案,至少很容易地获得了答案所需的材料。人们可能知道,长大后仍然温柔地依恋亲本对象(确切地说是父亲)的女人,为数甚多。对这些女人有惊人的发现,她们对父亲的依恋程度很强,持续时间也很长,当然,在这之前女孩还有一个恋母阶段。但我们不知道,这一阶段内容如此丰富,持续时间如此之久,而且留下了如此之多的、造成固着与偏向的机会。在这一个时期,女孩的父亲不过是一个令人讨厌的竞争者,而且在某些实例中,女孩对母亲的依恋持续到十四岁以后,差不多我们后来在她与父亲关系中所发现的每一事件,都在早期的依恋中出现过,并被依次转移到父亲身上。简单地说,我们认为如果不懂这个依恋母亲的前奥狄帕斯阶段,那么就不可能理解女人。

我们将乐于知道女孩与母亲的力比多关系的性质。答案是，这些关系各不相同。由于它们贯穿幼儿性欲的全部三个阶段，也具有各个不同阶段的特征，并通过口唇的、肛门施虐的和阳具欲期的愿望表现自己。这些愿望体现了主动的和被动的冲动。如果把它们与后来呈现的两性差别联系起来——尽管应该尽可能避免这样做——我们便可把它们叫做男性的和女性的。除此以外，它们是完全相矛盾的，既具有亲切的性质，又具有敌对的和攻击性的性质。后者通常仅在被转变为焦虑观念后才明朗化。要提出对这些早期的性愿望的明确阐述总是不容易的，表达得最清晰的是让母亲怀上孩子和生个孩子的愿望——这两个愿望都属于阳具欲期，而相当令人吃惊的是，它们无疑都被精神分析的观察所证实了。这些研究给我们带来了令人吃惊而详细的发现，这是引人注目的。例如，我们发现，在这个前奥狄帕斯时期，被杀或被毒害的恐怖就已出现在与母亲的关系中了。又如，当回想起精神分析研究史中的一件曾引起我许多苦恼的趣事。在那个时期，我们的主要兴趣在于发现婴儿性欲创伤。我的女病人几乎都告诉我，她们曾被自己的父亲诱奸过。但最后我被迫承认，这些报告都是失真的，因而开始明白，歇斯底里症产生于幻想而不是真实事件。只是到了后来，我才能够从被父亲诱奸的幻想中，辨认出它是女人典型的奥狄帕斯情结的表现。现在，在女孩的前奥狄帕斯阶段中，再次发现了关于被诱奸的幻想，但诱奸者通常是母亲。然而，这次的幻想涉及真实的领域，因为确实就是母亲，在给孩子做身体卫生保健的活动中，无可避免地激起了，而且可能是第一次激起了女孩生殖器的快感。

二十七、兴趣的转移

现在，将把兴趣转向这样一个问题：是什么导致女孩对母亲的这种强烈依恋消亡的呢？这种依恋的通常命运是：它注定要让位于女孩对父亲的依恋。这里偶然发现了一个引导我们进一步研究的事实：发展中的这一步骤并不仅仅包含对象的简单变化。对母亲的疏远是伴随着敌意的，对母亲的依恋以仇恨告终。这种仇恨可能变得非常显著而且终其一生，它可能在以后得到精心的过度补偿，通常它的一部分被克服，而另一部分则会被保持。儿童后来发生的事件当然对这种结果影响很大。然而，我们将仅限于研究女孩在转向父亲时对母亲的仇恨，以及这种仇恨的动机。我们听到了一长串对母亲的谴责和抱怨，这些谴责和抱怨被认为证明了孩子的敌对情感；这些谴责和抱怨的有效性有很大差异，其中一些显然是属于文饰作用的，敌对的真正根源有待于发现。如果在此了解精神分析研究的一切细节，我会发生很大的兴趣。

对母亲的责怪，追溯其最早的根源，是母亲给儿童太少的奶水——这被解释为儿童因丧失爱而反对母亲。在我们的家庭中，现在就存在着这种责怪。母亲经常没有足够的营养提供给她们的孩子，并且仅仅满足于给孩子喂几个月、六个月或九个月的奶。而在原始的民族中，母亲哺乳孩子的时间长达两三年。通常为孩子哺乳的奶妈的形象会与母亲相融合。在这种融合尚未出现时，对母亲的这种责怪就会转变为另一种责怪——责怪母亲把热心喂养她们的奶妈过早地辞退了。不过，无论这些事件的真实情况原本怎样，儿童对母亲的责怪经常都会被证明为是不合理的。相反，儿童对最早期的营养的需求似乎是贪得无厌的,他似乎从未克服失去母乳的痛苦。如果对那个已经能跑会说却还吮吸母乳的原始人的孩子进行精神分析,并且结果表明他们对母亲也有同样的责怪,对此我不会感到惊讶。被毒死的恐惧也可能与断乳有关。毒药是使人生病的物品,或许儿童把他们早期疾病的病因也归结到这种挫折上。

相当程度的智力教育是相信偶然之事的先决条件。原始人和未受教育的人,无疑还有儿童,都能够给所发生的任何事情以一个理由,甚至今天在人类的某个阶层中,人们还相信一个人的死亡必与被他人——最可能是医生——杀害有关。一个神经病患者对与自己关系密切的人死亡的通常反应,是把引起死亡的责任归结到自己。

当婴儿室中出现了另一个婴儿,他就爆发了对母亲的另一种谴责。如有可能,这种谴责就与口欲挫折保持了某种关系:母亲不能或不会给这个孩子提供更多的奶水,因为她需要为新生儿准备营养。如果两个孩子年龄如此接近,以致第一个孩子的奶水受到第二个孩子的损害,在这种情况下,对母亲的这种谴责就获得了一个真实的基础。而且值得注意的是,一个儿童并不会因为年幼而注意不到正在发生的事情,即使他只比新生儿大十一个月。但是,儿童对闯入者和竞争者所妒忌的不仅在哺乳方面,而且还在母爱的所有方面。他感到自己的权利被推翻了,被剥削了,被损害了。他把妒忌的仇恨投向新生儿,并怨恨不忠实的母亲,这种怨恨经常表现为他的行为变得令人讨厌。他可能变得淘气、易怒和不听话,并放弃了他在控制排泄中的进步。人们很早就已熟悉了这一切,并承认这一切都是不言自明的,但我们对于这些妒忌冲动的强度、持续存在的顽固性,以及对其日后发展影响的重要性,很少形成一个正确的观念,尤其是当这种妒忌在儿童后期不断地受到新的刺激时,更是如此。即便这个儿童碰巧仍为母亲所偏爱,结果也差不多如此。儿童对爱的要求是没有止境的,他们需要的是专一的爱,不容许他人与之分享。

儿童对母亲所怀敌意的根源,在于他多样化的性愿望。这些愿望随着力比多的发展而变化,而且大部分不能得到满足。如果母亲禁止孩子与生殖器有关的快感活动——经常采用严厉的威胁方式和各种令人不快的动作——而这些活动归根到底又是她自己介绍给孩子的,那么最强烈的挫折就会在阳具欲期发生。人们会认为,这些理由足以说明女孩疏远母亲的原因。如果真是如此,人们就会推断,这种对母亲的厌恶感必然起源于儿童性欲的特征、儿童对爱的要求的无节制性特征和他们性愿望的不可实现性。的确可以认为,儿童的第一个爱恋关系注定是要消亡的,其原因正是因为它是第一个爱恋关系,是因为这些早期的对对象的贯注,在很大程度上是相矛盾的。强烈的攻击性倾向总是伴随着强烈的爱,儿童对其对象的爱愈强烈,对来自对象的失望和挫折就愈敏感。最后,这种爱就必定会屈从于积累起来的仇恨。

关于在性爱贯注中存在着一种诸如上述原始心理矛盾的观点,可能会遭到反对。人们可能指出,正是母亲与孩子关系中这种特殊性质,以同样的必然性导致了儿童的爱的毁灭;因为即便是最温柔的抚养,也无法避免运用强制手段和采用各种约束,而且任何这种对儿童自由的干预,作为一种反应,都必定会激起儿童的叛逆性和攻击性倾向。我认为,关于这些可能性的讨论大概是最有趣的,但忽然出现了另一种反对意见,它使我们的兴趣有所改变。所有这些因素——冷遇、对爱的失望、妒忌、因禁忌而产生的诱奸——毕竟也都在男孩与母亲的关系中起作用,但仍不能使他疏远母本对象。除非我们能够找到某种东西,它为女孩所特有,而不存在或不以同样的方式存在于男孩身上,否则,我们就不能解释女孩对母亲依恋的终止现象。

相信我们已经发现了这种特殊因素,而且的确是在期望的地方发现的,尽管是以某种令人吃惊的方式发现的。这种特殊因素存在于"阉割情结"之中,这正是我们所期望发现的地方,解剖学上的差别(两性间的)最终必将表现为心理学的结果。然而,精神分析表明,女孩坚持母亲要对她们丧失一个阴茎负责,她们因此处于不利地位而不原谅母亲,这是出乎我们意料的。

我们认为女人也具有阉割情结。尽管该情结的内容在女孩身上与在男孩身上不同,但仍有足够的理由说女孩有阉割情结。男孩从对女性生殖器的观察中认识到,他们如此宝贵的器官并非一定要与身体相伴随,在此之后他们才产生了阉割情结。在这种情结中,当他想起因玩弄那个器官而招致威胁时，便开始信以为真，并处于受阉割的恐惧的影响之下。这种恐惧成为他以后发展的最强烈的动力。女孩的阉割情结也是产生于对异性生殖器的观察。她们马上注意到两性器官的差别，而且必须承认这种区别的意义。她们感到非常委屈，经常表示也要"有像那样的东西"，认为自己成为受害者，这种忌妒与羡慕将在其发展和性格的形成中，留下不可磨灭的痕迹。即使是在儿童最受宠爱的情况下，如果没有消耗大量的心理能力，这种忌妒与羡慕是不可克服的。女孩对她没有阴茎这一事实的承认，绝非意味着她很容易屈服于这个事实。相反，在很长的一段时间里，她会继续坚持希望自己获得像阴茎那样的东西，并且过了许多年后，她仍相信这种可能性。精神分析还表明，当儿童对现实的认识否定了这个愿望实现的可能性后，该愿望就继续存在于潜意识中，并保持着相当可观的贯注能量。这个获得阴茎的渴望，最终可能会不顾一切地形成某种动机。该动机促使一个成年妇女接受精神分析，而且她们在精神分析中合乎情理地可能期望得到的东西——如从事智力工作的能力——可能常被认为是这种被压抑愿望的升华的变形。

人们无法怀疑这种对阴茎的忌妒与羡慕的重要性。如果我断言，忌妒和羡慕在女人心理生活中比在男人心理生活中作用更大，就可以以此为男女不公正的一个实例。我并不认为忌妒和羡慕这些特征不存在于男人身上，也不认为它们存在于女人身上的根源只在于对阴茎的羡慕，而是倾向于主张，它们在女人身上更加重要的原因在于阴茎忌羡的影响。然而，有些精神分析家则表现出一种贬低女孩初期的阴茎忌羡在阳具欲期的重要性的倾向。他们主张，从女人这种态度中发现的东西，基本上是一个二次结构。该结构是妇女在后期发生心理冲突，并倒退到这种早期幼儿冲动的场合中产生的。不过，这是深蕴心理学的一般问题。在许多病理学的异常的本能态度中，会产生下述问题：这些本能行为的强度有多少应归于早期幼儿的固执作用，又有多少应归于后期经验和发展的影响？在这种情况下，该问题几乎一直是我们在关于神经症病因的论述中，提出的那种相互补充的问题。这两个因素以不同的重要性在病因中起作用，在一方面的作用小些，在另一方面的作用就会大些，以此达到平衡。幼儿期的因素在所有场合中都建立了模式，尽管通常是决定性的，但它并不总是决定着这个问题。正是在这一场合中，我要论证幼儿期因素的优势。

发现自己被阉割是女孩成长中的一个转折点。由此出发有三条可能的发展路线：第一条导致性约束或神经症，第二条导致女性性格向"男性化情结"方向转变，第三条导致正常的女性气质。

第一条路线的基本内容如下：小女孩至此仍以男性方式生活，她能够通过使阴蒂兴奋获得快感，并把这种活动与她指向母亲的性愿望联系起来。现在，由于受到阴茎忌羡的影响，她失去了男性生殖器性欲意义上的快乐。因为与男孩的那个远为优越的家伙相比，她的"自爱心"受到了损伤，结果，她放弃了通过手淫从阴蒂中获得的满足感，否定了她对母亲的爱，与此同时，她大部分的一般性性倾向并未受到经常性的压抑。无疑，她对母亲的疏远不是突然发生的，因为一开始她只是把阉割视为个人的不幸，后来才逐渐延伸到其他女人中，最后才延伸到她的母亲身上。她的爱是指向她的具有阳具欲望的母亲，由于发现母亲也被阉割了，她就不可能再把母亲作为对象，以致长时期积累起来的仇恨动机占了上风。因此，这就意味着，对于女孩来说，就像对于男孩和后来可能对于男人来说一样，由于发现妇女缺少阴茎，她们的价值就降低了。

神经症患者把其患病的重要原因归于手淫。他们要手淫为所有的烦恼负责，我们很难使他们认识到自己错了。然而，事实上，我们应该承认他们是对的，因为手淫是他们幼儿期性欲发泄的动力，而他们的确饱受这种性欲的不良发展之苦。不过，神经症患者大多谴责的是青春期的手淫，大多忘记了早期幼儿的手淫，而这种手淫才是问题真正的症结所在。应该怎样帮助儿童戒除手淫，这个问题使我陷入尴尬的境地。我能够从所涉及的女孩的发展中，提供儿童本人努力摆脱手淫的例子，但她并不总是能成功地摆脱手淫。如果对阴茎忌羡激起了反对阴茎手淫的强烈冲动，而阴蒂手淫仍拒绝让步，于是就发生了一场争夺自由的激烈斗争。在这场斗争中，女孩似乎自己接替了被其废黜的母亲的角色，并在反对从阴蒂获取满足的努力中，表现出自己对低劣的阴蒂的全部不满。许多年以后,她的手淫活动虽然很早就已被压抑了,但对手淫的兴趣仍然持续存在,应当把这种兴趣解释为一种抑制,是对仍令人担心的引诱的防御。这种兴趣表现为对那些遇到类似困难的人的同情,它在缔结婚姻的行动中起动机的作用,而且的确可以决定对丈夫或爱人的选择。取缔早期幼儿手淫确实不是一件轻而易举或寻常的事。

随着阴蒂手淫的放弃,女孩也放弃了一定程度的主动性。现在被动性占了优势,而且在被动的本能冲动的帮助下,女孩基本上完成了向父亲的转移。上述发展的浪潮把女孩在阳具欲期的主动性涤扫殆尽,从而为形成女性气质清扫了基地。如果主动性在这一涤扫过程中没有因压抑而丧失太多,那么这种女性气质就可能是正常的。女孩转向父亲的愿望最初无疑就是对阴茎的愿望,这种愿望已遭到母亲的拒绝,现在她寄希望于父亲。然而,如果对阳具的愿望被对婴儿的愿望所取代,也就是说,按照古代的象征性的"等同式",幼儿代替了阳具,那么一种女性气质也就随之建立起来了。我们也注意到,早在平静的阳具欲期,女孩就希望有个宝宝,这当然就是她玩弄布娃娃的意义。不过,这个游戏实际上并非女性气质的表现,它是对母亲的认同,企图用主动性代替被动性。她扮演母亲的角色,而玩偶则成了她自己,现在她能为宝宝做一切她母亲曾为她做的事情。一直到对阳具的愿望产生了,布娃娃宝宝才变成了来自女孩父亲的一个宝贝,此后又变为最强烈的女性愿望这一目的。如果后来这种有个宝宝的愿望在现实中实现了,女孩就会觉得非常快乐;如果这个宝宝是一个具有女孩所渴望的阳具的小男孩,她就会尤其地快乐。在"来自父亲的宝宝"这一复合描述中,给予充分强调的是婴儿而不是父亲。那种对拥有阳具的古老的男性愿望,仍然以同样的方式依稀可见于业已形成的女性气质之中。但是,我们或许反而应当承认,这个对阳具的愿望是一种十分典型的女性愿望。

随着对阳具——幼儿的愿望转移到她的父亲身上,女孩就已进入到奥狄帕斯情结的状态。她对母亲的那种重新产生的仇恨,现在大大加强了,因为母亲变成了女孩的竞争者,她从女孩父亲那里得到了女孩所想得到的一切。按照我们的观点，女孩的奥狄帕斯情结，在她前奥狄帕斯时期对母亲的依恋中已隐藏了很长时间，但是它仍然十分重要，并为其后留下了种种长久持续的固着作用。对女孩而言，奥狄帕斯状态是她漫长而艰难发展的结果；它是一种初步的解决，一种不会马上放弃的宁静状态，特别是离潜伏期开端不远时更是如此。

现在，我们注意到两性间的区别，对于奥狄帕斯情结与阉割情结来说，这种区别可能是十分重要的。对于男孩而言，他的奥狄帕斯情结是从阳具性欲阶段自然地发展起来的。在这一情结中，男孩对其母亲产生欲望而且希望摆脱作为竞争者的父亲。然而，阉割情结的恐惧却迫使他放弃这种态度。在认识到失去阴茎的危险后，奥狄帕斯情结遭到抛弃、压抑，在最正常的情况下，遭到彻底的摧毁，而且严厉的超我作为继承者建立起来了。在女孩身上发生的情况几乎是相反的。阉割情结是为奥狄帕斯情结作准备而不是毁坏它，她因受阴茎羡慕的影响而放弃对母亲的依恋，并且进入奥狄帕斯状态，就仿佛进入了避难所一样。由于不存在阉割情结的恐惧，女孩便缺少了一种引导男孩克服奥狄帕斯情结的主要动机。她们在这一情结中停留了或长或短的时间，后来才摧毁该情结，即使如此，也摧毁得不彻底。在这些情况下，超我的形成必定受到妨碍，它无法得到使它具有文化意义的力量和独立性。而且，当我们向女权主义者指出这个因素对一般女性特征所具有的影响时，她们并不高兴。

我们曾提到把女人的男性气质情结的发展，当作发现女人阉割后的第二个可能的反应。在此我们的意思是，女孩似乎拒绝承认这个不受欢迎的事实，她甚至夸大以前的男性气质，坚持阴蒂活动，进行挑战性的反叛，她逃避到对具有阳具欲期的母亲或对父亲的认同中。支持这一结果的决定因素会是什么呢？我们只能假定它是某种气质上的因素，是较高程度的主动性，诸如男性普遍特征那样的东西。然而，不管它可能是什么，这个过程的本质在于：在发展的这一阶段中，女孩避开了那股为转向女性气质开道的被动性浪潮。这样一种男性气质情结的极端发展，似乎会影响女孩对对象的选择，使之趋向于明显的同性恋。当然，精神分析经验告诉我们，女性同性恋很少是，或者绝不是对幼儿期男性气质的直接延续。即使对这种女孩而言，她似乎也必然在某个时期把父亲作为爱恋对象，并进入奥狄帕斯状态。但是后来，由于对父亲不可避免的失望，她被迫退回到早期的男性气质情结中。这些失望情绪的重要性不应被夸大，命中注定要成为女性的女孩也会产生这些情绪，尽管这些情绪有不同的作用。气质因素的优势似乎无可争议，但女性同性恋发展的这两个阶段，则充分反映在同性恋者的实践中。这些同性恋者经常而且明确地相互扮演母亲和幼儿，同时又扮演丈夫与妻子。

我在此所说的一切，可以描述为妇女的史前史，它是最近几年的产物。作为精神分析工作的一个详尽实例，它可能已经引起了人们的兴趣。因为这个例子的主体是妇女，所以，在此冒昧地提到几位妇女的名字，她们对这一研究做了有价值的贡献。布伦斯维克博士描述了一个神经症案例，该疾病返回到前奥狄帕斯阶段的一个固着点，而且根本没有到达奥狄帕斯状态。该例采取忌妒狂想症的形式，而且证明对其治疗是有效的。格鲁特博士通过某些可信的观察，证实了女孩在阳具欲期中转向母亲的不可思议的活动。

二十八、成熟女性的心理特质

追踪探讨女性气质从青春期到成熟期的进一步行为表现,这并不是我的意图。而且,对这个目的而言,我们的知识还是不充分的。但我在下文将把一些特征综合起来。以妇女的史前史为出发点,女性气质的发展,仍要受到早期男性化时期的残余现象的干扰;在一些妇女的生活进程中,男女性气质占优势的时期反复交替存在着。男人称之为"妇女之谜"的某些部分,可能来自妇女生活中双性并存的表现。但是,在这个研究过程中,对另一个问题做出判断的时机成熟了。我们把性生活的动力称为"力比多"。性生活受男性极度女性的对立倾向支配。实际上只有一种力比多,它同时服务于男性和女性两种性功能,不能给力比多本身指定任何性别。如果按照主动性等同于男性的传统公式,倾向于把力比多描述为男性的,那么我们不应忘记,它也包含带有被动目标的倾向。同时,"女性力比多"这一词的对应出现也是没有根据的。我们的主张是,当力比多被迫用于女性功能时,它受到的压力就更大,而且,比较起男性气质的情况看——在目的论上讲——大自然较少关心它的(女性功能的)要求。不关心的原因——再从目的论上讲——在于下述事实:生物学目的的实现已托付给男人的攻击性,在某种程度上不依赖女性的同意便已完成了。

女性的"性冷淡"是一种尚未完全认识的现象。有时它是心理冲突引起的,在这种情况下它容易受到影响;而在其他情况中,它则暗示了这种假设:它是由气质因素决定的,甚至还有解剖学上的因素。

我在一些精神分析观察中见到的成熟女性气质的心理特质,并不具有高于一般的效果，我们也不能这样要求，且要辨别这些特质中哪些应归之于性功能的影响，哪些应归之于社会的熏陶，也并不总是容易的。例如，把大多数自恋现象归之于女性气质，这种现象也影响到女性选择对象，因而对她们而言，较之于爱人与被爱则是一种更强烈的需要。而且，阴茎忌羡对女性心理上的虚荣也产生影响，因为她们一定会更高地估计自己的魅力，以作为对其早期性缺陷的晚期补偿。害羞被认为是一种非常优秀的女性特征，但它远比我们想象中的更平常。我们相信，它有着自己的目的，即掩饰生殖器方面的缺陷。我们没有忘记，害羞在更晚的时期还负有其他功能。看起来妇女对文明史中的发现与发明，没有做什么贡献，然而，她们可能已经发明了一种技术，即编织技术。果真如此，我们就应该有兴趣猜测这种成就的潜意识动机。大自然本身通过在人的成熟期生长阴毛以遮掩生殖器，似乎就已为这种成就提供了可供模仿的样式。在身体上，这些毛发长进皮肤里，而且彼此杂乱地交织在一起，这一步骤被保存下来，而成为使各线条相互交织的编织活动。如果把这个观点视为幻想而加以否认，并且认为阴茎对女性气质的构成有影响的信念是一种偏见，我当然无力辩解。

女性选择对象的决定性因素，常常由社会条件造成而难以辨认。但只要她能进行自由选择，该选择往往就依照女孩希望成为的自恋性的男人形象做出。如果仍停留在对父亲的依恋中，即停留在奥狄帕斯情结中，她的选择就依照类似父亲的模式做出。因为，当她从依恋母亲转向依恋父亲时，她对母亲怀有充满矛盾心理的敌意时，这种选择就可保证一个幸福的婚姻。但是，这种选择的结果常常表现出对消除因矛盾心理而造成的冲突的一种普遍威胁。这种保留下来的敌视紧随对父亲的无可置疑的依恋之后而来，并且蔓延到了新的对象上。女性的丈夫首先是父亲的继承者，过了一段时间后也成为母亲的继承者。因此，很容易产生下述情况：在妇女的后半生中，可能充满了对丈夫的反抗，正如她的更短的前半生中充满了对母亲的反抗一样。一旦这种反抗经历完毕后，婚姻就很可能变得十分令人满意了。妇女性质中的另一个改变可能发生在第一个孩子出生后的婚姻中，恋人对这种变化毫无准备。由于妇女自己成了母亲，她便可能恢复对自己母亲的认同，而对这种认同直到结婚后她才停止反抗，并且这种认同可以把所有可获得的力比多吸引到自身中，以致这种强制性重复重演她父亲的不幸婚姻。母亲对子女的出生所产生的不同反应表明，即使到现在，"缺少阴茎"这个古老的因素仍没有丧失力量。母亲只有在与儿子的关系中才获得无限的满足。总之，这是最完美的关系，最大限度地摆脱了所有人类关系中的矛盾心理。母亲可以把自己被迫压抑的抱负寄托于儿子，期望从他那里实现她遗留在男性气质情结中的所有愿望。甚至只有等到妻子成功地把丈夫当成儿子，并以母亲的身份对待他时，她才觉得婚姻会牢靠。

我们可以把妇女对母亲的认同区分为两个阶段：第一个阶段是前奥狄帕斯阶段，它根植于对母亲的深情依恋，并以她为模型；第二个阶段来自奥狄帕斯情结，该阶段试图摆脱母亲，并以父亲取代她。无疑我们有理由这样说，这两个阶段的大部分内容都遗留到了妇女的未来发展中，而且在发展过程中没有任何一种内容是被完全克服的。但深情的前奥狄帕斯依恋对妇女的未来是具有决定意义的：该阶段为获得某些特征做好了准备，这些特征使她后来实现了性功能方面的作用，并完成了她无可逃避的社会职责。也正是在这种认同中，她获得了对男人的吸引力，并使男人对母亲的奥狄帕斯依恋爆发为狂热的激情。但是，常常发生的情况却是，只有男人的儿子才获得了男人自己渴望的一切。人们得到的印象是：一方面，在心理学上，男人的爱和女人的爱有阶段上的不同。妇女可能被认为缺少公正感，这种情况无疑与忌妒在其心理生活中的支配作用有关。因为对公正的要求就是对忌妒的修正，而且规定了使人能够摒弃忌妒的条件。我们还认为妇女对社会的兴趣较男人的要小，而且她们升华本能的能力也弱于男人。前种情况无疑来自那种确属所有性关系特征的反社会性质而且家庭也反对包含于更复杂的组织中，升华的能力造成了最大的个体差异。另一方面，我禁不住要提到一种在精神分析实践中不断获得的印象。一个三十岁左右的男人给我们的感觉是一个年轻的、有点不成熟的个体，我们希望能充分利用精神分析为他揭示发展的可能性。然而，同龄妇女却常常因其心理上的僵化和不变性而使我们吃惊。她的力比多已固定在最后的位置上，似乎难以为其他状态所更换。她没有别的道路通向进一步的发展，似乎整个过程都已完成了，此后再不易接受影响了——的确，在通往女性气质的艰难发展中，她似乎已耗尽了与人类有关的一切可能性。作为治疗者，对这种事态感到遗憾，尽管我们通常解释患者的神经症冲突而治愈了她的精神失调。

　　以上就是关于女性气质应当告诉的一切。它们当然是不完善，也是不全面的，而且听起来有时很不顺耳。但不要忘记，对妇女所作的描述，仅仅限于她们的性质是由其性功能决定的这一点上。这种影响的确是很深远的，但我们不要忽视，个体的妇女可以作为人生活于其他领域。如果想对女性气质了解更多，就去研究自己的生活经验，或求助诗人，或等待科学提供更深更首尾一致的讯息。

二十九、自恋倾向

"自恋"这个词原来是临床术语,由奈克在1899年开始采用,指一种人对待自己的身体就像对待有性关系的对象的身体一样。他可以通过注视、抚摸、玩弄自己的身体而体验到一种性的快乐,直至达到完全的满足。自恋发展到这种程度,就具有了倒错的意义,它吸收了主体的全部性生活,因此当我们处理它的时候,可想而知会遇到在研究一切倒错时看到的类似现象。

使那些从事精神分析观察的人感到惊讶的是,自恋态度的孤立特点可以在许多有其他异常行为的人身上看到,如萨德格所说的同性恋。总之自恋有一种性欲本能的素质,可以在更加广泛的范围内考虑它。它在人的正常的性发展过程中也占有一定地位……从这种意义上讲,自恋并不是倒错,而是利己主义自我保存本能的一种性欲冲动的补充,可以说是每一个生物都具有的手段。

当我们企图使自己有关精神分裂症的知识符合性欲本能理论的基础假说时,就会有一种压力迫使我们承认自恋是原始的和正常的。妄想痴呆病人有两个基本特征:夸大狂和失去对外界(人和事物)的兴趣……一个患有歇斯底里或者强迫性神经症的病人只要发病就会摒弃与现实的联系。但是分析表明,他并没有切断与人或事物的性联系。他仍然在幻想中保持这种联系,就是说,一方面,在记忆中找到想象的对象来代替实际的对象,或者把两者糅合在一起;另一方面,他不再采取行动使自己的目标与实际对象发生关系。只有在这种条件下,我们采用"性欲本能的内向性"这个术语才是合理的,否则就应该用"妄想痴呆"这个词。荣格则不加区别地运用它。患者实际上好像是从外部世界撤回性欲冲动，而没有在幻想中以其他东西来代替它们。这种过程似乎有次级过程使性欲冲动重新指向一个对象，一部分努力是要恢复原来的对象。

新的问题产生了：在精神分裂症里，性欲本能离开外部对象后的命运如何呢？在这些情况下的夸张性质提供了一个线索。夸张无疑要消耗性欲冲动的对象。性欲本能离开外部世界指向自我，就会导致自恋状态。夸大狂本身并不是新东西，相反，正如我们所知道的，这是对早已存在的情况的夸张与抱怨……

性欲本能理论的这一发展在我看来是合乎情理的，它得到了第三方面的支持，即我们对原始民族及儿童心理活动所做的观察和形成的概念。我们在原始民族发现的特征，如果单独出现的话，都与夸大狂相似，即过高地估计愿望和心理过程的力量，认为"思想万能"，相信语言的神奇力量，以及把处理外部世界的方法，即"魔术"般的技能看成是这些夸张前提的合乎逻辑的应用。

在根本没有关于本能的任何理论能够帮助我们辨清方向时，我们可以或只能提出一种假说，然后根据它的逻辑结论否定或肯定它。关于在性本能与其他本能，即自我本能之间存在基本差别的假说，除了在分析移情神经症时极为有用外，还有一些地方也有利于这种假说。我承认，如果只有前一种考虑，并没有决定性的意义，因为完全有可能是相同的能量在心理中起作用，只有借由对对象的发泄才能转化为性欲冲动。但是，首先，与这两个概念差别对应的首先是饥饿与爱之间的区别，它是如此之大。其次，从生物学角度看也有利于这种观点。个体实际上是双重的存在：他一方面服从自己的目的；另一方面又被拴在一条链上，完全违背自己的意志，或者说根本就没有自己的意志。个体把性欲看成目的之一，但是从另一种观点看，他又依赖于细胞原生质，他为此付出能量，得到的报酬则是快乐。这是以非生命物来开动的生命之车，就好像遗产的继承人，他暂时拥有一笔财产维持自己的生存。性本能与自我本能的区别只不过反映了个体的双重机能。最后，我们必须回顾一下心理学中所有暂时性的想法，总有一天会建立在有机结构的基础上。有可能是特殊的物质和化学过程控制了性欲的作用,并使个体生命得以延续。当我们用心理的特殊能力代替特殊的化学物质时,我们就想到了这种可能性。

因为我想使心理学摆脱那些严格来讲是其他领域的东西,比如是生物学的东西,所以我想在这里说明,将自我本能与性本能分开的假说(即性欲本能理论)没有什么心理学的基础,但是从本质上讲,得到了生物学事实的支持。如果精神分析的工作能够提出有关本能的更有价值的假说,那么我完全可以放弃目前的假说。可惜的是迄今为止尚未发生这样的事。当我们的研究越来越深入时,就有可能会发现,性能量,即性欲冲动只是对心理起作用的一般能量分化的产物。但是这种说法没有什么意义。它所涉及的东西离我们考察的问题如此遥远,而且不能提供有用的知识,因此反对它或者肯定它都没有用处。我们没有兴趣分析这种原始的同一性,就像人种的原始亲缘关系与遗嘱检验法庭所需要的亲属关系证明一样不相干。所有这些思辨都得不出什么结论,因为我们无法等待其他科学为我们提供有关本能的现成理论。如果我们想通过对心理现象的综合考察来洞察生物学的这个基本问题,那么目前离这一目标还相去甚远。让我们充分认识犯错误的可能性,但是不要被我们最初采用的自我本能与性本能对立的假说的逻辑结论所吓倒(对移情神经症的分析迫使我们得出这种假说),而应该看看它是否一致并能得到有用的结果,是否也可以适用于其他疾病,如精神分裂症。

直接研究自恋的方式看来有些特殊的困难。我们理解这种情况的主要手段也许仍然是对妄想痴呆的分析。就像可以通过移情神经症追溯性欲的本能冲动一样,我们可以通过精神分裂症与妄想狂洞察自我的心理,而且很简单。为了再次弄清楚什么是正常的,我们显然应该根据它的改装和夸大来研究其病理。同时,我们也可以从其他来源中获得有关自恋的知识。我现在依次谈论这些来源,它们是对于机体疾病臆想症和两性之间爱的研究。

在估计性欲本能对于机体疾病的影响时,我遵照了费伦奇的建议,这是他在与我交谈时提出来的。众所周知,当一个人承受机体的痛苦和不适时,就会失去对外界事物的兴趣,直到他不再在意自己的苦难。更细致的观察告诉我们，他同时也撤回了对自己所爱对象的性欲冲动。只要他在受苦，他就停止了爱。有关这一事实的陈词滥调并不能阻止我们用性欲本能理论的术语去解释它。我们可以这样说：得病的人把性欲冲动的发泄撤回到自我，恢复健康后又送出去……这种爱的方式不管有多么强烈，都会由于身体所受的痛苦而消失，并且突然为完全不同的情感所代替，这是喜剧作家写得淋漓尽致的题目。

睡眠的情况和疾病一样，意味着以自恋的方式将性欲冲动撤回到主体，或者更确切地讲，只是满足睡眠的愿望。梦的利己主义与此极为合拍。对这两种状态，我们都有一些关于性欲冲动分配变化的例子，它们是自我变化的结果。

臆想症和机体疾病一样表现为肉体的痛苦感觉，并一样会对性欲冲动的分配产生影响。臆想症同时撤回对外部世界的兴趣和性欲冲动（后者尤为明显），使两者都集中在引起患者注意的器官上。臆想症与机体疾病的区别也很明显：后者的痛苦感觉来自可证明的机体变化，前者则没有这种变化。但是，如果我们认为臆想症应该与神经症过程的一般概念一致，它也就会有机体性的变化。那么这种变化是在哪儿形成的呢？

我们可以回顾自己的经验，在其他神经症中也有可以和臆想症相比的肉体痛苦。我曾经说过，我倾向于把臆想症和神经衰弱、焦虑性神经症归为第三种"真性神经症"。也许不必走得这么远，在其他一般神经症中也有少量的臆想症症状。也许我们可以在焦虑性神经症及其附属的歇斯底里中找到最好的例子。这是我们熟悉的对痛苦敏感的器官原型，它可以发生某些变化，但并不算病，这就是处于兴奋状态的生殖器。它充血、膨胀、有分泌物，是多种感觉的机体。我们把能够将性兴奋的刺激传入大脑的身体部分的活动称为性感活动。考虑到早已习惯的有关性欲理论的结论，想到身体的某些部分，即性感带能够替代生殖器产生类似的行为，我们还是跨进了一步。我们可以把性感活动看成是所有器官都具有的一种性质，于是可以说，身体的任何部位都不同程度地受这种性质的影响。器官中性感带的变化有可能与自我的性欲冲动发泄的变化相互平行。在这些例子里可能包含着对臆想症的最终解释，以及它如何像真正的器官疾病那样影响性欲冲动的分配。

我在这里想进一步探讨妄想痴呆症的机制，并把那些似乎值得考虑的概念做一番总结。在我看来，妄想痴呆症与移情神经症之间的差别在于环境。前者由于挫折使性欲本能不再依附于幻想中的对象，而是返回到自我，夸大狂就是对这大量的性欲本能的控制，它相当于幻想创造的内倾性，可以在移情神经症中看到。妄想痴呆的臆想症类似于移情神经症的焦虑，是心理器官这种努力的失败引起的。我们知道，神经症的焦虑可以通过心理的"功能转换"解除，如转化反动形成和防御形成（恐惧症）。妄想痴呆中的相应过程是努力复原，该病最明显的特征也由此产生。妄想痴呆也常伴随有部分性欲冲动脱离对象的现象，虽然并非一定。因此，我们可以在临床中区分三组现象：①代表正常状态或神经症残余的现象（残迹现象）；②代表病态过程（性欲冲动脱离对象，进一步是夸大狂、臆想症、情感障碍和每一种退化）；③代表复原的努力。在第三组现象中，性欲冲动在歇斯底里（精神分裂症或妄想痴呆）或强迫性神经症（妄想狂）后再次依附于对象，并在与原来不同的层次和条件之下产生新的性欲冲动的发泄。这种方式的移情神经症与相应的正常自我形成之间的差异，使我们最深刻地洞察了心理器官的结构。

研究自恋的第三种方式是观察人们在恋爱时千差万别的行为。大多是这样：性欲冲动的对象首先隐藏在自我的性欲冲动之后，因而在考虑儿童（成人也如此）的对象选择时，我们首先注意到，他从得到满足的经验里选择自己的性对象。最初体验到的自发性欲满足与服务于保存自我的生命机能相联系。这种性本能得到自我本能的支持，只是到了后来才不依赖于它们。即使这样，我们也能从这一点上看到原来的依赖关系，即对儿童进行抚养、关怀和保护的人成为他最初的性对象。也就是说，最初是他的母亲或者替代母亲的人。我们把这种类型和对象选择根源称作依赖型，与它并列的还有第二种类型，我们虽然没有设想它的存在，但精神分析的研究却揭示了出来。我们发现，特别是那些性欲本能的发展受到过障碍的人，就像倒错和同性恋一样，在选择自己所爱的对象时可以用自己而不是自己的母亲作为模型。他们明确地把自己作为恋爱的对象来追求，这种选择对象的类型可以叫做自恋。

这并不意味着可以根据他们对象的选择究竟符合依赖型还是自恋型，把人分为截然不同的两类。我们宁可假设两种类型在每个人身上都存在，虽然有所偏重。我们认为，人原来有两个性对象：自己与照料自己的女人，因而我们主张每个人都有原始的自恋。它可以长期左右人的对象选择。

进一步把男人和女人进行比较。在对象选择的类型方面，男女有着根本的差别，虽然这些差别不太普遍。完全的依赖型对象恋是男人的特点，它表现为性崇拜。这无疑源自童年的原始自恋，而现在转移到了性爱对象上。这种性崇拜是爱的特殊状态的根源，是神经强迫的暗示状态，可以追溯到自我倾注于所爱对象的性欲本能的枯竭。

在女人中最常见的类型有不同的过程，这也许是纯粹的真实的女性类型。随着青春期的发展，女性器官成熟起来（在这之前它一直处于潜伏状态），引起原始自恋的强化，不利于真正对象恋及其伴随物性崇拜的发展。在女人中产生了一定的自信（特别是在变得漂亮时），补偿了她在选择对象方面的社会限制。严格地讲，女人爱恋自己的程度可以与男人爱她们的程度相比。她们并不需要在爱别人的方向上发展，只需要被人所爱。男人的倾心满足了这种条件。必须承认，这种类型的妇女对人类的性生活是非常重要的。这样的女人对于男人具有极大的魅力，这不仅是因为美（一般来讲她们是非常美的），而且是因为某种有趣的心理因素。

看来非常明显，一个人的自恋对于已经放弃了部分自恋并寻找恋爱对象的人具有极大的吸引力。一个儿童的魅力很大程度上是由于他的自恋、自信和难以接近，就好像有些动物的魅力在于它们对我们漠不关心，如猫和受宠的大动物。的确，在文学作品中，即使重犯和幽默家也会因为自恋自大而引起我们的兴趣。他们自以为无所不能，而这样会减低他们自我的重要性。这就像是我们忌妒他们，因为他们有能力保持一种得天独厚的心理状态，我们自己却已经抛弃了这种无懈可击的性欲本能地位。但是自恋型妇女的巨大魅力也有负面影响,情人的不满、对女人爱情的怀疑,以及对她那种高深莫测性格的抱怨,有很大一部分都根源于对象选择类型之间的这种不一致。

也许再肯定一下并不是多余的,在这种有关性生活的女性形式的描述中,我丝毫没有贬低妇女的意思。此外我还知道,这种不同的发展路线对应于高度复杂的生物联系中的不同机能。而且我要承认,有无数的妇女是以男性的类型来爱的,其特点是她们发展了对性对象的崇拜。

即使那些对男人冷淡的自恋型妇女,也有达到完全的对象爱的方式。在她们所生的孩子身上,作为异己的对象,她们可以慷慨地从自恋变成对象爱。其他妇女则不必等到有孩子才可以从(次要的)自恋发展成为对象爱。在青春期之前,她们就有类似于男人的感情,并在某种程度上沿着男性的路线发展。当她们的性成熟之后,这种倾向有所减弱,但她们仍然保留那种对男性理想的渴望,实际上是她们一度具有的男孩性格的残迹。

对导致对象选择的途径作简短的总结可得出如下看法。

一个人可能爱的对象有:

(1) 按照自恋型:

①他自身(实际的他);

②过去的他;

③将来的他;

④曾经是他自己一部分的某人。

(2) 按照依赖型:

①倾心的女人;

②保护自己的男人。

这些替身是依次相继的。对第一种类型中的第三种替身,我们将在以后的讨论中加以阐述。

自恋的对象选择对于男人同性恋的意义必须在其他关系中加以评述。

我们所设想的儿童原始自恋,形成了我们关于性欲本能理论的一种假说，对此直接的观察要比从其他考虑中推导出来更不容易把握。如果我们考察慈爱的父母对自己孩子的态度，我们只能认为这是他们早已抛弃的自恋的复活或重现。众所周知，他们感情的特点是崇拜，这是我们早已知道的自恋在对象选择上的特点的明确迹象。于是，他们把儿童看成十全十美，掩饰和遗忘他的缺点，这是清醒的观察无法赞同的。这种倾向的确与儿童性欲的否定联系在一起，而且他们总是怀疑通过培养而学到的东西对儿童是否有利，虽然他们自己被迫尊重这些东西，但是现在在儿童身上恢复了对自己早已放弃的特权的要求。儿童在有些地方比双亲更为优越，他们不会屈从于被认为是控制生活的必要性。疾病、死亡、克制自己的享乐、用意志控制自己对他们都不起作用，他们根据自己的爱好不理会自然和社会规律，他实际上是创造的中心。正如我们自己曾经幻想自己是"孩子陛下"一样，他要满足自己双亲从未实现的梦想和愿望，要成为一个替代自己父亲的伟人和英雄，或者娶一位公主来勉强作为母亲的补偿。在自恋中地位最薄弱的是自我的不朽性，它受到现实的无情攻击，只有在儿童身上才会感到安全。双亲的爱是如此动人，从根本上讲如此富有孩子气，它只不过是双亲自恋的再生，虽然已经转化为对象恋，但是它表明了这种自恋性质的持久。

三十、性欲的本能

我们已经懂得，性欲本能的冲动如果与主体的文化和伦理思想发生冲突，就注定会受到致命的压抑。这绝不是说，这些个人只具有这些思想的理智知识。我们认为，他承认这些思想是运用自己的标准，并且接受它们对自己提出的要求。正如我们已经说过的那样，压抑源自自我，或者更确切地说，它来自自我的自尊心。一个人热衷的，或者在头脑中精心构造的印象、经验、冲动和欲望有可能受到别人极度义愤的否定，甚至在没有进入意识之前就被窒息了。然而这两者之间的区别，即压抑的条件因素很容易用性欲本能理论的术语来表达。我们可以说，一个人确立理想是根据自己对现实自我的估量，其他人未必有这种理想。从自我来看，形成理想是产生压抑的条件。

这种理想自我会引起自爱，这是现实自我童年时喜爱的。于是自恋替代了新的理想自我，它和婴儿的自我一样，相信自己是完美的化身。只要涉及性欲本能，人们便一再表现出难以放弃曾经享受过的满足。他不愿失去自己童年时自恋的完美；如果随着他的成长，受到别人告诫的干扰并唤醒对自己的批判，就会寻求恢复早年的理想自我形式的完美，这种完美后来被剥夺了。他向自己表明，好像他的理想只是失去的童年自恋的替代物。童年时，他的理想是自己。

这启示我们，应该考察理想形成与升华之间的关系。升华是一个与性欲冲动的对象有关的过程，是把本能引向不同于性满足和远离性满足的目标，在这个过程中强调了对于性欲目标的偏离。理想化是一种与对象有关的过程，对象通过这一过程在心理中被夸大和提高了，但性质并未改变。理想化可以发生在自我的性欲冲动中，也可以发生在性欲冲动的对象中。例如，对一个对象的性崇拜是对他的一种理想化。升华是与本能有关的过程,理想化与对象有关,这两个概念并不相同。

理想自我的形成往往与升华混淆,不利于人们清楚地理解它们。一个人用自恋换取对高度的理想自我的崇拜并不一定是在性欲本能升华之后产生的。的确,理想自我需要这种升华,但是它不能强迫升华,升华仍然是一种特殊的过程,它可以受到理想的促进,但是它的实现却不依赖于这类刺激。就在神经症中,我们发现了在理想自我的发展与原始性欲本能升华方式之间达到的最高程度的紧张。一般来讲,要使理想主义者相信自己性欲本能隐藏地点的欠妥远比在这方面要求不高的普通人困难得多。而且,理想自我和升华的形成与神经症病因有完全不同的关系。正如我们所知道的那样,理想的形成加强了对自我的要求,是最有利于形成压抑的因素。升华则是一种方法,通过它可以达到自我的要求而不受压抑。

如果我们发现在心理中有一种特殊的情况,能使我们看到自恋的满足得到理想自我的保障,理想自我不断地监视现实自我并用理想衡量它,我们不必奇怪。如果这样的情况存在,我们绝不会还没有发现它;实际上,所谓的"良心"就具有这些性质。认识这种情况使我们能够理解所谓的"观察妄想",或者更正确地讲是被观察的妄想。这在妄想症中是显著的症状,可以说是一种孤立的疾病形式,或者穿插在移情神经症中。这种病人抱怨他们的所有想法都为人所知,他们的活动受到注意和监视。这种心理结构的机能用第三人称的声音不断谈论病人:"她现在又往那儿想了"……"现在他要出去了"……这种抱怨是有道理的,它说明了一种能力的存在,它注意、发现和批评我们所有的意图。它存在于我们每个人的日常生活中。被观察的妄想呈现一种受压抑的形式,从而揭示了这种机能的产生过程和病人反抗它的理由。

双亲批评的影响(通过声音的媒介而传递)促使一个人形成理想自我,而良心对此保持警觉,时间的推移又使它得到强化。他们通过这种方式和所有其他人(同胞、公众的意见)训练和教育孩子。

大量的性欲在本能和本质上是同性的,并且以这种方式参与自恋式理想自我的形成,从中得到发泄与满足。良心的建立首先体现了家长的批评，然后是社会的批评。在第一种情况下，当外部产生了要求和禁止，并由此发展出压抑的倾向，就会发生上述过程。疾病又把病人带入好像有无数的人在对他说话的情景，于是良心就倒退地重现。但是对于检察官的反抗，出自人们（与他的疾病的基本特点一致）为了使自己摆脱所有这些影响的欲望，一开始是摆脱父母的影响，也出自为摆脱因那些影响而撤回对同性的性欲冲动的欲望，于是良心在他面前就表现为一种倒退的形式，就像来自外部的敌意影响。

妄想症的悲哀也表明，在良心自我批判的深处，与自我观察是一样的，并以它为基础。这种心理活动替代了良心机能，并为内省服务，这种内省靠智力对材料进行探究。它与形成思辨系统的妄想症的特征有关……

我们可以在这里回顾一下自己的发现，梦的形成受到检察官的影响，它迫使梦中思想发生改变。我们并不把这种检察官描述成一种特殊的力、一种实体。我们选择这一术语是为了谈论这种控制自我的压抑倾向的一个特殊方面，即它们对于梦中思想的态度。我们进一步深入考察自我的结构就会再度认识在理想自我和良心的动态表述中的梦的检察官。如果这位检察官甚至在睡眠时也处于一定程度的警觉状态，我们就可以理解它的活动——自我观察和自我批判——影响了梦的内容。例如，这样的思想："现在他已经困得不能再想了……现在他醒了。"

在这一点上，我们可以进入正常人和神经症病人的自尊问题的讨论。

首先，自尊的感情就像是对自我的估量。究竟是哪些成分形成了这种估量并没有什么关系。我们所具有的，或者我们所做到的一切，以及为经验所确证的万能的原始感情的残余都有助于提高自尊。

在进行应用性本能与自我本能的区别时，我们必须清楚，自尊与自恋的性欲本能有密切的联系。在这点上我们得到两个基本事实的支持：自尊在妄想痴呆中被夸大，而在移情神经症中被贬低。在性关系中，不为人所爱时就会削弱自尊的感情，为人所爱又会使这种感情得到加强。我们已经说过，被人爱是自恋式对象选择的目的和寻求的满足。

其次，人们很容易观察到，性欲本能冲动对象的发泄并不会提高自尊，依赖于所爱对象的结果是削弱这种感情。爱的人是谦卑的，爱上别人就丧失部分自恋，并由所爱对象来代替。在所有这些方面，自尊的感情似乎保留了与性生活中自恋因素之间的关系。

一个人认识到自己的无能，认识到自己没有能力去爱，便会造成心理或身体的障碍，极大地降低自尊心。依我看来，这是产生低人一等感觉的根源之一，移情神经症病人常遭受这种痛苦并向我们抱怨。但是这种感情的主要根源在于自我的枯竭，在于撤回了大量的性欲本能冲动的发泄，也就是说由于不再受控制的性欲倾向使自我受到损害……

自尊与自发性欲（性欲本能冲动的对象发泄）之间的关系可以做如下表述：有两种情形，第一种性欲发泄是"自我和谐"的，与自我倾向一致；第二种则相反，那些发泄受到压抑。前者（性欲本能所采取的方式可以被自我所接受），爱在自我的所有其他活动中都占有地位。爱采取渴望和剥夺的形式降低自尊，但是被人爱，得到爱的报偿、占有被爱对象，又会使它提高。当性欲本能被压抑时，性欲发泄会使自我产生耗尽之感，不能得到爱的满足，只有从对象撤回性欲本能才能重新充实自我。性欲本能从对象回到自我，转变为自恋，就会恢复快乐的爱。相比之下，一种实际的快乐之爱与那种无法区分性欲冲动的对象和自我的性欲冲动之原始条件相对应。

也许由于问题的重要性和评论的困难，我还要做一些注解把它们较为松散地连在一起。

自我的发展偏离了原始自恋，于是竭力去恢复它。这种偏离是由性欲本能转移到从外部加入的理想自我而引起的，并满足对这种理想的依恋。与此同时，自我产生了性欲冲动的对象发泄，并由于发泄和理想自我的形成而变得枯竭。通过对象爱的满足和满足自己的理想，它会再度被充实。第一部分自尊是原始的，是童年自恋的残余，第二部分来自为经验所证实的无限权力（理想自我的满足），第三部分来自对性欲冲动对象的满足。

理想自我通过对性欲冲动对象的满足添加了一些条件，因为它通过检察官拒绝了那些与自己不一致的东西。如果没有形成这类理想，那么所谈到的性欲倾向就不会发生倒错的形式的变化。就像在童年一样，性欲倾向再度成为自己的理想，这是人们努力想得到的快乐。

爱的状态就是自我的性欲冲动过多地流向对象，这种状态有能力摆脱压抑并纠正倒错。它把性欲对象夸大到理想性欲的地位。因为，当爱是依赖型或者对象型时，这种状态会从童年的爱的条件得到满足，我们可以说只要这种条件得到满足，爱就能理想化。理想性欲可以成为理想自我的有趣附属品。只要自恋的满足遇到了实际的障碍，理想性欲就可以成为替代物来满足。在这种情况下，一个人一度爱（与选择对象的自恋型一致）自己，但后来又不爱了，或者爱的人具有许多优点是他根本没有的。我们可以做出与前面类似的描述：谁具有以自我作为依恋的理想所缺乏的优点，谁就可以成为爱的对象。这种办法对于神经症具有特别的意义，他们的自我由于过度的对象发泄而耗尽，因而无法成为自己的理想自我。于是他借着在对象上大量消耗性欲本能以形成自恋，即按照自恋型选择性欲理想，使对象具有自己所没有的优点。这是用爱来治疗，而在一般情况下他倾向于分析的治疗。的确，他无法相信其他的治疗机制：他往往对治疗抱有这种期望，并把这些期望寄托在医生身上。病人没有能力爱很自然就成为这种治疗方法的障碍，这种无能是因为受到了过度的压抑。通过治疗，他部分地摆脱了压抑，这通常会产生意想不到的结果：他为了选择爱的对象而放弃进一步的治疗，希望与爱人的共同生活能使他恢复。如果这样并不会使他过分依赖他所需要的帮助者而产生危险，我们就可以对这种结果感到满意。

理想自我对于理解群众心理学极为重要，它除了具有个体的一面外，还有社会的一面，它可以是一个家庭、一个阶级或者一个民族的共同理想。它不仅结合了自恋的性欲本能，也有相当数量的对同性的性欲本能，这种性欲本能以同样方式返回到自我。不满就是由于这种理想释放对同性性欲本能未能得到满足，从而转变成为犯罪感（对团体的恐惧）。本来这是惧怕双亲的惩罚，或者更确切地讲，是恐惧失去他们的爱。现在，双亲为无数同胞所代替。这有助于我们理解，为什么妄想症往往由自我的创伤引起，由自我理想所要求的满足受到挫折而引起；也有助于我们理解，理想形成与升华在理想自我中的一致性，升华的破坏有可能使理想转变为妄想痴呆障碍。

三十一、宗教与艺术

在我的《幻想的未来》一书中,我不太重视宗教感觉的深邃根源,而是更关心普通人通过宗教所认识的东西。宗教这个充满教条与诺言的体系,一方面,以无可匹敌的完美方针向人们解释了世界之谜;另一方面,又向人们保证,细心的上帝会照料他们的生活,并因为他们在现世所受的挫折而在来世补偿他们。普通人只能把上帝想象成是至尊至上的父亲似的形象,只有这样的存在物才能理解他的人类孩子们的需要,才能被他们的祈祷所感化,才能被他们的忏悔所打动而原谅他们。这整个想象显然都是幼稚的,与现实毫不相关。因此任何一个对人类持友善态度的人,想到大多数人永远不能战胜这种人生观时,都会感到痛苦。更令人不可容忍的是,生活在今天的大多数人尽管看到这种宗教是站不住脚的,却仍然采取一系列可怜的防守措施,一步步地守卫着它。人们喜欢加入到宗教信徒的队伍中以便对付某些哲学家,警告他们:"你们不要轻慢地谈论主,亵渎你们的上帝!"因为这些哲学家认为他们能护卫宗教的上帝,其办法是把上帝变成一条非人格化的模糊而抽象的原则。如果过去某些伟人这样做了,我们不能指责他们,因为我们知道他们被迫这样做的原因。

再回到普通人与他的宗教上来,这是唯一应当具有"宗教"这个名称的宗教,我首先想到的是伟大的诗人和思想家歌德在谈到宗教与艺术和科学的关系时所说的很有名的一句话:

拥有科学和艺术的人也拥有宗教;但是,两者都不具有的人,就让他占有宗教吧!

这句话一方面对比了宗教和人类两项最高的成就;另一方面断言

在生活价值方面，这些成就和宗教是可以互相说明、互相转化的。如果要剥夺既没有科学也没有艺术的普通人的宗教，显然我们就违背了诗人的意愿。我们另辟蹊径以进一步理解歌德的话。生活的艰难带给我们不可战胜的痛苦、失望和不可能完成的任务。为了忍受这样的生活，我们不能不采用缓和这种艰难程度的办法。正如谢尔多·弗坦告诉我们的："没有辅助的东西，我们是活不下去的。"大概有三种缓和的方法：极大地转移我们的注意力，使我们无视自己的痛苦；替代性的满足，它可以减少痛苦；麻醉物，它可以麻痹对痛苦的感觉。这类办法是不可缺少的。伏尔泰在《天真》结尾中劝告人们种植花草，就想到了转移注意力的方法，科学活动也是这类转移。艺术所提供的替代性满足是与现实相对的幻想，但是这些幻想在心理上产生了影响，因为想象在精神生活中起着作用。麻醉物影响到我们的肉体，改变了它的化学性质。在这些方法之中，找到宗教所在的位置是不容易的。我们必须看得更远一些。

人类生活的目的这个问题被提出过无数次，但却没有找到一个令人满意的答案，也许根本就没有答案。一些提出问题的人说，如果事实上生活是没有目的的，那么一切便都失去了价值。但是，即使这样也不会改变什么。相反，看起来人们好像有权利不考虑这个问题，因为它似乎是人类自以为是的产物，这种自以为是的许多其他的表现已为我们所熟知了。没有人谈论动物的生活目的，除非把它说成是为人类服务的。但是，这种观点也站不住脚。因为，许多动物对人类并没有益处，人类只不过是对它们进行描述、分类、研究而已；许多动物种类甚至没有达到这种用途，因为在人类看到它们之前，它们就消亡了。宗教再一次表明只有它才能回答生活的目的。生活是有目的，这个观点随着宗教制度而兴衰——这个推断几乎是不会错的。

因此，我们现在看看规模小一点的问题——人们本身的行为表现了什么样的生活目的，他们向生活要求什么，希望实现些什么？答案几乎毫无疑问是追求幸福。他们想变得幸福并保持幸福。这种追求具有正反两方面的目的。一方面，它旨在消除痛苦和不快；另一方面，旨在获得极其快乐的感觉。从狭义上讲，"幸福"这个词只指后者。

与人的目的两分法相一致，人的活动可以朝两个方向发展，其根据在于人的活动所要实现的主要甚至唯一目的是哪一个目的。

显而易见，决定生活目的的只是快乐原则的意图。这个意图从一开始就控制了精神器官的活动。它的作用是不容怀疑的。但是它的意图是与整个世界（包括微观世界和宏观世界）相悖的，根本没有实现的可能。宇宙中的所有规则都与它相悖。人们倾向于认为人类应该"幸福"的考虑，并不包括在上帝"创世"的计划中。从最严格的意义上说，我们所说的幸福产生于被深深压抑的那些需要的满足。而且从本质上讲，这种幸福只可能是一种暂时的现象。当快乐原则所渴望的某种状况被延长时，它就只能产生微弱的满足。我们的天性决定了我们的强烈享受感只能产生于对比，而不能产生于事物的一种状态中。因此，我们幸福的可能性已经被本身的气质所限制了。相对来说，不幸则是很容易体验到的。我们受到来自三个方面的痛苦的威胁：来自我们的肉体，它注定要衰老和死亡，而且如果我们的肉体失去了疼痛、焦虑这些警告信号，它甚至就不可能存在；来自外部世界，它可能毫不留情地以摧枯拉朽的破坏势力与我们抗争；来自人际关系方面的痛苦大概比前两个更厉害。我们时常把它看成是毫无道理的附加物，尽管它与其他的两个一样，都是命中注定的。

三十二、幸福与痛苦

　　如果在这些痛苦的压力下,人们习惯于改变他们对幸福的要求,就如同快乐原则受到外界影响实际上变成了更有节制的现实原则一样;如果人们认为仅仅摆脱了不幸或受得住痛苦的打击,自己就是幸福的;如果一般说来避免痛苦的任务使获得快乐的任务降到次要位置上,那么这些都是不足为奇的。思考追求幸福的实现,可以采取不同的途径:所有这些途径都已受到各种处世哲学的推荐,并被人们所采用。无节制地满足一切需要是最动人心魄的生活方式。但是,这意味着把享乐置于谨慎之前,这样做很快就会带来恶果。其他以避免不快为主要目的的方式,由于它们所关注的不快根源不同而有所差异。有些方式是极端的,有些是适中的,有些是片面的,有些同时从几个角度解决问题。避免由人际关系所产生的痛苦的最容易的保护措施是自动离群索居。这个途径所带来的幸福显而易见是静谧的幸福。面对可怕的外部世界,如果你想单枪匹马地保护自己,你就只能躲开它。事实上,还有一个更好的途径,即成为人类集团的一分子,然后,借助科学指导下的技术,向自然发起攻击,使它服从人的意志,那么你就是在与大家一起为了共同的利益而工作。但是,避免痛苦的最有趣的方式,是对自己的有机体本身施加影响。总之,所有的痛苦都只不过是感觉,只有感觉到了,它才存在,而且只有当我们的有机体受到某些方式的调节后,我们才能感觉到。

　　在这些具有影响的方法中,最残酷也是最有效的是化学方法——麻醉作用。我想谁也没有完全认识到它的机制,但事实是,有些异样的物质一旦出现在血液或人体组织中,就会直接引起快感。这些异样物质还可以改变控制我们感觉能力的条件，使我们感受不到不快的冲动。这两种影响不仅同时出现，而且休戚相关。但是，在身体的化学结构中，也一定存在着具有相同影响的物质。因为，我们至少知道一种病症即躁狂症，在没有施用任何麻醉药物时，就出现了与醉状相同的情况。除此之外，在正常的精神生活中，还存在着在比较容易释放的快乐与比较不易释放的快乐这两者之间的摆动，与这种摆动相对应的是接受不快的程度的减少或增加。令人深感遗憾的是，今天的科学研究还不能解释精神过程的这种中毒情况。在追求幸福和避免痛苦中，麻醉媒介大有益处。它所起的作用受到了高度的赞赏，个体和各个氏族都在他们对原欲的有效利用中，给予它特定的地位。我们之所以感谢这种媒介，不仅因为它能即刻产生快乐，而且还因为它满足了我们强烈要求摆脱外界的渴望。因为，人们知道在这种"解忧物"的帮助下，他们就可以在任何时候都躲开现实的压力，在自己的世界里找到具有更好的感受条件的避难地。众所周知，正是麻醉物的这一特点也决定了它们的危险性和伤害性。在某种情况下，它们应该对大量能量的浪费负责，这些能量原本是可以用来改善人类命运的。

我们神经器官的复杂结构也接受所有其他的影响。正如本能的满足给予我们幸福一样，如果外界让我们挨饿，我们也会感到剧烈的痛苦。因此，人们可能想要通过影响本能冲动来摆脱一部分痛苦。这种防备痛苦的方式不再是对感觉器官施加影响，而是要掌握我们的需要的内在根源。这种防备痛苦的方式是扼杀本能，这就像东方处世哲学所说的和瑜伽术所实行的一样。如果这种方法成功了，主体实际上也就放弃了其他一切活动，他已经牺牲了他的生活。通过另一种途径，他又一次获得了静谧的幸福。如果我们的目的不过分，只是要控制我们的本能生活，我们可以采用同样的途径。在这种情况下，控制因素是较高的心理机制，它们都已经服从于现实原则。在这里，满足的目的绝对没有放弃，但是对痛苦的防备却在一定程度上得到了保障。因为在本能处于依附地位的情况下，就像在本能不受节制的情况下一样，人们是不会很强烈地感到不满的。与此相对，享乐的可能性当然也就减少了。通过满足没有受到自我控制的不驯服的本能冲动所产生的幸福感，相对来说比通过满足受到自我控制的本能所带来的幸福感更强烈。反常本能的不可抵抗性，而且一般来说可能也包括被禁物的吸引力，在这里得到一个简洁的解释。

另一种躲避痛苦的办法是转移原欲。我们的神经器官是允许这种转移的。通过这种转移，原欲的作用就获得了很大的灵活性。现在的任务是用上述方法使原欲本能的目的发生变化，让它们不再受到来自外部世界的挫折。这就要借助于本能的升华。如果人们能增加心理和脑力活动所产生的快乐，他们就能获得最大的收益。这时，命运对他们也就无可奈何了。艺术家从创作和塑造他幻想中的东西中得到快乐；科学家在解决问题或是发现真理中感到快乐。这类满足有一种特性，总有一天，我们能够用心理玄学的语言说明它。现在，我们只能概括地说，这些满足看来"更好和更高级"。但是，它们与满足粗野的原始的本能冲动相比，就显得很微弱了。它不能震撼我们的肉体。这种方法的弱点是不能广泛应用的，它只适用于某些人。它的先决条件是具有特殊的性格和能力，从实际角度讲，它是阳春白雪。即使那些确实具有这些条件的少数人，这种方法也不能使他们完全免于痛苦。它不是能抵挡命运之箭的不可刺透的盾牌，而且当痛苦的根源在人们自己的肉体上时，它必然就失去了作用。

虽然这种方法已经很清楚地表明，它旨在让人们从内部的心理的方面寻找满足来独立于外部世界，但是下一种方法则更加明确地表明了这些特征。在这种方法中，人们与现实的关系进一步松弛了：满足产生于幻想。人们不认为幻想与现实之间的差异干扰了享受，而是很欣赏幻想。幻想所产生的领域是想象的活动，当现实感出现时，这个领域被特地免除了现实检查的要求，以便用来满足很难实现的希望。处于依靠想象所获得的这些满足之巅的是对艺术品的欣赏：由于艺术家的作用，即使没有进行创作的人也可以获得这种欣赏。受到艺术影响的人，不可能把艺术作为快乐的来源和生活的慰藉的价值看得过高。尽管如此，艺术产生的微弱的麻醉作用还是使我们暂时地摆脱了生活要求的压力。不过，它并不能使我们忘却现实的痛苦。

另外一种方法所起的作用更有力、更彻底。它把现实看作唯一的敌人，是一切痛苦的根源，人是不可能在其中生活的。所以，如果人们要得到幸福，就必须断绝与现实的一切联系。隐士便无视现实的世界，并可能断绝了与它的来往。但是，人们可能做得更多，可能试图再创造现实世界，建立另一个世界来取代原来的世界。在那里，现实世界中最不堪忍受的东西被消除了，取而代之的是人们所希望的东西。但是，无论谁踏上了这条通往幸福的道路，并且绝对蔑视现实，他都注定一无所获，因为这是一条规律。他在现实面前太渺小了。他疯狂了，找不到一个帮助他实现他的妄想的人。然而可以认为，我们每个人都在某一个方面表现得像一个患妄想狂的人，通过建立一个希望来纠正他所不能容忍的那部分现实，并把这种妄想纳入现实。相当多的人都想要通过以妄想再造现实来获得稳定的幸福，预防痛苦。这种做法是很普通的，具有特殊的重要性。人类的宗教应该属于这类群众性的妄想。不用说，具有妄想的人是永远不会这样来认识妄想的。

我没有列举出人们努力获得幸福和避免痛苦的一切办法，但也知道，这种题材还可以有不同的处理。还有一个尚未提到的办法。不是因为我忘记了，而是因为它与我们以后所要讲的内容有关。在所有这些方法中，人们怎么可能忘掉这种生活艺术中的方法呢？很显然，它把各种特性都完美地结合了起来。当然，它也旨在使主体独立于命运。为了达到这个目的，它把满足置于内部神经活动中，在这样做时，它利用了原欲的可转移性。但是，它并没有脱隔外部世界，相反它紧紧地抓住了外部世界的对象，并通过与外部世界对象感情上的联系而获得幸福。它并不满足于避免不快的目标——我们可以称为具有消极顺从性质的目标，它毫不注意这个目标，把它扔在一边，坚持原来的狂热的奋斗，以求积极地去获得幸福。但事实上它也许比其他的方法更接近避免不快的目标。当然，我们正在谈论的这种生活方式，就是以爱为一切事物的中心，并在爱与被爱中寻找一切满足。我们都很自然地具备了这种心理态度。爱的表现形式之一——性爱——使我们强烈地体验到一种压倒一切的快感，并因此为我们提供了寻找幸福的模式。应该沿着我们首次发现的道路坚持不懈地寻找幸福，还有什么比这更自然的吗？这种生活方式的弱点很容易看到，不然没有人会想到要放弃这条通往幸福的途径,而踏上其他的途径。这个弱点是,当我们爱时,我们在防备痛苦方面比在任何时候都束手无策;当我们失去了我们所爱的对象或他的爱时,我们比在任何时候都感到痛苦而又孤独无援。但是,这并不否定建立在爱的价值基础之上的、作为达到幸福的一种手段的生活方式。

在这里,可以接着探讨一个有趣的情况,即生活中的幸福主要是在对美的享受中得到的,无论美以什么形式——人类形体美和姿态美,自然物体和风景的美,艺术创作甚至科学创造的美——被我们所感知和评价都不例外。这种对生活目标的美学态度是不能抵御痛苦的威胁的,但是它能弥补很多东西。对美的享受有一种独特的令人微醉的感觉;美没有显而易见的用途,也没有明确的文化上的必要性。但是文明不能缺少它。美学所要探讨的是在什么情况下事物才被人们感觉为美,但是,它不能解释美的本质和根源,而且正像时常出现的情况一样,这种失败被夸张而空洞的浩瀚词藻所掩盖。不幸的是精神分析几乎没有谈论到美。唯一可以肯定的便是美是性感情领域的衍生物,对美的热爱是目的受到控制的冲动最好的例子。"美"和"吸引"最初都是性对象的特性。这里值得指出的是虽然观看生殖器可以令人兴奋,但是生殖器本身不能被看成是美的,相反美的性质似乎与某些次要的性特征相关。

尽管我的上述列举不全面,还要斗胆说几句话来作为我探讨的结论。快乐原则迫使我们接受的实现幸福的意图是不能实现的,但是我们不应当实际上也不可能不通过某些手段来努力使快乐原则的意图接近于实现。通向幸福的道路是迥异的:我们或者可以把重点放在这个目的的积极的一面,即获得快乐的一面;或者可以把重点放在消极的一面,即避免不幸的一面。但这两条道路都不能够使我们获得所企望的一切。在较弱的意义上——认为在这种意义上幸福是可能达到的——幸福就是个人原欲的有效利用问题。适用于每个人的金钥匙是不存在的,每个人都必须自己寻找能够拯救他的特定方式。各种不同的因素都能影响个人的选择。问题在于他能从外部世界中有希望得到多少真正的满足,能在多大程度上独立于外部世界,感到能有多大的

三十二、幸福与痛苦

力量按照自己的意愿改造外部世界。这里起着决定作用的是他的心理特性,与外部环境没有关系。注重爱的人首先注意的是他与其他人的感情关系;自恋的人喜欢自给自足,在内部精神过程中寻找主要的满足;重视行动的人永远也不会放弃他能够借以尝试他的力量的外部世界。在这些类型的第二类中,个人的才能特性以及他所能达到的本能升华的程度决定着他的兴趣所在。任何极端的选择都要受到惩罚,因为如果被选中的生活方式证明不充分,那么个体就处于危险状态中。正如谨慎的商人不会把所有的资本投在一项事业上,处世哲学大概也会劝告我们不要把所有的满足都寄托在一个抱负上。它的成功是不能卜测的,因为它取决于各种因素的综合作用,或者就取决于心理素质使本身的作用适应环境,然后再利用环境创造快乐的能力。如果一个人的本能素质天生就不好,又没有真正经过对他的日后成功是必不可少的原欲成分的转变和重新组合,他就很难从外部世界中获得幸福,尤其是在他接受艰巨任务的时候。作为最差的一种生活方式,他可以逃入精神官能症状态;在年轻时,他通常能够实现这种逃脱;在晚年,当他看到对幸福的追求一无所得时,他还能够在强劲的麻醉物所产生的快乐中找到慰藉,或者在一种精神变态中进行绝望的抗争。

宗教限制了这种选择和适应的作用,因为它千篇一律地把获得幸福和避免痛苦的道路强加于每一个人。它的方法是贬低生命价值,用妄想的方式歪曲现实世界,即假定存在上帝的威胁。它强制人们处于心理上的幼稚状态,诱使人们陷入群众性妄想。许多人因此得到的报酬则是,宗教成功地使他们免患精神官能症。但是,它再没有比这更多的作用了。正如我们已经谈过的,还有许多可以通往这种幸福的途径。但是,没有一条途径可以百分之百地通向幸福,甚至宗教也不能做出这种保证。如果信徒最终意识到自己必须谈论上帝的"深奥意图",他也就承认他在痛苦中所能得到的安慰和快乐是来源于毫无条件的服从。如果他对此有所准备,也许可以避免所走过的这条弯路。

到此为止,我们对幸福的探讨还没有提出新颖的内容。而且,即使从此出发探讨人类为什么不容易获得幸福的问题,似乎也不存在可以获得开创性的广阔前景。我们已经回答了这个问题,指出了三个造成痛苦的根源——自然的优势力量，我们肉体的软弱无力，调节家庭、国家和社会中人际关系规则的缺乏。关于前两个根源，很快就可以做出判断。我们必须承认这些痛苦的根源，并且服从于这些不可避免的东西。我们永远不能完全控制自然，我们肉体的本身就是自然的一部分，它永远是昙花一现的构造物，它的适应力和成功的能力都是有限的。承认这一点并不使我们悲观绝望，恰恰相反，它指出了我们活动的方向。如果不能消除所有的痛苦，至少可以消除和减轻某些痛苦。这是几千年的经验告诉我们的真理。至于第三个根源，即痛苦的社会根源，我们根本不承认它，相反，我们不明白为什么自己制定的规则，不应该成为保护和有益于我们每个人的东西。但是，当想到在避免痛苦的这个领域里，我们一直是多么不成功时，我们开始怀疑，这里是否也深藏着一种不可征服的自然——自己的心理特性。

三十三、对于文明的理解

当开始思考是否存在这种可能性时,我们遇到了一个令人惊讶的观点,以致必须深入思考它。我们称之为文明的东西,是我们不幸的主要根源;如果放弃文明,退回到原始状态,我们会更加幸福。我说这种观点会令人吃惊,因为无论用什么方法给文明的概念下定义,伴随着我们力求避免来自痛苦根源威胁的活动的一切事物,确确实实都是这种文明的一部分。

为数众多的人是怎样开始对文明采取这种充满敌意而奇怪态度的呢?我相信它的根源在于对那时的文明状况的长期的不满,在这个基础上发展了对文明的诅咒,它的起因是某些特定的历史事件。我想知道最后与倒数第二个起因。我才疏学浅,不能沿着人类历史的线索进一步追溯它们。但是,这种对文明充满敌意的因素,一定早在基督教世界战胜异教时就已经发生作用了,因为它与基督教教义对世俗生活的藐视密切相关。

倒数第二个起因存在于航海发现的进步,使我们在接触到原始民族和种族的时候。由于观察不充分及对他们的礼仪风俗的错误认识,欧洲人感到他们过着简朴幸福的生活,几乎没有什么奢望,这种生活是来自具有比他们优越的文明社会的人所不能得到的。以后的经验纠正了其中的一些错误判断。在很多情况下,观察家们错误地把原始人这种生活的原因归结为没有复杂的文化需要,而事实上他们是因为大自然的慷慨和人类的主要需要轻而易举地得到了满足。

最后的起因最为我们所熟悉。它产生于人们知道了精神官能症的机制的时候,它有着削弱文明人享有的少量幸福的威胁。人们发现,一个人患精神官能症,是因为不能容忍社会为了它的文化理想,而强加在他身上的种种挫折。由此推论，消除或者减少这些文化理想的要求就有可能恢复幸福。

还有一个因素是失望。在过去的几代人中，人类在自然科学及其技术应用方面，取得了显著的进步，他们控制自然的程度是从前的人想象不到的。这一进步的各个阶段是众所周知的，这里没有必要再详细说明。人们为这些成果感到自豪，他们也有权利自豪。但是，人们似乎发现几千年以来就渴望实现和新获得的对时空的控制权以及对自然势力的征服，并没有增加他们希望从生活中得到的令人愉快的满足的程度，并没有使他们感到更幸福。承认这个事实，我们就可以得出结论，控制自然的能力不是人类幸福的唯一前提条件，正像它不是文化所要达到的唯一目标一样。但是，不能由此推出技术进步对我们经济上的幸福也没有价值。

人们也许要问：如果我能够遂愿听到了住在几百英里以外我的孩子的声音，如果在我朋友经过长期艰辛的跋涉安全地到达了目的地后，我能够在最短的时间里听到他的情况，难道我没有真正获得快乐吗？我的幸福感没有增加吗？医学的成就大幅度地降低了婴儿死亡率和妇女生产时受感染的可能性，而且还延长了文明人的平均寿命，难道说这毫无意义吗？我可以列出一长串事实与这类有益的成就加在一起，它们产生于我们对科学技术发展极端歧视的时期。但是，在这里，我们所听到的却是悲观的批评和警告：大部分上述满足都是以在逸事中受到极力赞美的"廉价享受"为模式的。例如，在寒冷的冬夜把大腿裸露在被子外面然后再缩进来而得到的那种享受。如果没有铁路征服了距离，我的孩子就永远不会离开家乡，我也就无须通过打电话来听他的声音；如果还不可能乘船过大洋，我的朋友就不会踏上航海的征途，那么我也不必用电缆来解除我对他的担忧。正是婴儿死亡率下降最严重地限制了我们生育孩子的数量，因此，虽然普遍提高卫生水准，我们却没有比提高卫生水准以前的时代养育更多的孩子；同时，也为婚姻中的性生活带来了困难，也许我们还在与自然选择的有益效果作对。由此看来，降低婴儿死亡率又有什么用呢？如果生活艰辛、没有乐趣、不幸倍至，以致我们只想以死来逃脱它，那么寿命长又对我们有什么好处呢？

在当今的文明中，我们确实并不感到舒适，但是我们很难知道早期人类是否幸福，他们幸福的程度，以及他们的文化条件在幸福问题上起什么作用。我们应该永远客观地考虑人们的疾苦，也就是说，把我们自身，连同自己的需要和感情，置于他们的条件中，然后再探索我们应该从中发现他们幸福或不幸的原因。这种探索事物的方法之所以好像很客观，是因为它不考虑主观感情的变化。但是，它却理所当然地是最主观的方法，因为它把人们自身的精神状态加在其他人身上，尽管他们没有意识到。但是，幸福却是某种本质上主观的事物。不论我们对某些情况多么望而生畏，例如，古代的苦工、战争时期的农民、宗教法庭的牺牲者、将被屠杀的犹太人，我们仍然不可能设想进入这些人的环境中，来推测大脑最初的愚钝状态逐渐的愚昧化过程，希望消失以及更冷酷更精致的令人麻痹的方法，对前人接受快感和不快感的状况所造成的变化。而且，在极端痛苦的情况下，人们将具有一些特殊的精神保护装置。我感觉到继续探索问题的这个方面没有多大益处。

现在，我们应该把注意力转到文明的本质上来，因为人们怀疑文明是否具有作为获得幸福的手段的价值。在通过研究而得到某种结论之前，我们不应该只是寻找几句话来概括出表达文明本质的公式。因此，我们将再一次满足地说"文明"这个词是指所有使我们的生活不同于我们祖先的生活成就和规则的总和，它们具有两个目的，即保护人类抵御自然和调节人际关系。为了了解更多的东西，我们将一个一个地把表现于人类社会中的文明的各种特点汇集在一起。在这样做时，我们毫不迟疑地以语言用法或者说语言感觉为指导，并且坚信只有这样，我们才能公正地对待排除用抽象术语进行表达的内在洞察力。

我们认为一切有助于人类改造地球以使它效劳于人类、有助于抵御自然势力的凶猛进攻等活动和资源，都具有文明的性质。文明的这一方面几乎是没有什么可质疑的。如果我们追溯过去，发现文明的最初行动是使用工具、控制火和建造住房。在这些成就中，对火的控制尤为突出，它是一项非同凡响和前所未有的成就；其他的成就开辟了人类从此一直遵循的道路，这种动力是显而易见的。每一种工具的使用都使人类改善他的运动器官或感觉器官,或者说消除对这些器官的限制。运动力具有巨大的力量供人使用,就如同人们可随心所欲地使用肌肉一样。有了船和飞机,水和空气就不能阻碍人的运动;有了眼镜,人纠正了眼球晶体的缺陷;有了望远镜,人看到很远的地方;有了显微镜,人克服了视网膜结构造成的视力限制。在照相机中,人创造了一种可以保留转眼即逝的视觉印象的仪器,就像唱片可以保留转瞬即逝的听觉印象一样。这两者从本质上说都是人类所具有的记忆能力的物化。借助电话就可以听到远方人的说话,这在童话故事中也被认为是不可能的。文字起源于不在场的人的声音,住房是母亲子宫的代替物。子宫是第一个住所,人类十有八九还留恋着它,因为那里安全舒畅。

科学技术使人类在地球上实现了所有这些成就。最初,人在地球上只是软弱的动物有机体,人类物种中的每一个人都是无能为力的乳儿,都要重新在地球上找到立足之地(《嗅,自然的微粒》)。这些成就不仅听起来像个童话,事实上也差不多是每一个童话都希望实现的。人类可以把所有这些资产称为文化的成果。很久以前,人类就形成了他的理想观念,即上帝是无所不能、无所不知的,人类把自己不能实现的希望或者受到禁止的一切,都寄托在他们的上帝身上。因此,人们也许要说上帝就是文化的理想。今天,人类几乎实现了这些理想,他们本身也就快变成上帝了。这种说法只在通常理想是根据人类的普遍判断实现的意义上才是正确的,而不是在任何情况下都是正确的。在某些方面,根本就不对;在另一些方面,错对参半。人类可以说已经变成了被弥补的上帝。当他用上所有的辅助器官时,他确实很伟大。但是,他并不具备这些器官,有时这些器官也给他带来许多麻烦。但是,他有资格用这样一种想法安慰自己,即这种发展不会恰恰在1930年停止。在将来的岁月里,文明的这个领域将会有崭新的,也许是想象不到的伟大发展,人类将更加像上帝。但是,在我们的探索中不会忘记,现代人在他上帝般的特性中并没有感到幸福。

我们承认,如果看到在一些国家中,有助于人类利用地球和抵御自然力的一切事物,总之,一切对人类有用的事物,都受到了观注,并且有效地实现了,那么这些国家的文明就已经达到了很高的水平。

在这些国家中，可能淹没土地的河流得到了治理，河水通过运河被引到缺水的地方；土壤经过精耕细作种上了适宜的植物；地下矿产资源经过艰辛的劳动开采出来，制成所需要的器物；交通工具又多又快又可靠，家畜的饲养昌盛起来。但是，除了这些以外，我们还要在文明中索取其他的东西。显然，我们也希望看到这些东西在上述国家中得以实现。我们好像要否认我们最初提出的要求，因为如果看到人们也把他们的注意力转向没有任何实用价值或无用的东西，例如，城市中所需要的被当作运动场并用来储蓄新鲜空气的绿色空间放上了花坛，或者住宅的窗户上摆了花盆，我们赞同这种做法，因为这是文明的表现。很快我们就发现，我们希望文明所重视的这种无用的东西就是美。我们要求文明人尊重美，在自然中看到的美以及在手工艺品中创造的美都应得到尊重。但是，对文明提出的要求并未停止。除了美以外，我们还希望看到清洁和秩序。当我们读到在斯特拉特福的莎士比亚父亲家门前有一个很大的垃圾堆的描述时，我们就会认为莎士比亚时期英国乡镇的文化水平比较低。当我们发现威那瓦尔德的道路上乱扔的废纸时，我们便义愤填膺并将之称为"野蛮"（与文明相对立），觉得一切污秽都与文明相悖。我们也把清洁的要求扩展到人体。当听到太阳王身上有股令人讨厌的气味时，我们感到吃惊。在爱色拉岛上，当看到拿破仑早晨漱洗用的小脸盆时，我们不禁摇头。甚至把是否用肥皂看成是文明的一个实际尺度，我们也不会感到吃惊。秩序也不例外，它像清洁一样只适用于人类行为。在自然界中是不是需要清洁？但是，秩序却是从自然界模仿来的。人类通过对浩瀚的天体规模的观察，不仅发现了把秩序引入生活的模式，而且也找到了这种做法的出发点。秩序是一种强迫性的重复。当一条规律被永久性地确定下来时，秩序就决定一件事应在何时、何地以及如何做。这样在相同的情况下，人们就不必犹豫不决了。秩序的好处是无可争议的。它使人们能够在最大限度内利用时空，同时又保持了他们的体力。我们应该有理由希望，在最初的人类活动中秩序就可以毫无困难地取得它的地位，而且我们可能很惊讶：这种情况居然没有发生，而是恰恰相反，人类在他们的行为中表现出一种没有规则和不可靠的天性，并且需要通过艰苦的训练，才能学会以天体模式为榜样。

美、清洁和秩序在对文明的要求中，显然占有特殊的地位。谁都不会认为它们与我们对自然力的控制和我们将要了解的其他因素在生活中同等重要。但是，也没有人会愿意把它们放到微不足道的地位上。文明不仅仅包括有用的东西，这在谈美的例子中已经说明了；在谈论文明的重要内容时，我们倾向于省略美这个内容，秩序的用处则是不言而喻的。至于清洁，必须牢记它是我们对公共卫生的要求。可以猜测，甚至在有科学预防法之前的时期，公共卫生和清洁的关系对人类来说就不完全是陌生的。但是，可用性并没有完全说明这些成就。除此之外，其他的因素也一定在起着作用。

然而，尊重并鼓励人类较高的精神活动（理智的、科学的和艺术的成就），承认在人类生活思想中具有主导作用，是对文明最好的概括。在这些思想中，首先，最重要的是宗教体系，在《幻想的未来》中，我已经阐述了宗教的复杂结构。其次，是哲学的沉思。最后，可以说是人类的"理想"，即关于个人、民族或者全人类可能达到的至善至美境界的思想，以及建立在这些思想基础之上的要求。事实上，人类的这些创造不是彼此孤立的，而是紧密相连的。这不仅增加了说明它们的困难，而且还增加了追溯它们的心理起源的困难。如果我们在最普遍的意义上认为人类一切活动的动力都是追求实用和创造快乐这两个相互交融的目标，就必须承认我们在这里谈论的文明现象也是如此，尽管这种动力只在科学的和审美的活动中才是显而易见的。但是，绝不能由此怀疑其他的活动也是满足人类的强烈需要，虽然只是满足少部分人的需要。我们也不要被有关特定的宗教、哲学体系或者理想等价值判断引入歧途。无论是想在它们当中找到人类精神的最高成就，还是把它们当成心理失常来探讨，我们都只能承认在它们所存在的地方，尤其是在它们占有统治地位的地方，具有高度的文明，这是不言而喻的。

文明特性的最后一点，还有待评价，即调节人际关系以及人的社会关系的方式。这些关系影响到作为邻居、帮助的来源，另一个人的性对象，家庭和国家成员。这里尤其困难的是避开特定的理想要求，探讨什么是一般意义上的文明。也许，我们可以从解释文明这一成分最初产生时，对这些社会关系进行调节的努力着手。如果不进行这种努力，社会关系还是将受个人的随心所欲所支配，也就是说，体格比较强壮的人将根据他自己的利益和本能冲动来决定社会关系。如果这个体格较强壮的人遇到了比他还强的人，后者也会这样做的。当大部分人聚集到一起时，就比单独的个体强壮得多，就可以团结一致对付一切个体。只有在这时，共同的人类生活才有可能实现。集体的力量被认为是正确的，是得到确认的，它与被诅咒为"蛮力"的个人力量截然相反。个体的力量被集体的力量所代替是文明发展中具有决定意义的一步。它的本质在于集体成员限制了他们可能得到的满足，而个体则不知道什么清规戒律。因此，文明首先要求公正，也就是要保证法律一旦制定，就不能徇私枉法。这并不表示法律的道德价值。文化的进一步发展，似乎使法律不再代表一个小集体的意愿，即一个等级或者人类的一个阶层，或者一个种族群的意愿，因为这个小集体反过来就像是暴戾的个体一样对待其他的，也许是更多的群体。最终的结果便是所有的人，通过牺牲他们的本能创造了法律规则，没有人可以保留蛮力，除了那些没能加入集体的人以外。

个体的自由不是文明的恩赐。在文明产生以前，自由的程度最高，尽管那时自由没有多少实际意义，因为个体几乎不能保护他的自由。文明的发展限制了自由，公正要求每个人都必须受到限制。在人类集体中，以渴望自由的形式表现出来的东西是人类对现存不公正的反抗，因此，它可能有助于文明的进一步发展，它可能与文明一致。但是，它也可能产生于人类原始性格的遗迹中，这种性格还没有被文明所改造，因此，可能成为敌视文明的基础。所以，对自由的渴望被转到反对文明的特定形式和要求，或者彻底反对文明的方向上。似乎并非一切影响都能够诱使一个人把他的本性变成白蚁的本性。毫无疑问，人永远要反对集体意志，维护对个体自由的要求。人类斗争的大部分都围绕着一个任务，即寻找调节个体的上述要求与群体的文明要求的便利的办法，也就是说，能够带来幸福的办法。涉及人类命运的问题之一是这种调节办法是否可以通过文明的某种特殊形式获得，或者这种冲突是否不可以调节。

通过承认人类共有的感觉，是指导确定人类生活的文明特性的根据，我们已经对文明的概况有了清晰的了解。但是，到目前为止，还确实没有发现任何异乎寻常的东西。同时，我们也当小心谨慎，以免陷入偏见之中，认为文明就是完善的同义词，是人类预先注定的通往至善至美境界的道路。但是现在，提出一个有可能把我们引到不同方向的观点。我们看到，文明发展是人类所经历的一个独特的过程，我们熟知其中的某些内容。根据文明所引起的人类一般本能特性的变化，我们可以圆满地概括这个过程，这个过程实际上是我们生命的有效利用的任务。这些本能中的一些成分被消耗掉了，被某种其他的东西取代了。在个体身上，我们称这种东西为性格特征。这个过程最有代表性的例子是幼儿的肛门性欲。在幼儿的成长过程中，他们对肛门的排泄作用、排泄器官和排泄物的最初兴趣转变为一组特征，即所熟悉的吝啬、秩序感和清洁感。虽然这些特性本身大有益处、备受推崇，却仍然有可能被强化，直至占据绝对主导地位，形成所谓的肛门性格。我们不清楚这种变化是如何发生的，但是这种发现的正确性是毫无疑问的。我们已经看到秩序和清洁是文明的重要条件，尽管它们对于生命的重要性与它们适于作为享受来源的性质一样不是非常明显。从这点上说，我们不禁想到文明过程与个体原欲发展过程的相似性。肛门性欲之外的本能则被诱使改变其获得满足的条件，而去寻找其他的途径。在大部分情况下，这个过程与我们所熟知的升华过程（本能目的的升华）是一致的。但是，在某些情况下，也可能有不同之处。本能的升华是文明发展的极其引人注目的特点，由于它的存在，科学、艺术、思想意识等较高层次的心理活动才在文明生活中起着至关重要的作用。如果人们只看表面现象，会认为升华作用完全是文明强加于本能的一种变化。但是，最好还是进一步思考一下这个问题。最后即第三个因素似乎是最重要的，即文明在多大程度上要通过消除本能才能得到确立；在多大程度上（通过克制、压抑或其他手段）要以强烈的本能得不到满足为前提条件，这个问题是不可能被忽略的。这种"文明挫折"在人类的社会关系中占据很广泛的领域。我们已经知道，它造成了一切文明都必须反对的对文明的敌意。它也对科学工作提出了严格的要求，对此我们尚需作许多解释。认识如何剥夺对本能的满足是不容易的，要毫无危险地做到这一点也是不可能的。如果本能的损失得不到满意的补偿，那么严重的混乱肯定会接踵而来。

精神分析的工作向我们表明,被称为精神官能症的那些人所不能忍受的恰恰是对这些性生活的抵抗。精神官能症患者在他的症状中为自己创造了一些替代性的满足,这些满足不是本身造成他的痛苦,就是成为他的痛苦的来源,因为它们使他很难与周围环境和他所属的社会相处。后一个现象是容易理解的,前者却又给我们提出了一个新问题,但是文明除了需要性满足的牺牲外,还需要其他牺牲。

我们把文明发展的困难追溯到原欲的惰性和它不愿放弃旧的位置,而更换一个新的位置的倾向,这样我们就把文明发展中的困难当作一般发展的困难来对待了。性爱是两个人之间的一种关系,在这种关系中的第三者只能是多余的或是碍事的,而文明却依赖于相当多的个人之间的关系。当我们从这一情形推论文明与性欲间的对立时,我们说的大都是一回事。当爱的关系发展到高潮时,恋人们对外界就毫无兴趣了。对于一对恋人来说有他们自己就足够了,甚至不需要共同生育孩子来使自己幸福。在其他情况下,爱神并没有这样明显地表现出他的本性的核心,即他要使多结合为一的目的。但是当他以众所周知的方法通过两个人的恋爱,达到这一目的时,他就拒绝再往前走了。

目前,完全可以想象这样一个文明集体,它的成员是具有双重性别的个人,原欲在他们自身中即能获得满足,因此他们通过共同工作和共同利益的纽带来联系在一起。如果真是这样的话,文明就不必再从性欲中汲取力量了。但是这种称心如意的状况并不存在,也从来没有存在过。现实告诉我们,文明是不满足于现在与集体的那些关系的。它的目标还在于把集体的成员用一种原欲的方法联系在一起,并且运用各种手段达到此目的。它赞成可以在集体成员间建立强烈的、敏感的一切途径。它在最大限度上唤起目标被控制的原欲,以便借助友谊关系加强集体的纽带。为了实现这些目标,对于性生活的限制是不可避免的。但是我们不能理解迫使文明沿着这条途径发展,并且引起文明对性欲的对抗的必要性是什么。一定还有某种我们尚未发现的起着干扰作用的事实。

三十四、爱的态度

　　我们可以把称作文明社会的理想要求之一作为一个线索。这个要求就是"爱邻犹爱己"。这一要求是举世皆知的，并且无疑比基督教还要悠久。基督教把它作为它最骄傲的主张加以推崇。然而它当然并不十分为人们所熟悉，即使是在各个历史时代人类对它仍然是陌生的。让我们以一种天真的态度来对待这一问题，就像是第一次听到它一样。于是我们将抑制不住地产生一种惊奇和困惑的情感。为什么要这样做实现呢？这样做对我们有什么好处呢？但是首先，我们如何达到这一目的呢？它怎么可能实现呢？我的爱对我来说是某种宝贵的东西，我不应当不加考虑地将它抛出。这种爱使我承担某些义务，为了履行这些义务，必须准备做出牺牲。如果我爱某一个人，他在某些方面就必须值得我去爱（我在这里不考虑他可能对我有什么用，也不考虑他作为性对象对我有什么可能的重要性，因为这两种关系对于爱我的邻居这一告诫所涉及的情况都无足轻重）。如果他在许多方面很像我，以致我在爱他时能够爱我自己，那么他是值得我爱的；如果他是一个比我完美得多的人，从而我在爱他的同时可以爱我的理想，那么他也是值得我爱的。再者，如果他是我朋友的儿子，我也必须去爱他，因为如果他遇到什么灾难的话，我的朋友所感到的痛苦也就是我的痛苦——我应当去分担这一痛苦。但是，如果他对我来说是一个陌生人，并且如果他自身并没有什么有价值的东西，或任何对我的感情生活具有重要意义的东西可以吸引我，那么要我去爱他是很难的。的确，我这样做是错误的，因为我的爱被自己的亲友珍视为一种我偏爱他们的表示。如果我把一个陌生人和他们同等对待，这对他们来说是不公平的。但是如果我去爱他（用那种普遍的博爱去爱他），只是因为他像昆虫、蚯蚓或草蛇一样也是地球上的公民,那么通过我理性的判断,恐怕他也只能分享我的爱的一小部分,而绝不会得到我全部的爱。如果一个告诫的实施不能够被认为是理智的话,那么庄严地宣布它又有什么意义呢?

再进一步观察,发现了更多的困难。一般来说这样一个陌生人不仅不值得我爱,我还必须老实地承认,更多地引起的是我的敌意甚至憎恨。他似乎对我没有一丝爱的迹象,并且对我没有表示丝毫的关心和体谅。如果对他有益,会毫不犹豫地伤害我,他也绝不会问自己他所取得的利益是否和他伤害我的程度相当,实际上他甚至不需要去获得什么利益,只要可以满足他的欲望,他就会毫无顾忌地嘲笑、侮辱、诽谤我并且向我显示他的优势。他越是感到安全,我就越是感到无依无靠,也就越是肯定他会这样对待我。如果他的行为完全不同,如果他向我表示一个陌生人的关心和克制,我也愿意在任何场合以同样的方式对待他,而不顾任何箴言。的确,如果这条庄严的圣训这样说的话:"爱你的邻居就像爱你自己一样。"那么我就不应当对此表示反对了。还有第二条圣训,它似乎使我越发不可理解,并且引起我内心更强烈的反感。这就是"爱你的敌人"。然而,如果我仔细考虑这一圣训,那么我觉得把它当作一个更严重的过分要求是错误的。说到底,它与第一条圣训是一回事。

我想现在能听到一个高贵的声音在告诫我:"恰恰是由于你的邻居不值得你爱,并且相反,他是你的敌人,因此你应当爱他像爱你自己一样。"于是我明白了这条圣训不过是一个荒谬的信条,现在当我的邻居被告诫说爱我要像爱他自己一样时,他完全可能与我所回答的一样,并且会因为同样的原因拒绝爱我。我希望他不会有和我同样的客观理由,但是他却有和我一样的思想。尽管如此,人类的行为还是显示了差异性。伦理学忽视了决定这些差异性的因素,并把这些差异性分为"好的"和"坏的"两类。只要这些不可否认的差异性没有消除,对偏激的伦理要求的服从就会对文明的目标造成损害,因为它明确地助长人们去做坏事。人们会不禁想起当准备废除死刑时在法国议会发生的一件事。一个议会成员热情地支持废除死刑,他的演讲得到阵阵激烈的掌声,这时大厅里有一个人说道:"首先会采取行动的是谋杀者。"

隐藏在这一切之后的，也是人们不愿意承认的一个真实的因素是：人类不是温和的动物，这种动物需要得到爱，当受到攻击时至多只能够自卫；恰恰相反，人类这一动物被认为在其本能的天赋中具有很强大的攻击性。因此，他们的邻居不仅仅是他们的潜在助手或性对象，而且容易唤起他们在他身上满足其攻击性的欲望，即毫无补偿地剥削他的劳动力，未经他的允许便与他发生性关系，霸占他的财产，羞辱他，使他痛苦，折磨他并且杀死他。"人对人是狼。"面对这些人生的和历史的事实，谁还有勇气对这个结论提出疑问呢？一般来说，这种残酷的攻击性等待着某种刺激或是为某种其他的意图服务，这种意图的目标也许用比较温和的手段就可以达到。在有利于这种攻击性的情况下，当平时禁止它的精神上的反对力量失去效用时，它也会自动地出现，暴露出人类是一种野兽。对于这种野兽来说，对它的同类的关心是一种异己的东西。凡是想到在种族大迁徙或是匈奴人侵略时期，在众所周知的成吉思汗统治下的蒙古人的侵略战争中，或是在虔诚的十字军占领耶路撒冷的时候，或是恰恰就在最近的世界大战带来的恐怖中所犯下的罪行的人，都将不得不承认这一观点的真理性。

我们在自己的内心中可以觉察到这一攻击倾向的存在，而且正确地设想它也存在于其他人身上。这一倾向的存在是扰乱我们和邻居关系的一个因素，并且迫使文明耗费了如此之高的能量的代价。由于人类的这一原始的互相敌视的缘故，文明社会永远存在着崩溃的危险。共同的工作利益不会把人们联合在一起，本能的情感要比理智的利益强得多。文明必须尽其最大的努力来对人类的攻击本能加以限制，并且运用心理的反作用结构来控制它们的显现。从此就产生了目的在于促使人们进入自居作用和目标被控制的爱的关系的方法，就有了对性生活的限制，进而有了"爱邻犹爱己的"理想的圣训。这一圣训的合理性实际上在于这样一个事实，即没有其他东西像它这样强烈地反对人类原始的攻击天性。尽管做了种种尝试，文明的这些努力目前还没有取得多少成效。文明希望通过使用暴力打击罪犯的权力来防止最赤裸裸的野蛮暴行，但是法律是不能够控制人们用比较谨慎而且狡猾的方法来表现攻击性的。现在，我们每个人都必须摆脱年轻时寄托在自己同伴身上的幻想性期望：我们应当懂得，由于他们的恶意，给我们的生活带来了多少艰难和痛苦。同时，指责文明试图从人类活动中消除冲突和竞争是不公平的。这些东西无疑是必不可少的,但是对抗并不必然成为敌对,它完全被误用了,并且给敌对创造了一个机会。

在那个文明的原始时期,享受文明利益的一小部分人和被剥夺了这些利益的一大部分人之间的差别达到了极点。至于今天仍存在的原始民族,认真的调查已表明他们的本能生活绝不会因为其自由而受到忌妒。它依附于一些不同类型的约束,但也许比附加于现代文明人身上的约束更为严格。

当我们理直气壮地挑剔文明的现状,指责它没有充分满足使我们幸福的生活计划所提出的要求,允许本来也许是可以避免的严重痛苦存在时,当我们带着严厉的批评试图发掘它的不完美的根源时,我们无疑是在行使正当的权利,而不是在表明我们自己是文明的敌人。我们可能希望在我们的文明中逐渐实现这样的变化:它将更好地满足我们的要求,并且将不再受到我们的指责。但是我们可能也熟悉这样一种思想,即文明的本性附有种种困难,它们是不会向任何改革的企图妥协的。除了我们准备去完成的限制本能的任务之外,我们还注意到一种可以称为"群体的心理匮乏令"的危险事态。当一个社会的纽带主要是由其成员相互间的自居作用所组成,而领导者个人却没有在群体的形成中发挥应有的重要作用时,这一危险就最具有威胁性。目前美国的文明状况给予我们一个很好的机会来研究人们所害怕的这种对于文明的损害。但是我将避免对美国文明进行评论,我不希望给人留下一个自己想使用美国的印象。

为什么亲属动物没有表现出这样的文明斗争呢?我们不知道。但是很可能有一些动物,比如说蜜蜂、蚂蚁和白蚁,它们斗争了几千年,然后进入了动物的国家制度,实行了功能的分配和对个体的限制,我们今天对此仍羡慕不已。而我们的现状的标志在于,根据自己的感受知道,在任何一个上述动物的王国里或者成为任何一种分配到个体的角色,我们都不会认为自己是幸福的。至于其他动物,很可能在它们的环境影响和它们内部的相互竞争的本能之间已达到了暂时的平衡,因而发展就中止了。在原始人中,原欲的新的发作也许突然引起了破坏本能方面的新的活动。这里还有许多尚未解答的问题。

三十五、良心与内疚

文明用什么方法来抑制与自己对抗的攻击性，使其无害，并且可能摆脱它呢？我们已经认识到了其中的几种方法，但是尚未发现什么是最重要的方法。对此我们可以在个人的发展历史中加以研究。如果使个人的攻击愿望变得无害，这将会给他带来什么呢？将会带来某种十分重要的东西，我们也许从未猜测过它，然而它却是很明显的。他的攻击性将会转向内部，实际上也就是回到其发源地——指向他的自我。在那里它被一部分自我所接管，这部分自我作为超我使自己与自我的其他部分相对立，并且总是以"良心"的形式，用自我本来喜欢在其他的、外部的个体上予以满足的同样严厉的攻击性来反对自我。严厉的超我和受制于它的自我之间的紧张关系被我们叫做内疚感，它表明了一种对惩罚的需要。因此，文明通过减弱、消除个人的危险的攻击愿望，并在个人内心建立一个力量，像一座被占领的城市中的驻军一样监视这种愿望，从而控制了它。

至于说内疚感的起源，分析家和其他心理学家有着不同的观点，但即使是分析家也发现要解释这一问题不是那么容易的。如果问一个人怎么会有内疚感时，我们就会得到一个不容置疑的答案：当一个人做了某种他知道是"坏的"事情时，他就会感到内疚（虔诚的人们会说是"邪恶的"）。但是我们看到这一答案并未讲出什么东西。也许通过稍稍考虑，我们会补充说，即使一个人没有真正去做坏事，而只是意识到自己想要干坏事，他也可能会感到内疚。于是有人会提出这样的问题：为什么要把做坏事的意图和做坏事的行为等同起来呢？然而，两种情况都包含着这样的意思，就是他已经认识到坏事是应该受到谴责的，是不应当作的。这一判断是怎样得到的呢？我们可以否定存在着一个原初的即天生的辨别是非的能力。坏事对于自我来说常常并不是什么有害的或危险的东西，相反，可能是自我所欲望和欣赏的东西。因此，这里有一个外部的影响在起作用，恰恰是这一影响决定了什么是好事，什么是坏事。由于一个人自身的情感并不会把他引向这条途径，所以他必须有一个服从这一外部影响的动机。在个人孤立无援的情况下和对别人的依靠中，可以轻易地发现这一动机，我们可以恰当地把这一动机称为对丧失爱的惧怕。如果他失去了他所依靠之人的爱，也就失去了免受种种危险的保护。他首先就会面临这个较有力的人用惩罚的形式来显示其优势的危险。所以在最初，坏的事物就是使个人受到失去爱的威胁的事物。因为害怕那种丧失，也就必须避免那种丧失。这就是为什么一个人干了坏事和准备干坏事之间存在多大差别的原因。无论哪一种情况，只要被上述权威发现，丧失爱的危险就会降临，并且在任何一种情况下，权威的做法都是一样的。

　　这种精神状态被叫做"内心惭愧"，但实际上它不应得到这一名称，因为在这一时期，内疚感显然只是一种对失去爱的恐惧，一种"社会性的"焦虑。在小孩子中间，内疚感绝不会是任何其他东西，但是在许多成年人中，它也只是被改变到这样一种程度，即父亲的或者双亲的位置被一个更大的人类集体所取代。因此，只要这些人确信权威不会知晓他们所干的坏事，或者不能责备他们，他们就习惯于允许自己去干种种可能给予他们享乐的坏事。他们所害怕的只是被发现。如今的社会大多必须认真对待这种精神状况。

　　只有在外部权威通过超我的建立而内在化后，这种情形才会有一个很大的变化。"良心"这一现象于是达到了一个较高的阶段。这是良心发展的第一个阶段，实际上，直到现在我们才应当谈论良心或者内疚感。也正是到了这时，对于被发觉的恐惧不复存在了，而且做坏事和想做坏事间的区别也全然消失了，因为一切东西都瞒不过超我，即使是思想也是如此。从现实的观点来看，上述情况的严重性确实已经消失了，因为新的权威超我并没有我们所知道的虐待自我的动机，而是与自我紧密地结合在一起。但是遗传的影响却使过去的和被超越的东西继续生存下来,以致人们感到事情从根本上讲就同它的开端一样。超我使邪恶的自我遭受同样的焦虑情感的折磨,并且寻找着通过外部世界来惩罚自我的机会。

在良心发展的第二个阶段,它呈现出一种特性。这种特性在第一阶段是没有的,并且不再那么容易解释了。因为一个人越是正直,他对自己的行为就越严厉和不信任,所以最终恰恰是这些最圣洁的人责备自己罪恶深重。这意味着美德丧失了一部分应得的奖赏,驯服和节制的自我并没有获得它的忠实朋友的信任,它获取这种信任的努力看来是徒劳的。我相信很快就会有人提出异议,说这些困难是人为的,并且有人会说更为严格和保持警惕的良心恰恰是一个守道德的人的标志。此外,当有德性的人称他们自己为罪人时,他们并没有错,因为他们在很大程度上受到本能满足的诱惑——因为众所周知,诱惑只是在频频受挫后才会增强,而对它们的偶尔满足却会使它们至少是暂时地被削弱。道德学领域充满了问题,它呈现给我们另一个事实,即厄运——外部挫折——大大增强了超我中良心的力量。当一个人一切都顺利时,他的良心便是宽容的,并且让自我做各种事情。但是当厄运降临到他头上时,他就会检查他的灵魂,承认他的过错,提高他的良心的要求,强制自己禁欲并且用苦行来惩罚自己。整个人类已经这样做了,而且还在继续这样做。然而,这一点很容易用原初的、早期阶段的良心来解释。正如我们所看到的,在良心进入超我阶段后,这一早期的良心并没有被放弃,而是始终和超我在一起,并作为它的后盾。命运被认为是父母力量的替代者。如果一个人不走运,那就意味着他不再为这一最高力量所爱,并且由于受到这种失去爱的威胁,他就会再一次服从于他的超我,即父母的代表——在他走运时他总是忽视这一代表。在严格的宗教意义上,命运被看作神的意志的体现,在这里,上述情况更显而易见。以色列人相信他们是上帝的宠儿,即使当伟大的天父将一场接一场的不幸降到他们头上时,他们也从来没有动摇过对于天父与他们关系的信念,或者怀疑上帝的威力和正义。他们用先知作为天父的代表,向先知宣布他们所犯的罪过。由于他们的内疚感,他们创造了具有教士的宗教,它包含极其严格的训诫。原始人的所作所为则极为不同。如果他遇到了不幸,他不是责备自己,而是责备他的物神没有尽到责任,并且他不会自罚而是鞭打他的物神。

因而,我们懂得了内疚感的两个来源:一个是起源于对于某个权威的恐惧,另一个是后来起源对于超我的恐惧。第一个坚持要克制自己的本能的满足,第二个也是这样做,迫切要求进行惩罚,因为被禁止的欲望的继续存在是瞒不过超我的。我们还知道了超我的严厉性——良心的要求——是怎样被理解的。它只不过是外部权威的严厉性的延续,它继承了后者而且部分地取代了后者。现在我们可以看到,对本能的克制是在怎样的关系中坚持内疚感的。最初,对本能的克制是对外部权威恐惧的结果:一个人为了不丧失外部权威的爱便放弃了他的满足。如果一个人实现了这样的克制,他就可以说是服从于外部权威了,并且也不再有内疚感了。但是对于超我的恐惧,情形就不同了。在这里,对本能的克制是不够的,因为本能的欲念依然存在并且不能瞒过超我。因此,尽管做了克制,内疚感还是会发生的。这就在超我的建立过程中,或者说是在良心的构成中,造成了一个很不稳定的条件。对本能的克制再也没有全然自由的结果了;虔诚的节欲也不再保证会得到爱的奖赏了。外部不幸的威胁——失去爱和外部权威的惩罚——已经换成了永久的内心的不幸和加剧了的内疚感。

这些相互关系既极其复杂又极其重要,因此,我不怕重复,而将再从另一个角度来探讨这一问题。这些关系发生的时间顺序如下所述:首先,由于恐惧外部权威的攻击而产生了对本能的克制(这当然就是对失去爱的恐惧,因为爱可以使人们免除这种惩罚性的攻击)。然后是内部权威的确立和由于对它的恐惧,即因对良心的恐惧而产生的对本能的抑制。在第二种情况下,做坏事的企图和做坏事的行为是相当的,因此就有了内疚感和对惩罚的需要。良心的攻击性接替了外部权威的攻击性。到目前为止,事情无疑已经弄清楚了,但是这种接替在什么地方加强了不幸的(从外部强加的、抑制的)影响,以及使最善良、最温顺的人们形成了良心的惊人的严厉性呢?我们对良心的这两种特性已经作过解释,但是我们大概仍然觉得这些解释并未触到问题的根本实质,仍然还有一些没有解释的问题。最后,在这里出现了一种观念，它完全属于精神分析领域，它是与人们的一般思维方式不同的。这种观念可以使我们明白为什么研究的题材好像总是混乱和晦涩的。因为它告诉我们良心（说得更准确些，是后来成为良心的焦虑）实际上是最初对本能实行克制的原因，但是以后这种关系就颠倒了。每一种对本能的抑制现在都成为良心的一个有力的源泉，并且每一种新的抑制都增强了后者的严厉性和不宽容性。如果能把这一说法与已经知道的关于良心起源的历史较好地统一起来，我们就要维护下面这种似非而是的论述，即良心是克制本能的结果，或者说对本能的抑制（从外部强加我们的）创造了良心，然后良心又要求进一步抑制本能。

这一论述和以前关于良心起源的说法之间的矛盾，实际上并不太大，而且我们发现了进一步缩小这一矛盾的方法。为了便于阐述，我们把攻击的本能作为例子，并且设想这里所谈到的抑制总是指对攻击性的抑制。于是，抑制本能对良心所产生的作用便是：主体停止予以满足的攻击性的每一部分都被超我所接管，并且加强了后者（对自我）的攻击性。这一观点与良心最初的攻击性是外部权威的严厉性的延续，因而与抑制无关的观点不一致。但是，如果我们为超我攻击性的这一最初部分假设一个不同的起源，这种差异就不复存在了。不管外部权威要求儿童放弃的是哪一种本能，它都使儿童不能实现其最初的但却是最重要的各种满足。所以在儿童中一定会形成对外部权威的相当程度的攻击性。但是他必须放弃满足他的报复性的攻击性。借助众所周知的种种机制，他找到了逃出这一困境的途径，即利用自居作用，把不可攻破的外部权威变为己有。权威现已变成了他的超我，并且具备了一个孩子原本要用来反对它的所有攻击性。儿童的自我必须满足于扮演倒霉的权威即父亲的角色，因为这样一来，父亲的地位就降低了。在这里，事情的真实情形常常是颠倒的："如果我是父亲，你是孩子，我将会对你更坏。"超我和自我之间的关系是尚未分化的自我和外在对象间的真实关系经过愿望变形后的再现。这种情况也是具有典型性的，但是根本的区别则是超我最初的严厉性不代表，或者说不完全代表一个人，从对象那里所体验到的或者归之于对象的严厉性，它代表一个人自身对外部对象的攻击性。如果这个说法是正确的，我们就可以断言，良心一开始是通过对攻击性冲动的压抑产生的，后来则由于进一步的同类压抑而得到加强。

这两种观点哪一种是对的呢？先提出的那种观点从发生学的角度看似乎是无懈可击的，而新提出的这种观点则以上述令人满意的方式圆满地完成了这门理论。很显然，同时根据直接观察的事实来看，这二者都应当肯定。它们相互并不矛盾，甚至在某一点上它们是一致的。因为儿童的报复的攻击性，一部分是由他所预料的来自父亲惩罚的攻击性的程度所决定的。然而经验表明，儿童所形成的超我的严厉性绝不是和他所受到的待遇的严厉性相对应的。前者的严厉性似乎独立于后者的严厉性。一个在宽容的环境中长大的孩子可能会有非常严厉的良心。但是夸大这种对立性也是错误的，我们不难相信，养育的严厉性也会对孩子的超我的形成发生强大的影响。这就是说，在超我的形成和良心的出现过程中，天生的气质的因素和来自现实环境的影响是联合起作用的。这根本谈不上令人吃惊，相反，它是所有这些过程的一个普遍的原因条件。

也可以断言，当一个孩子用极其强烈的攻击性和相应的严厉的超我，对他的最初的本能挫折做出反应时，他是在模仿种系发展史中的模式，并且将超出被普遍认可的反应。因为史前期的父亲无疑是严酷的，并且大部分攻击性可能应归于他。因此，一方面，如果我们从个体的发展转移到种系的发展，就会看到关于良心的起源的两种理论间的差异进一步缩小了。另一方面，一个新的重要的差异就会在这两个发展过程中出现。我们不能排除这样的设想，就是人类的内疚感是从奥狄帕斯情结中萌生的，并且在兄弟们联合起来杀死父亲时就存在了。在那种情况下，攻击的行为不是被压抑而是被实施，但正是对这同一种攻击性行为的压抑应当被认为是儿童内疚感的源泉。在这点上，我不会对下述情况感到吃惊，比如读者气愤地喊道："那么一个人是否杀死自己的父亲就无关紧要了——他在两种情况下都会有内疚感。我们在这里可以提出几点疑问。或者内疚感并非产生于对攻击性的压抑；或者杀父的故事是杜撰的，原始人的孩子与今天的孩子杀父的次数一样多。此外，如果这不是一个杜撰的故事，而是一段可能存在的历史，那么它将是每个人都希望发生并正在发生的事情，即一个人感到内疚是因为他确实干了不能为自己辩护的事情。而关于这件毕竟是每天都在发生的事情，精神分析却没有作任何解释。"

读者的批评是有道理的，我们将弥补这一欠缺。这个问题没有什么神秘之处。当一个人做错一件事，并且因为这件事而有了内疚感时，这种情感应该叫做悔恨更为合适。它只是与已经做过的行为有关，而且它的前提当然是良心——感到内疚的准备状态——在这一行为发生之前就已经存在了。因此，这种悔恨永远不会帮助我们发现良心和一般的内疚感的起源。在这些日常情况下发生的事情通常是：本能的需要不顾良心的反对而获得了实现满足的力量，因为良心的力量毕竟是有限的。由于被满足，本能需要就自然减弱，于是以前的力量平衡重新恢复。因而，精神分析是有理由在现在的探讨中把由悔恨产生的内疚感的情况排除在外的，不管这种情况出现得有多么频繁，也不管它们实际上的重要性有多大。

但是，如果把人类的内疚感上溯到原始时代的杀死自己父亲，那也只不过是一个悔恨的情况。我们应当假设（在那时候）良心和内疚感，像我们已经假设的那样，在杀父之前就存在了吗？如果不应当，那么在这种情况下，悔恨是从哪里产生的呢？毫无疑问，这种情况将会向我们阐明内疚感的秘密，并且最终解决我们的困难。我相信这是能够做到的。这种悔恨是原始人对父亲感情的矛盾心理的结果。他的儿子们恨他，但也爱他。在他们通过攻击行为满足了他们的憎恨之后，他们的爱就会在这种行为的悔恨中涌现出来。这种爱用模仿父亲的自居作用建立起超我：它把父亲的权力给了超我，好像是作为对他们施加于父亲的攻击行为的惩罚。它制定了旨在避免重现这种行为的种种限制。由于反对父亲的攻击倾向在以后的世世代代中反复出现，内疚感也就一直存在，而且再一次被受到压抑并转交给超我的每一部分攻击性所增强。现在，我想我们对于两件事可以说是完全清楚了：在良心的起源中，爱的作用和法定不可避免的内疚感。一个人是杀死了自己的父亲还是没有这样做，并不是真正具有决定性的。不管在哪种情况下，一个人都必定会感到内疚，因为内疚感是矛盾心理的斗争表现，是爱神和破坏或死亡本能间的永恒斗争的表现。当人们面临共同生活的任务时，这一冲突就开始了。由于集体采取的只是家庭这一形式，所以这一冲突也必定会表现为恋母情结的方式，从而建立起良心并且产生了最初的内疚感。当人们企图扩大家庭这种集体时，同样的冲突在由过去所决定的方式中继续存在，它被强化了，并导致了内疚感的进一步加剧。由于文明所服从的是把人类组成为一个密切联结的群体内在的爱的冲动，所以它只能通过内疚感的不断增强来达到其目的。起初与父亲有关的事情在群体的关系中得以完成。如果说文明是从家庭向整个人类社会发展的必要过程，那么——由于来自矛盾心理的先天的冲突，以及爱的趋向和死亡的趋向之间的永恒斗争——文明将不可避免地与日益增长的内疚感紧紧地联系在一起，而且内疚感也许将加强到一个令人难以忍受的程度。人们不禁会想到伟大诗人对"天神们"的动人的责难——

> 你们把我们带向地球，这个令人厌倦的地球，
> 你们让我们不知不觉地走向罪恶，
> 然后让难以容忍的悔恨来折磨我们：
> 一时的过错，终身的苦恼！

我们可以放心地吐口气了，因为我们想到只有少数人有能力、毫不费力地从他们自己的混乱感情中挽救出最深刻的真理，而我们其余的人，必须通过令人痛苦的不稳定性和永无休止的摸索才能找到通往这些真理的道路。

三十六、特殊群体

我们从对各种形态的群体所知的东西中可以回想起，区分不同类型的群体和它们相反的发展路线，这是可能的。有非常短暂的群体，也有持续甚为长久的群体；有同质的群体——由同一类型的个人所组成，也有异质的群体；有自然形成的群体，也有人为的群体——需要外部的力量使人们集合在一起；有原始的群体，也有具有确定结构的高度组织化的群体。但是因仍须解释的各种理由，我们愿意特别强调一下该主题的作者们往往忽略的一个区分：我是指在无领袖的群体和有领袖的群体之间的区分。与通常的做法完全不同，我们不选择相对简单的群体形式作为我们的出发点，而是从高度组织化的、持续存在的和人为形成的群体出发。这种群体结构最有趣的例子是教会、信徒团体和军队。

一个教会和一支军队就是人为形成的群体，也就是说，需要某种外部力量使它们免于解体，并阻止其结构的改变。通常，就一个人是否想要加入这样一个群体而论，是没有商量或选择的余地的。任何离开群体的企图，通常会遭到迫害，或严厉惩罚，要不就给群体附加十分明确的条件。不过，探寻这些团体为什么需要这种特别的保护措施问题，完全不在我们此刻的兴趣之内。我们只被一种情形吸引，即从以上述方式防止解体的高度组织化的群体中十分清楚地观察到某些事实，而这些事实在其他场合中是深深被隐藏着的。

在一个教会以及在一支军队中——无论二者在其他方面可能多么的不同，有一个首领这同一幻觉对他们都有效——在天主教会中是基督，在军队中是司令——这一首领平等地爱该群体中的所有个体，一切事情都依赖于这一幻觉。如果它被丢弃了，只要外部力量允许的话，那么教会和军队都会解体。基督专门阐明过这种平等的爱："如果你略微冒犯了我的兄弟，那你就是冒犯了我。"对于该信徒团体的个体成员来说，基督处于仁慈长兄关系的地位，他是他们的替代父亲，对个体施加的所有要求都源于基督的这种爱。教会贯穿着一种民主倾向，因为特别的理由是在基督面前人人平等，每人都平等地享有他的爱。基督教团体和家庭之间的相似性形成了，信徒们以基督的名义互称弟兄，也就是说，通过基督对他们所施的爱而成为弟兄。毫无疑问，把每一个体与基督连接起来的纽带，也就是把他们彼此连接起来的纽带的原因。同样情况也适用于军队。司令是一个父亲，他平等地爱所有士兵，因此，他们彼此成为同志。军队在结构上不同于由一系列这样的群体组成的教会。每一个指挥官似乎就是他所属军团的司令和父亲，甚至班里的每一个士兵也是如此。的确，在教会中也建立了相似的等级系统，但从群体原则上看，它在教会中不起同样的作用。因为基督比人间的司令官对个人更理解、更关怀。

关于军队的力比多结构的这种理解恰好会遭到反驳。其反驳的根据是，像人们的祖国、民族的荣誉等那样的观念——它们在组合军队过程中起如此重要的作用——在这一概念中没有地位。我们的回答是，这是群体联系的不同例子，而不再是这样一种简单的例子。因为伟大将军像恺撒、华伦斯泰或拿破仑的例子表明，这样的观念对一支军队的存在并不是不可缺少的。我们此刻将触及主导观念，替代一个领袖的可能性以及二者之间的关系。忽视军队中的这种力比多因素——即使它不是唯一起作用的因素，不仅是理论上的疏忽，而且也有实际上的危害。正像日耳曼科学那样非心理学的普鲁士军国主义，可能不得不在第一次世界大战中遭受到这种结果。我们知道，劫掠德国军队的战争神经症，被认为是个人对要求他在军队中起作用的一种反抗。根据西麦尔的意见，可以认为这些人被他们的上司虐待是这种疾病发生的主要动因。如果在这一点上力比多要求的重要性被更好地估价，那么"美国总统的十四点"幻想性允诺也许不会如此轻易地被相信，而德国领袖手中的名声赫赫的工具也不会崩溃了。

我们将会注意到，在这两种人为的群体中，每一个人通过力比多一方面与领袖（基督、司令）联系起来，另一方面与群体的其他成员联系起来。这两种联系怎样彼此关联起来，它们是否属于同一类型或同样的价值，怎样从心理学上描述它们——这些问题必须留待以后探究。但我们现在要冒险地适当地责备一下早期的作者们，因为他们没有充分地估计群体心理中领袖的重要性，而我们选择这个问题，作为研究的第一个主题使我们处于更有利的地位。看起来，似乎我们在走向解释群体心理的主要现象——在群体中个人缺乏自由——的正确道路上。如果每一个人在两个方向上被这种强烈的情感联系关联起来，那么我们将毫无困难地把在他人格中观察到的改变和限制归结为这种情境。

作为同样效应——群体的本质就在于它自身存在的力比多联系的一种暗示，也将在恐慌现象中得以发现，这种现象在军事群体中得到了最好的研究。一旦这类群体解体，便会出现恐慌。其特征是，没有一个人还会听从上级发出的命令，每个人仅热切关心他自己的利益，不对别人做任何考虑，相互之间的联系不复存在，一种巨大的、无谓的恐惧释放出来了。在这点上，有人自然会作出反驳说，事情正好相反。恐惧发展得如此之大，以致可以不顾所有联系和不考虑别人所有的感情，麦独孤甚至使用恐慌（虽然不是军事的恐慌）作为他极为强调的靠感染（原始诱导）强化情感的典型例子。但这种理性的解释方法仍然是完全不恰当的。需要解释的问题正是，为什么恐怖会变得如此巨大。危险之大不会构成其原因，因为现在陷入恐慌的同一军队，先前完全成功地应付了同样大或更大的危险。就恐慌的真正本质来说，它与受到威胁的危险没有关系，它常常在最微不足道的场合爆发。如果一个处于惊慌恐怖中的人开始只热切关心他自己的权益，那么他这样做就证明了这一事实：已不再存在情感联系了。既然他现在独自面临危险，他肯定把危险想得更严重些。因而事实是，惊慌恐怖是以群体力比多结构的松弛为前提的，是以合理的方式对这种松弛做出的反应。而相反的观点——由于面临危险感到恐怖而摧毁了群体的力比多联系——则可以被拒斥了。

群体的恐怖通过诱导（感染）而极度加剧这一论点，至少与我们的这些评论不相矛盾。当危险真的巨大，该群体不存在强烈的情感联系时——例如，当一个剧院或一个娱乐场所发生火灾时就满足了这些条件，麦独孤的观点就完全可以说明这种情况。但是真正富有教益并且最能用来达到我们目的的情况，是上面所叙及的情况：一支军队爆发恐慌，虽然危险没有超出通常的以及先前常常遇到的程度。我们不要指望，"恐慌"一词的用法应该得到清晰而明确的界定。有时它被用来描述任何集体性恐惧，甚至有时指个体的恐惧——当这种恐惧超出所有的限度时。这一名词似乎经常专门用来说明恐惧的爆发没有正当理由的那种情况。如果我们在集体恐惧的意义上使用"恐慌"一词，我们就可以确立意义深远的类似性。个人的恐惧不是由危险的巨大所引起，就是由情感联系（力比多贯注）的中断所引起，后者就是恐怖神经症或焦虑神经症。正是以同样的方式，恐慌的产生不是由于普遍危险的增长，就是由于维系群体的情感联系的消失，后者类似于焦虑神经症的情况。

像麦独孤那样，把恐慌描述为"群体心理"最普通的功能之一的任何人，往往会达到这样一个悖论的境地：这种群体心理在它最惊人的表现形式之一中消除自身。无可怀疑的是，恐慌意味着一个群体的解体，它涉及该群体成员在其他情况下相互表现的所有情感关心的中断。

恐慌爆发的典型场合非常像内斯特罗伊，就是黑贝尔关于朱迪靳和霍洛弗纳靳的戏剧所写的滑稽性模仿作品。一个士兵惊叫："将军的头断了！"所有的亚述人因此而惊慌逃窜。某种意义上的失去领袖，或者发生了什么不幸，会导致恐慌的爆发，尽管所遇到的危险仍然是同样的。通常，在群体成员与其领袖的联系消失的同时，群体成员之间的相互联系也消失了。群体消失殆尽，就像鲁佩特王子的溶液滴的尾部中断时一样。

宗教群体的解体不是那么容易观察到的。不久前，我手头上有一本讲天主教起源的英语小说，是由伦敦的一位主教推荐给我看的，书名是《黑暗之时》。在我看来，该书似乎为宗教群体解体的可能性以及后果提供了一幅巧妙而可信的图画。该小说被认为是讲述当代的事,讲的是敌视基督和基督教信仰的那些人,怎样成功地安排一个在耶路撒冷发现坟墓的阴谋。在这个坟墓中有一个碑文,上面写着:亚利马太城的约瑟承认,出于虔敬,他在基督入葬后的第三天将他的坟墓秘密迁移到这个地方,以此手段否定了基督的复活及其神圣。这一考古学的发现,结果引起了欧洲文明的震颤,各种犯罪和暴力行为超常增加,直到伪造者的阴谋被揭露之后才得以平息。

伴随这里假定的致使宗教群体解体的现象不是恐怖——这种场合还缺乏恐怖,代替这种恐怖的是显示出对其他人的残忍和敌意的冲动,而先前由于基督平等的爱,他们不能这样做。但是即使在基督王国期间,那些不属于信徒团体的人(他们不爱基督,基督也不爱他们),则位于这一联系之外。所以,一种宗教——即使是自称为爱的宗教——对那些不属于它的人们必定是冷酷无情的。每一种宗教对它接纳的那些人,的确从根本上是同样的爱的宗教,而对那些不属于它的,人们的残酷和褊狭对每种宗教而言都是自然的事情。无论发现这一点是多么困难,我们在这一点上都不要过于严厉地谴责信徒们。在(残酷和褊狭)这种事情方面,那些不信教或持中立态度的人们在心理上的处境要更好些。如果今日这种褊狭不再像前几个世纪那样使自己显得如此暴戾和残忍,那我们几乎不能得出结论:在人类的行为方式方面已变得柔弱温和了。其原因不过在于:可以发现宗教感情和依赖于它们的力比多联系不可否认地弱化了。如果另一种群体联系取代了宗教联系——并且社会主义的联系似乎成功地做到了这一点,那么将会出现像"宗教战争"时期对局外人同样的褊狭。如果科学观点之间的差别对群体的确获得相似的意义,那么随这种新动机而来的同样结果会再次得到重复。

三十七、原始群体

1921年,我采纳了达尔文的一个猜想,其大意是,人类社会的原始形式是被一个强而有力的男性专横地统治着的部落。我试图表明,这种部落的命运对人类有史以来留下了不可磨灭的痕迹,特别是图腾制度的发展——它本身包括宗教、道德和社会组织的开端——与暴力杀死首领以及把家长制部落转变成兄弟团体相联系的。可以肯定,这仅仅是一个假设,就像考古学家努力探索史前时代之谜的许多其他假设一样。正像一位善意的英国批评家有趣地指出的那样,这种假设是一个"不折不扣的故事"。但我认为,这种假设如果被证明可以把连贯性和理解引入愈来愈新的领域,那么它就是可信的。

人类群体再次展示了在平等伙伴中占优势力量的个人的熟悉图画——一幅包含在我们对原始部落看法中的图画。正如我们从经常做出的描述中所知道的那样,这种群体的心理,如个人有意识人格的退化,把思想及感情集中在一个共同的方向上,精神和潜意识心理生活的情感方面占优势,以及对刚生起的意向直接付诸行动的倾向等,所有这些都符合退行至原始心理活动的状态——正像我们往往归之于原始部落的那样一类状态。

这样,这种群体在我们看来似乎是作为原始部落的复兴。正像原始人潜在地存活于每个人体中一样,原始部落可能会在任何随机集聚中再次形成,在人们习惯上受群体形成支配前的范围内,从中认识到原始部落的续存。我们得出结论:群体心理是最古老的人类心理。我们通过忽视群体的所有痕迹而分离出来的个体心理,只是通过一个渐进的也许仍然描述得不完全的过程,而从古老的群体心理中突现出来的。我们在后面将大胆地尝试一下，具体说明这一发展的出发点。

个体心理正像群体心理一样古老，因为从一开始就存在着两种心理，即群体中个体成员的心理和父亲、首领或领袖的心理。正像我们今天所看到的那样，群体成员受情感联系的支配，但原始部落的父亲是自由的，他的智力活动即使在独处时也是有力而独立自主的，他的意志不需要来自其他人的强化。理论的连贯性致使我们假定：他的自我几乎没有力比多联系，他除了爱自己不爱任何人，或者只是在其他人能满足他的需要范围内爱他们。他的自我仅仅在十分必要的情况下才让位于对象。

这种人，在人类历史的开端是"超人"——尼采唯一期待未来产生的人。甚至今天，一个群体的各个成员仍需要持有这样的幻想：他们受到他们领袖平等而公正的爱，但领袖本人不必爱别人，他可能是属于专横的本性、绝对的自恋、自信且独立自主。我们知道，爱使自恋受阻，并有可能表明爱是怎样使自恋受阻而成为文明的一个因素。

部落的原始父亲并不像后来被神化了的那样长生不老，如果他死了，必须有人来接替。他的职位很可能由他的幼子来承担，这个幼子也是这个群体的一个成员，所以必定存在着群体心理转变成个体心理的可能性。必须发现这样一种转变易于实现的条件，正像蜜蜂把幼虫必然变成蜂王而不是变成工蜂可能的是一样。人们只能想象一种可能性：原始父亲阻止他的儿子们满足及其直接的性冲动，他迫使他们禁欲，因而与他们彼此之间产生情绪联系，这种联系可以从他们性目的被抑制的那些冲动产生出来。

无论谁成为他的继承者，也都有了性满足的可能性，并凭此提供了超出群体心理的条件的方式。对妇女的力比多固着以及不需要任何延迟或积聚就得到满足的可能性，使得其目的受抑制的性冲动的重要性终结了，并允许他的自恋总是上升到充分的高度。

这里需要进一步强调组成人为群体这一发明和原始部落的构成之间拥有的关系，因为这是特别有权益的。我们看到，就军队和教会而言，这种发明是这样的幻觉：领袖平等而公正地爱所有个人。但这仅

三十七、原始群体

仅是对原始部落的事态一种理想的重新塑造。在原始部落那里，所有儿子都知道，他们被原始父亲同样地摧残，同样对他感到恐怖。所有社会责任得以建立起来的这种同样的重新塑造，已经为人类社会的下一种形式即图腾氏族预备了条件。家庭作为一种自然群体形式不可摧毁的力量依赖于这一事实：父亲平等的爱这种必要的预先假定，在家庭中可以真正的适用。

但是我们从群体衍生于原始部落中期待更多的东西。它有助于我们理解在群体形式中仍然难以把握的神秘的东西——所有这一切都藏在"催眠"和"暗示"这谜一样的词背后。我认为在这方面也能成功。催眠有某种积极的不可思议的东西，但是这种不可思议性的特征暗示着某种经历压抑的古老而熟悉的东西。催眠师宣称，他拥有剥夺被催眠者意志的魔力，或者被催眠者相信这种魔力对他起作用——二者都是一样。这种魔力必定是被原始人视做禁忌根源的同样的力量，这种力量从头目和酋长身上发射出来，致使接近它们的人面临危险（神力）。于是，催眠师被假定拥有这种力量。他怎样显示这种力量？通过指令被催眠者无畏惧地正视他。最典型的催眠方法是用他的目光。但这正是令原始人感到危险而难以忍受的酋长的目光，正像后来上帝对芸芸众生的目光。甚至摩西也不得不作为他的人民和耶和华之间的中间人而行动，因为他的人民不能忍受上帝的目光。当摩西从上帝那里回来时，他的脸闪闪发光——某些神力被传递到他身上，正像原始人的中间人所发生的情况。

的确，用其他方式也可以唤起催眠，如凝视一个发光的物体或聆听单调的声音。这容易令人误解，并为不恰当的生理学理论提供了机会。事实上，这些程序仅仅是起转移意识的注意并使它固定下来的作用。这种情境就类似催眠师对被催眠者说："现在，你要完全注意我这个人，世界上其余的东西完全是无趣的。"对一个催眠师来说，说出这样的话当然在技术上是不得当的。它会勉强被催眠者离开他的潜意识态度，并刺激他形成有意识的对立。催眠师要避免使被催眠者的意识思想指向他的意向，使得催眠师正在操纵的这个人，沉浸在这个他认为毫无兴趣的世界中。但同时，该被催眠者实际上潜意识地把他的整个注意力集中在催眠师身上，并进入友好的关系或者移情于他的态度中。这样，催眠的间接方法——像在诙谐中使用的许多技术程序一样，具有抑制精神能量的某种分布——这种分布介入潜意识事件的过程与效果。它们就像凭借凝视或敲击的直接影响的方法一样，最终导致同样的结果。

费伦茨有了一个真正的发现，当一个催眠师在催眠开始常常发出入眠的指令时，他就在把自己置于被催眠者的父母的位置上。他认为，要区分两种催眠：一种是用好话劝诱——他认为这是以母亲为模型；另一种是威胁——这源起于父亲。催眠中入眠的指令恰恰意味着命令被催眠者撤回对世界的一切兴趣，而专注于催眠师这个人。被催眠者就是这样理解的。因为睡眠的心理特征就在于撤回对外部世界的兴趣，睡眠和催眠状态之间的密切关系就是以它为基础的。

催眠师通过采用特有的手段，唤起被催眠者一部分古老的遗留物。这种遗留物也使得被催眠者服从他的父母，并在他与其父亲的关系方面体验到一种个人的新的生机。这样，被唤起的东西是极重要的且危险的人格观念——对这种人格观念来说，只有被动的受虐态度才是可能的，人的意志也将不得不受其支配。单独与他相处、"注视他的脸"，似乎是一种冒险的事情。正是仅仅在与此同样的方式中，才能描绘原始部落的个体成员与其原始父亲的关系。正如从其他反应中得知，个人不同程度地保持恢复这类旧情境的个人态度。然而，说催眠不管怎样只是一种游戏，一种对那些旧印象的不真实的复活，可能是不合时宜的。要当心，在催眠中任何意志中止的严重后果都存在抵抗。

所以，群体形式的不可思议性特征——它表现在伴随这种特征的暗示现象中——可以公正地追溯到它们起源于原始部落这一事实。这种群体的领袖仍然是可怖的原始父亲，这种群体仍然希望被无限制的力量所支配，它极端地钟情于权威。用勒邦的话说，它渴望着服从。原始父亲是群体的典范，它以自我理想的地位支配自我。催眠恰好可以被描述为两个人构成的一个群体。暗示的定义仍然是：不是以知觉和推理而是以性欲联系为基础的一种信任。

三十八、群居本能

我们不能长久陶醉在这样的错觉中:我们用上述公式就已解决了群体之谜。我们不可能回避此刻的且令人不安的回忆,即我们实际所做的一切已经把问题转换到催眠之谜上。关于催眠还有如此之多的问题有待澄清。现在,另一种反驳意见给我们展示了进一步的思路。

人们可能认为,我们在群体中观察到的强烈的情绪联系,足以解释它们的特征之一——其成员缺乏独立性和创造性,它们所有成员的反应具有相似性,可以说,它们降低到群体个人的水准。但是如果我们看待作为一个整体的群体,那么一个群体向我们显示的比这还要多。它的某些特征,如智力能力的微弱、缺乏情绪约束,不能节制和延迟,在表达情绪时倾向于越出每一限度,以及用动作把情绪完全发泄出来。这些相似的特征——我们在勒邦那里看到了给人印象深刻的描述,无误地展示出这样一幅图画:心理活动退回到正如我们毫不奇怪地在野蛮人或儿童那里发现的那种早期阶段。这种退回尤其是普通群体的本质特征,正如我们所知,在组织化的和人为的群体中,在很大程度上能制止这种退步。

这样,个人隐秘的情绪冲动和智力行为太微弱了以致靠它们本身就会一事无成,就此要完全依赖于通过该群体的其他成员以相似方式进行重复而得到强化,我们对这样的状态印象深刻。我们记起的是,这些依赖现象有多少是人类社会的正常组成部分,在这种社会中会发现创造性和个人勇气是多么小,每个人是如此被像种族特性、阶级偏见、公共舆论等形式显示出来的群体心理态度所支配。当我们承认暗示的影响不是仅仅被领袖而且也被每个人对其他人所施加的时候,这一影响就成为更大的谜了。我们必须指责自己曾不公正地强调了与领袖的关系以及太多地把相互暗示的其他因素置于次要地位。

在这种谦虚精神的鼓舞之后，我们将倾向于听取另一种意见，它给我们允诺以更简单的理由为基础的解释。在特罗特关于群居本能的一本富有见地的书中可以看到这样一种解释（1916年）。就这本书而言，我唯一感到遗憾的是，它没有完全摆脱由最近的大战所发泄的反感情绪。

特罗特把上面描述的在群体中出现的心理现象追溯到一种群居本能。这种群居本能就像其他动物种族一样，也为人类所先天拥有。他说，这种群聚性从生物学上说类似于多细胞结构，并且仿佛是后者的延续。如果个人独处，他会感到不安全。幼儿显示出来的恐怖似乎已是这种群居本能的表现。与人群对立事实上就等于与它分离，因而人们忧虑地避免这种对立。但人群轻蔑任何新的或不寻常的东西。群居本能似乎是某种原始的东西——某种不能被分解的东西。

特罗特提供了他认为是原始本能的清单，如自我保存本能、营养本能、性本能和群居本能。群居本能常常与其他本能相对立。罪恶感和责任感是群居性动物的特有方面。特罗特也把精神分析揭示的、存在于自我中的压抑追溯到群居本能，并相应地把医生在精神分析治疗中遇到的抵抗也追溯到这同样的根源。言语的重要性就在于人群中相互理解的自然倾向。个人彼此之间的认同主要依赖于这种倾向。

勒邦主要关心的是典型的短暂群体形式，麦独孤关心稳定的群体联系，而特罗特则选择最一般化的群体形式——"政治动物"时人在这种群体中度过一生——作为他兴趣的中心，他为我们提供了这种群体形式的心理学根据。但是特罗特没有必要去追踪群居本能，因为他把它的特征描述为原始的和不可进一步还原的。他提到波里斯·萨迪斯试图把群居本能追溯到暗示感受性，就他而言幸好是多余的。这是一种熟悉而又不令人满意的解释类型，而相反的命题——暗示感受性源自群居本能——在我看来则似乎更进一步阐明了这一主题。

特罗特的叙述即使比其他人的更公正，但仍然面临这样的反驳：它几乎没有说明群体中领袖的作用。而我们反而倾向于相反的判断：

如果忽视了领袖，则不可能把握住群体的性质。群居本能对于领袖全然不留有余地，他几乎纯粹是偶然被扔进入群中的。由此得出，不存在从这种本能到需要上帝的通路，这个牧群是没有牧人的。但除此之外，还可以从心理学上削弱特罗特观点的基础。这就是说，无论如何，群居本能可能不是不可还原的，它不像自我保存本能和性本能那样原始的本能。

追溯群居本能的个体发生自然不是件容易的事情。当幼儿独处时所表现出的恐惧（特罗特宣称这已经是这种本能的显现），仍然更易于提出另一种解释。这种恐惧与儿童的母亲有关，往后则与其他熟悉的人有关，它是未满足的愿望的表达——儿童尚不知道除了把它转变成焦虑之外以何种方式进行处理。当儿童独处而感到恐惧时，看到任何任意的"人群成员"也不会感到安全，恰恰相反，这类"陌生人"的接近则会更容易使其产生这种恐惧。于是，在儿童那里长时间没有什么群居本能或群体感情的性质会被观察到。在容纳许多儿童的幼儿园中，这类东西起初是在儿童与他们父母的关系之外产生的，它的产生也是作为大儿童对小儿童的最初忌妒做出的反应。大儿童肯定是忌妒地想把他的弟妹撇开，使其离开父母，并剥夺其所有特权。但在面临着这个小儿童（像后来出生的所有儿童）像他本人一样被父母所爱，结果是不可能在不损害他本人的情况下保持他的敌意态度时，他不得不把自己与其他儿童相认同。所以，在儿童群中就产生了共同的或群体的感情，然后在学校进一步发展。由这种反向形成所做出的第一个要求是为了公正，为了同样对待所有人。我们都知道，这种要求在学校是表现得多么明显和不能改变。如果一个人自己不能成为受宠者，那么无论如何也没有别人会成为受宠者。这种转变即在幼儿园和教室里群体感情取代忌妒心，可能被认为是不大可能发生的——如果同样的过程在往后其他的环境中不能再次被观察到的话。我们只需想到这样一群妇女和女孩，她们都以痴迷的方式爱着一位歌星或钢琴演奏家，当他表演结束后她们紧紧围着他。她们每个人肯定容易忌妒其他的人，但是当面对她们的成员以及结果不可能达到她们爱的目的时，她们放弃了这种忌妒，不是去撕扯彼此的头发，而是以联合的群体去行动,用她们共同的行动对她们崇拜的英雄表示敬意,高兴地分享他的几丝飘垂的头发。原先她们是竞争的对手,现在通过对同一对象相似的爱而成功地把自己与其他人认同。当一种本能的情境像通常一样能达到各种结果时,我们毫不奇怪:使这种结果产生某种程度的满足的可能性,而某种其他的结果——本身是更明显的,则由于生活环境阻止达到任何这样的满足而被放过了。

后来在社会中以"群体精神"等形式出现的东西,与它从原先的忌妒衍生出来的并不相悖。没有人一定想要名列前茅,人人必定是同样的,并拥有同样的东西。社会公正就意味着,我们自己否认了许多东西,以至于别人也同这些东西无关,或者也许不能要求这些东西——这都是一回事。这种对平等的要求是社会良心和责任感的根源。它也在梅毒患者担心传染给他人中出乎意料地显示出来,对此精神分析已教给我们怎样理解了。这些可怜的不幸者表现出来的担心,与他们强烈抵抗要传染给他人的潜意识愿望是相一致的。为什么单单他们被感染并如此地被隔离?为什么其他人不被感染这种病?在所罗门有关公正的故事中可发现同样的萌芽。如果一个妇人的孩子死了,那么其他妇人的孩子也活不成。这个丧子的妇人显然具有这种愿望。

这样,社会感情的基础是,起初是敌意的感情反转成为认同性质的肯定色彩的联系。在迄今我们能追踪的各种事件的过程中,这种反转似乎在与群体外的一个人有共同的情感联系的影响下出现。我们并不认为对认同作用分析是周全的,但就此刻的目的来说,我们只要回想这样一个特征就够了,即一致实行平等这一要求。在讨论两种人为的群体——教会和军队中已经得知,它们必要的先决条件是,它们所有成员应该得到一个人即领袖的同样的爱。然而,我们不要忘记:群体中平等的要求只适用于其成员,而不适用于领袖。所有成员必须是彼此平等的,但他们都想被一个人所统治。许多平等的人能使他们彼此认同,一个单个的人优越于他们所有的人——这就是我们在能持续存在的群体中所发现的境况。现在,让我们大胆地纠正特罗特的这一断言:人是群居动物,而坚持认为,人不过是个部落动物,由一个首领支配的部落中的个体生物。

三十九、共同的特性

至此我们考查了两种人为的群体,并发现,二者都被两类情感联系所支配。其中之一即与领袖的联系,这似乎比群体成员之间的联系更具有主导作用。

现在,在群体的形态方面仍然还有许多别的问题有待考察和描述。我们应该从如下确定的事实出发:仅仅是人的集合还不算一个群体,只要在这个集合里还未确立这些联系。但不得不承认,在人的任何集合中,形成一种心理群体的倾向可能非常容易涌现出来。我们应该关注不同类型的、或多或少稳定的、自发形成的群体,研究它们起源和解体的条件。尤其应该关心有领袖群体和无领袖群体之间的差别。我们应该考虑:是否有领袖的群体可能不是更原始和更完全的群体;是否在其他群体中,一种观念、一种抽象概念可能不会取代领袖的地位(具有无形首领的宗教群体构成了向有领袖状态的过渡阶段);是否一种共同的倾向,许多人共有的一种愿望,可能不会同样地起一种替代物的作用。再者,这种抽象概念可能或多或少完全体现在我们称为副领袖那样的人物身上,有趣的变化便源起于观念和领袖之间的关系上。可以这样说,领袖或主导的观念也可以是否定性的;对特殊的人或机构的憎恨正是以同样统一的方式起作用的,并可以作为积极的维系物唤起同样类型的情感联系。于是出现的问题是,一个领袖对于群体的本质来说是不是真正不可缺少的?此外还有其他问题。

但是在群体心理学文献中部分地得到研究的所有这些问题,不会成功地使我们转移到研究群体的结构方面。我们的注意力将首先集中考虑:哪一个问题把我们最直接地带到这样的证据上,即力比多联系是标志群体特征的东西。

让我们观察一下人与人之间具有的一般情感联系的性质。按叔本华一个著名的比喻：一群冻僵的豪猪有一只能忍受它的同伴过于紧密的靠近它。

精神分析的证据表明，在两个人之间持续很长时间的几乎每一种亲密的情感关系中——如婚姻、友谊以及父母和孩子之间的关系，都沉积着嫌恶和敌意的感情，只是由于压抑而感觉不到罢了。可是在同事之间常见的口角或者在下属对上级的抱怨中，这种嫌恶和敌意就多少公开化了。当人们集合成较大的单位时也会发生同样的情况。每当两个家庭联姻时，它们中的每一个都认为自己比另一个更高贵或出身更好。就两个毗邻的城市来说，彼此之间是最忌妒的对手，每一个小州都蔑视地看待其他的州。密切相关的种族彼此疏远：南部德国人不能容忍北部德国人，英格兰人恣意中伤苏格兰人，西班牙人看不起葡萄牙人。我们不再感到吃惊的是：更大的差异会导致几乎无法克服的反感，诸如高卢人对日耳曼人、亚利安人对闪米特人、白色人种对有色人种的反应。

当这种敌意被指向在其他方面所爱的人时，我们把这描述为感情的矛盾心理。正是通过在这种亲密关系中产生的种种利益冲突的情况，来解释这一事实的——也许这种方式过于理性化了，在人们对不得不与之相处的陌生人产生的毫无掩饰的反感和厌恶中，我们可以认识到自爱即自恋的表现。这种自爱是为了个体的保存，似乎任何背离他特定发展路线的出现，就意味着对这种路线的批评以及进行改变的要求，于是他从事自爱的行动。我们不知道为什么这种敏感正好会针对这些差异的细节，但可以确定的是，在这整个联系中，人们容易表现出憎恨和攻击性。对此，其来源尚未得知，有人试着把它归于一种基本特征。

但是当形成一个群体时，这种整个的不宽容在该群体内便暂时或永久地消失了。只要一种群体形式持续存在，或在它存在的范围内，该群体中的个体的行动似乎就是统一的，容忍其他成员的特性，把自己与他们等同起来，对他们的感情不存在反感。根据我们的理论观点，这样一种自恋性限制仅仅通过一种因素即与其他人的力比多联系而得以产生。对自己的爱只有一个障碍，即对他人的爱或对象的

三十九、共同的特性

爱。立刻会被提出的问题是：利益共同体本身——没有任何附加的力比多——必然不会导致对他人的容忍吗？可以这样回答这一反驳：以这种方式仍然无法引起对自恋的持续限制，因为这种容忍与从他人的合作所获得的直接利益相比不会持续更长。但是这一讨论在实践上的重要性比设想的东西要小。因为经验表明，在同事之间合作的情况下，那延续他们之间关系的联系，通常会达到超出纯粹功利的程度。像精神分析研究个体力比多发展过程所熟悉的情况，同样也出现在人们的社会关系中。力比多使自己隶属于伟大生命需要的满足，并选择共享这一满足过程的人作为它的第一个对象。在作为整体的人类发展中，正如在个体发展中一样，唯有爱——在它引起从利己主义向利他主义变化的意义上——起着文明因素的作用。这不仅对妇女的性爱是如此，连同不损害妇女心爱之物的所有义务，而且对男人非性欲的、升华了的同性爱——这种爱起源于共同的工作——也是如此。

所以，如果在群体中，自恋性的自爱受群体之外不起作用的各种限制的支配，那么这就有力地说明：一个群体形式的本质就在于该群体成员中新型的力比多联系。

现在，我们的兴趣引向这样一个迫切的问题，即群体中存在的这些联系的性质可能是什么。在精神分析有关神经症的研究中，迄今几乎无一例外地关注着与爱的本能——这种本能仍然追求直接的性目的——所形成的对象之间的联系。在群体中，显然不存在这类性目的的问题。这里关心的是转移了其原初目的的爱的本能，虽然它们并不因此而以不足的能量起作用。现在，在通常的性对象贯注范围内，我们已经观察到本能转移其性目的的现象，把它们描述为爱的程度，确认它们涉及对自我的某种入侵。现在我们要把注意力更密切地转向爱本身的这些现象——坚定地期待在它们中发现能改变群体中存在的各种联系的条件。但我们也想知道，这种对象贯注——正如我们在性生活中知道的那样——是否代表了与其他人情感联系的唯一方式，或者，我们是否必须说明这类对象贯注的其他机制。事实上，从精神分析得知，的确存在情感联系的其他机制，即所谓的认同作用——一种未充分知晓的过程，并很难描述。不过对认同作用的研究将暂时使我们离开群体心理学的主题。

四十、宇宙观的取向

我们应该大胆地迈出一步，回答一个别人常常提出的问题：精神分析会导致一个特殊的宇宙观吗？如果会，会是一个什么样的宇宙观呢？我想，假如我尝试着给它下一个定义，这个定义看来必定是笨拙的。我认为，宇宙观是一种理智的结构，它基于某种凌驾一切的假设，统一地解决我们生活中的一切问题。因此，它没有留下任何尚未做出解答的问题，而且，我们所关心的一切事情都可在其中找到固定的位置。不难理解，拥有这样一种宇宙观，是人类美好愿望之一。信奉它，人们就能在生活中拥有安全感，就能知道追求什么，才能最恰当地对待自己的感情和兴趣。

如果这就是宇宙观的性质，那么就极易做出有关精神分析的回答。作为一门特殊的科学，心理学的一个分支——一种深度心理学或潜意识心理学——精神分析建构一种自己的宇宙观是不适宜的，它应该接受一般科学的宇宙观。但是，科学的宇宙观已经很显然地异于我们的定义。诚然，它也规定了对宇宙解释的统一性，但其解释仅仅是作为一个纲领，该纲领的实现有待于将来。除此之外，它具有各种消极的特征，它局限于目前所知的一切，并且强烈反对某些特定的异己成分。它断言，除了对认真检查过的观察资料所进行的理智研究——换句话说，即我们称为调查研究的东西——就不存在其他获得宇宙知识的源泉了，同时，没有任何知识产生于天启、直觉或预卜。这个观点好像是在最近这几个世纪中才逐渐得到普遍的承认的，而到我们这个世纪，却发现了一种自以为是的反对意见，认为像这样的宇宙观同样毫无价值，不受人欢迎，它忽视了人类理智的要求和人类心理的需要。

对于这种反对意见，再猛烈的抨击也不为过。它毫无根据，因为理智和心灵恰恰和任何非人类存在物一样，也同样是科学研究的对象。精神分析拥有一种特权，可在这一方面为科学的宇宙观辩护，因为人们无法指责它在宇宙图景中忽略了心灵事物。它对科学的贡献，恰恰在于把研究伸向了心灵领域。附带说一句，没有这样的心理学，科学就不会完整。然而，如果把对人类（和动物）的理智与情感功能的研究包含在科学中，那么我们将会看到，这种科学态度总体上没有改变，也尚未形成新的知识源泉或研究方法。即使存在直觉和预卜，它们也不会成为科学的源泉。但它们完全可以被认为是幻想，是对愿望性冲动的满足。也不难看出，对某种宇宙观的这些要求仅仅是建立在情感之上的。科学注意到下述事实：人类心理产生了这些要求，并准备考察它们的源泉，但没有任何理由认为这些要求是合理的。相反，科学把这种情况视为一种警告，从而小心翼翼地把每种幻想以及类似的情感要求的产物，与知识区分开来。

这决不意味着，这些愿望将会被轻蔑地抛弃，或其对人类生活的价值将会被低估。我们将描绘出这些愿望得到满足的状况，这些满足是人们在艺术作品以及宗教和哲学体系中创造的。但我们也不能忽视下述事实：允许这些要求进入知识领域，将是不合理的，也将是极不明智的。因为这样做就会打开通向各种精神病——无论是个体的还是群体的精神病的道路，都将会把人们大量的宝贵精力从直接指向现实的努力中抽取出来，以便尽可能地去满足其愿望与需要。从科学的角度看，在此人们无可避免地要运用批判的能力，继续做出反对和驳斥。有人声称，科学是人类心理活动的一个领域，宗教和哲学是其他领域，它们至少与科学是等价的。因此，科学无权干涉其他两个领域：双方都有相等的权力成为真理，而且每个人都可自由地做出选择，并从选择中汲取信心，寄托信仰。我们不同意这种观点。当然有人认为这种观点极其优秀、宽容厚道，摆脱了狭隘的偏见。但不幸的是，它站不住脚，而且具有完全属于非科学的一切有害特点，在实际上它也就等同于后者。事实很简单：真理不具有宽容性，它不容许妥协或限制，研究表明，人类活动的所有领域都属于它，如果其他任何势力试图接管它的任何一部分，它必将对之进行无情的批判。

在三种可能对科学的基本立场质疑的势力中，唯有宗教才被真正当作敌人。艺术几乎总是无害而有益的，它追求的只不过是一种幻想。除了制造出一些被说成是被艺术"迷住了"的人外，艺术并不企图侵占现实王国。哲学与科学并不对立，它像科学一样行事，并局部采用同样的方法进行研究。但它又有别于科学，坚持某种幻想，即人们有能力描绘出一幅天衣无缝的、连贯统一的宇宙图景，尽管随着我们知识的新的进步，这种幻想一定会破灭。它过高地估计了我们的逻辑活动所具有的认识价值，承认了诸如直觉等别的知识源，结果在方法上误入歧途。当诗人谈到哲学家时，他所做的嘲弄性评论通常就显得不无道理："用睡帽和睡衣上的破布条，他在弥补着宇宙结构的罅隙。"

但一方面，哲学对芸芸众生没有直接的影响，甚至在知识分子这一高层次中，也只是极少数人对它有兴趣，而对其他人来说，哲学几乎是难以理解的。另一方面，宗教则是一股巨大的势力，它支配着人类最强烈的情感。众所周知，在较早的时期，它包括了在人类生活中起理智作用的一切，在几乎还没有像科学那样的东西存在时，它扮演着科学的角色，它构建了一种具有无可比拟的连贯性和自足性的宇宙。虽然受到了深深的震撼，但这一宇宙观仍延续至今。

如果要说明宗教的自负性质，我们必须记住它为人类所做的一切。它为人类提供了关于宇宙的起源及其形成的资料；它向人们保证，在人生沉浮中给予人们保护和最终的幸福；它运用其全部的权威所制定的戒律来指导人们的思想与行动。从而它实现了三种功能。第一种功能，宗教满足了人类对知识的渴求，它用自己的方法去做科学打算做的事，并在这点上与科学分庭抗礼。宗教的最大影响无疑应归功于它的第二种功能。当宗教消除了人们对生活的险恶和沧桑的恐惧时，当宗教保证人们将获得幸福的结局并在不幸之中给予安慰时，科学全然不可与之匹敌。诚然，科学能够教我们去避免某些危险，它也能够战胜某些困苦。否定科学是人类有力的帮助者，这显然是极不公正的。但是，在许多情况下，科学不得不任由人们遭受苦难，而只能劝人们屈服于苦难。第三种功能，宗教发布戒律，制定禁忌和限制。在这种功能中，宗教与科学之间存在着最大的差别，因为科学尽管也的确从其应用中产生了指导人们生活的规则和告诫，但它热衷于调查研究和证明事实。在某些情况下，这些规则和告诫与宗教所提供的一样，尽管如此，它们的理由却是各不相同的。

宗教这三个方面的联系并不很清晰。关于宇宙起源的解释与关于某些特殊的道德戒律的教诲之间有什么关系呢？其中关于提供保护和幸福的保证与道德要求更加紧密地结合在一起了。道德要求是对满足这些需要的报答，只是那些遵守道德要求的人才有可能指望得到好处，而惩罚则等待着不遵守道德要求的人。

宗教教导、安慰和要求的奇特结合，只有在接受发生学科方面的分析之后，才能得到理解。我们可以从最显著的聚合点，即从关于宇宙起源的教导开始研究。人们可能会问：宇宙起源论为什么会成为宗教体系的一个固定成分？宗教教义说，宇宙是由一个类似于人的存在物创造的，但该存在物在各个方面，如在力量、智慧和情感力量上都被夸大了——相当于一个理想化的"超人"。把动物作为宇宙的创造者表明了图腾崇拜的影响，对此我们稍后至少会简略地说一说。这是一个有趣的事实：即使有许多神灵受到崇拜，但宇宙的创造者总是单个的存在物。同样有趣的是，尽管并不缺乏女性神灵，但创造者通常都是男性。实际上在有些神话中，宇宙的创造开始于男性神灵废除被认为是女妖的女性神灵的过程，这就展开了各种最有趣的细节问题，不过，我们无暇论及。我们所做的下一步易于识别，因为这个神性的创造者被直呼为"父亲"了。据精神分析推断，他的确是父亲，曾披着所有的神奇出现于幼儿面前。宗教信仰者描绘宇宙的诞生，就像描绘他自己的起源一样。

这样，我们就容易解释，安慰性的保证和严格的道德要求是如何与宇宙起源论结合起来的。儿童把自己的存在归于与父亲具有相同特点的人，此人也在儿童弱小和无助的状态中向他们提供保护和监护。由于儿童面临着潜伏在外部世界的一切危险，所以他在父亲的保护下感到安全。当然，他知道，当他独立地长大了，他就会拥有更大的力量，对生活中危险的认识也会变得更深。他正确地断言，从根本上讲，他仍然像童年时一样无助和无法自我保护，面对世界，他还是一个孩子。因此，没有像在童年时代享受到的那种保护，他什么也干不成。不过他很早就认识到，父亲的能力极为有限，并不具备所有优秀特征。因此，他又返回到那个早在童年时给予甚高评价的状态，把记忆中的父亲形象抬高成一个神灵，并使之成为某种当代的和真实的东西。这种记忆中的父亲的强大力量和要求保护的执着性，一起支撑着他对神的信仰。

宗教纲领的第三个主要方面即道德要求，也很容易符合这种儿童状况。康德的著名论断，把星空与我们的道德规则相提并论。这种并列听起来是多么奇怪啊！因为，天体与关于人类生灵间是彼此热爱还是彼此残杀的问题，有着什么样的关系呢？然而，它到底还是触及了一个重要的心理学真理。给予儿童生命和保证儿童避开危险的父亲（或父母亲职能），也教导他应该和不应该做什么，教导他必须习惯于限制自己的本能性欲望，并使他明白，如果想成为家庭中和更大的社交圈中可被接受和受欢迎的成员，他就应该更加关心自己的父母、兄弟和姐妹。通过爱的奖惩体系，儿童受到教育，并从而认识到自己的社会职责。他被告知，其生活中的安全感依赖于父母爱他以及他也爱他们。所有这些关系向来都被人原封不动地引入其宗教中。父母的告诫和要求作为一种道德意识，在他身上保留下来。借助于这种相同的奖惩体系，上帝统治着人的世界，分配给个人的保护及幸福的数量，取决于他满足道德需要的情形。他对上帝的爱和为上帝所爱的意识，是他生活安全感的基石，他被这种爱及意识武装起来，得以抵御来自外部世界和人类环境的危险。最后，在祈祷中，他确信自己直接影响了神的意志，并在这种影响下分享着神的全能。

宗教的宇宙观取决于我们童年时的状况。如果是这样的话，有一点就更值得注意：尽管这个宇宙观仍具幼稚性，但它还是一个先驱。毫无疑问，人类历史上有过一个没有宗教、没有神灵的时期，它被称为泛灵论阶段。那时世界充斥着类似于人的精神存在物——我们称为

四十、宇宙观的取向

"魔鬼"。外部世界的所有物体都是它们的栖息之地，或者可以说等同于它们的住所。但并不存在某种更卓越的势力，创造了所有的魔鬼，随后又统率着它们，也并不存在这种人类能够向其请求保护和帮助的势力。尽管泛灵论中的魔鬼大多对人类持敌对的态度，但人类那时似乎比后来更自信。他们肯定常常处于一种对这些邪恶精灵的极度恐惧之中，但他们却以种种行动来对付它们，保护自己。即便撇开这点不谈，他们也并不认为自己没有抵御能力。如果要向大自然企求某些东西——如企求降雨——他们并不直接向天气之神做祈祷，而是做些法术动作，以期直接影响大自然：他们自己完成与降雨相似的事情。在与周围环境的各种力量的斗争中，他们的第一个武器就是"法术"——现代技术的鼻祖。据猜测，我们对法术的仰赖来自对自己的理智作用的高估，以及对"思想万能"的崇拜。我们可以猜想，当时的人类特别对他们在语言方面所取得的成就感到自豪，而在这种成就中肯定伴随着思维的重大发展。他们认为法术的力量产生于词汇。这个特征后来被宗教所继承。"上帝说：'要有光！'就有了光。"而且他们的法术行动的事实表明，泛灵论时期的人并不仅仅相信他们愿望的力量，他们更期望的是采取这一行动的结果，这个结果可促使大自然模仿该行动之力。如果他们企求降雨，他们就自己泼水；如果想让土地果实累累，他们就在田间向土地演示戏剧性的性交行为。

任何事物一旦在精神上得到了体现，就不容易消失了，所以如果听说许多泛灵论的话语一直保留至今，人们也不会感到惊讶。更有甚者，几乎不能否认这样一种观点，即今天的哲学保留着泛灵时期的思维模式的一些本质特征——如过高地估价语词的神奇、相信世界上的真实事件都是按照我们的思维试图强加其上的方向前进的。因此，看起来的确存在着一个不具法术行动的泛灵论。我们可以猜到，甚至在那个时候就有了某种伦理，即调整人们的相互关系的戒律，但我们没有发现它们与泛灵论时期的信仰有任何密切的关系。它们可能是人们相对力量以及实际需要的直接表现。

值得去了解的是，什么原因导致了从泛灵论到宗教的转变。可以想象到，人类精神演化的这些原始的时期，至今仍是模糊不清的。宗教首先所表现的形式似乎就是图腾崇拜，即动物崇拜这个奇怪现象，而最初的伦理戒律即"禁忌"都是这一现象的结果。在一本名为《图腾与禁忌》的书中，我曾详细地论述了一种观点，该观点把上述转变的原因一直追溯到人类氏族环境的一次变革上。与泛灵论相比，宗教的主要成就在于从精神上控制了人们对魔鬼的恐惧。不过，这个史前时期的残余即邪恶精灵，在宗教体系中仍占一席之地。

上述宗教的宇宙观的史前史，现在转向研究那以后所发生的和仍在眼前发生的事情。凭借着对自然过程的考察而强大起来的科学精神，终于开始把宗教当作一件人类的事，并使之接受批判性的考察。宗教不能经受起这种考察。首先，被怀疑的是宗教关于各种奇迹的传说，因为这些神话与严肃的观察所指出的一切相矛盾，而且也清晰地表现出人类想象活动的影响。然后，那些解释宇宙起源的宗教教义遭到了否定，它们表现出一种具有古代特征的无知。由于人们对自然法则日益增加的了解，知道这些法则比教义更为优越。关于宇宙是通过类似人类个体起源的交媾或发生行为而形成的看法，已不再是最明显且不证自明的假设了，因为具有心灵的生物与非生物，自然界之间的区别已经给人类思想留下了深刻印象——这种区别使人类不可能再保留原始泛灵论中的信仰。我们也不应忽视各种不同宗教体系的比较研究的影响，以及它们彼此排斥和不相容的作用。

科学精神凭借这些初步的论战而强大起来，最终获得了足够的勇气，以至于敢对宗教宇宙观中最重要的、最具情感价值的成分进行考察。人们可能始终看到——尽管敢于公开讲出来是很久以后的事——宗教向人们承诺，只要他们能遵守某些道德要求，就向他们提供保护和幸福，但这种表态也已表明其自身是不值得信赖的。宇宙中似乎并不存在那种力量，它以父母般的关怀保护人们的安康，并给他们的所有活动带来团圆的结局。相反，人类的命运可能既不符合"宇宙行善"的假说，也不符合与此有些相冲的"宇宙公正赏罚"的假说。地震、海啸、大火，根本不分善良与邪恶，虔诚与不敬。更何况，我们谈论的不是非生物自然界，而是人，其命运依赖于他人的种种关系，所以善有善报、恶有恶报绝不是规律。凶暴、狡猾或残忍的人往往占有令人羡慕的世间财富，而善良的人却一贫如洗。各种黑暗的、无情的和没有爱心的力量在支配着人们的命运，宗教赋予宇宙统治的奖惩体系似乎并不存在。这再次说明，我们有理由抛弃宗教从泛灵论那里获得的一部分理论。

通过证明宗教是如何起源于儿童的无助，以及通过在成人的愿望和需要中的童年残迹去探求宗教的内容，精神分析学对宗教的宇宙观提出了最新的批评。确切地说，这并不意味着否定宗教，但它仍然是认识宗教的一种必要的完善，而且至少在这方面，它是对宗教的一种否定，因为宗教自身表明宇宙起源于神。当然，假如我们对神的解释可以被宗教接受，那么它在这方面肯定就没有什么错了。

总之，这就是科学对宗教宇宙观的评价。种种不同派别的宗教在为谁占有真理而争论不休，而我们认为关于宗教的真理性问题无法获得彻底的回答。宗教是一种控制感性世界的企图。由于生理上的和心理上的必然性，我们在内心中产生了一个渴望的王国。并且借助于这一渴望的王国，我们置身于感性世界之中。但是，宗教并不能实现这一点，其教条留有它们所产生的那个时代（即人类童年的无知时代）的印迹。它的安慰不值得信任。经验告诉我们，世界并非保育室。相反，宗教努力强调的那些道德要求应该给予另外的基础。因为它们对于人类社会而言是不可缺少的，而且把对它们的服从与宗教信仰联合起来是危险的。如果我们试图确定宗教在人类发展中的地位，那么它看来并不是永恒的获取物，而是与个体文明者从童年到成人的发展中必须经历的神经症相似的东西。

四十一、科学的回答

关于宗教宇宙观的逐渐衰弱，我所告诉的自然很简略，是不完善的。关于各种不同过程的秩序，我也说得很不清楚，没有阐述各种力量在唤醒科学精神中的合作情况，也没有论述在宗教宇宙观实行绝对统治和后来受日益增强的批判的影响时它自身的变化。严格地说，我的评论仅限于宗教的一种形式，即西方人的形式。可以说，为了便于说明，我构建了一个解剖学的模型，以期尽可能留给人们深刻的印象。众所周知，科学精神反对宗教宇宙观的斗争尚未结束，至今，这种斗争仍在进行着。虽然精神分析一般很少拿起论战的武器，但我并不反对研究这场争论，这样就可能进一步阐述对宇宙观的态度。人们将看到，宗教支持者所提出的一些论据是多么容易答复，而也有一些的确难以驳倒。

我们所遇到的第一个反对意见，认为科学把宗教作为研究的一个课题是一种无礼行为，因为宗教比人类理智的任何活动都崇高和优越，是不可用琐碎的批判进行研究的。换句话说，科学没有资格去评价宗教，因为它只要固守自己的领域，还是相当有用的，也是值得尊敬的。但宗教不在科学领域内，科学无权干涉。如果我们不被这种粗暴的排斥所吓倒，而是进一步质问：宗教提出的这种对在所有人类事物中占优越地位的要求的依据是什么？那么，我们得到的答复就是，宗教不能用人类的量尺来衡量，因为它起源于神，是被圣灵作为启示赐予我们的，而人类精神无法理解这个圣灵。人们可能已经想到，没有什么比否定这个论据更容易：它显然是一个预期法则，即"用未经证实的假设来辩论"——我知道德文中没有一个好的相对应的表达方式。这里提出的实际问题是，是否存在神灵及它给予的启示？当然，不是下述说法就可以解决这个问题：因为神性是不能被怀疑的。在分析工作中，我们也常会遇到这种态度。如果一个平时很聪明的人，竟用非常愚蠢的理由来反对某些特殊的建议，则这种逻辑的缺点就表明，在病人身上存在着一种特别强烈的拒绝动机——这种动机只可能是情感性的，具有一种情感上的联系。

我们也可能会得到第二个反对意见，它公开承认这类动机：不可以对宗教进行批判性的考察，因为它是人类灵魂所产生的最高级、最珍贵和最崇高的事物，因为它表现了最深厚的情感。而且唯有它，才使世界对人们变得包容，生活对人们来说变得有价值。我们无须争论宗教的这种价值，而须关心另外的事。应该强调下述事实：问题的根本不是科学精神侵犯了宗教领域，恰恰相反，是宗教侵犯了科学精神领域。无论宗教可能具有多少价值和重要性，无论如何，它都无权限制思想，因而，无权拒绝对它进行思考。

科学思维本质上与一般的思维活动并无不同之处。而后者，则是我们大家，包括信教者和不信教者，用以照管日常事件的活动。科学思维形成了某些特点：它对那些缺少直接和实在效用的事情也感兴趣；它谨慎地避免个人因素和情感影响；它更严格地考察那些作为结论基石的感知觉的可行性；它用那些使用日常方法不可获得的新知觉来充实自己，并在有意识加以调整的实验中，把这些新知觉的决定因素分离出来。它努力达到与现实，也就是与存在于我们之外，不依赖于我们的东西相一致。正如经验告诉我们的，这种努力决定着我们的愿望能否实现。把那种与外部真实世界的一致称为"真理"，即使我们不考虑科学研究的实践价值，它也是科学研究的目标。因此，当宗教宣称它可能取代科学的地位，并宣称因为它对人是有益的，并使人高尚，所以它必定也是真的时候，这实际上就是一种侵犯。而为了绝大多数人的利益，我们应驳斥它。人们已学会如何根据经验法则和现实来处理自己的日常事务，现在若要求他们把切身的利益完全托给自由行使职能，而不受理性思维制约的一种权威，这未免有些太过分了。说到宗教向其信徒承诺的保护，我想，如果汽车司机宣称，他驾驶汽车绝不受交通规则的约束,而是根据他那异想天开的冲动,那么我们当中没有人会打算坐到他的车中。

宗教做出的限制人思想的禁律,会危及个人和人类社会。分析的经验已告诉我们:虽然像这样的禁律最初是局限于某个特殊领域,但它往往向外扩张,后来便成为患者日常行为中各种严厉抑制的起源。该结果也可在女性性生活中找到,这些女性甚至在思想上都不准涉及性。传记可以表明,几乎所有已故的名人,在其生活经历中都受到因宗教对思想的限制而引起的伤害。另外,理智是一种力量,在对人类施加一种统一的影响方面,我们可以对它抱有极大的希望——人类是很难团结一致的,因此几乎难以实行统治。可以想象,只要每个人都拥有自己的乘法表和度量单位,人类社会的存在是不可能的啊!我们对将来最好的希望是,理智——科学精神,理性——能够逐渐在人类心理生活中建立起主宰地位。理性的本质是一种保证,保证它以后不会忘记给予人类的情感冲动,以及给予其所决定的东西应有的地位。但是,这样一种理性统治所实行的普通制度,将被证明是团结人类的最有力的纽带,并将引向进一步的团结。无论是什么,只要它像制约思想的宗教戒律那样,反抗这样的进步,它对人类的未来而言就是一种危险。

于是,人们会问,宗教为什么不以下述坦率的声明来结束这场对它而言毫无希望的争论呢:"事实是,我不能给予人们一般所谓的'真理',如果需要那东西的话,就应坚守科学。但是,我要提供的,相对人们能从科学中所获得的一切而言,是更美丽、更令人宽慰,也更使人高兴的东西。因此,宗教是另一更高级含意上的真理。"这个问题不难回答。宗教不可能做出这样的承诺,因为这将使它丧失所有对人类大众的影响。一般人只知道一种真理,即日常语言意义上的真理。他无法想象更高级的或最高级的真理会是什么样子。对他而言,真理似乎与死亡一样,是没有等级和程度之分的,他无法从美飞跃到真,也许会像我一样,认为他在这一点上是正确的。

因此,斗争尚未结束。宗教宇宙观的支持者信奉一句古老的格言:最好的防御是进攻。他们问道:这种科学是什么?它竟倨傲地诽谤我们的宗教——我们几千年来一直给无数人带来帮助和安慰的宗教？它迄今为止实现了什么呢？今后我们能期望从中获得什么呢？它自己也承认，它无法带来安慰与兴奋。暂且不谈这些问题，但这丝毫不意味着它们不重要。它的理论又怎么样呢？它能告诉我们宇宙是怎样产生的以及宇宙产生之前是什么样的吗？它能描绘一幅清晰的宇宙图景吗？或向我们表明在那里可以找到无法解释的生命现象或说明心灵力量怎么能作用于无生命物质吗？如果它能够回答这些问题，我们就不得不对它表示尊重。但至今它尚未解答任何一个问题。它提供种种所谓发现的碎片，而无法使之相互协调，它收集事件发展过程中一致性的观察材料，并把这种种一致性称为法则，诈出其狂妄的解释。科学赋予其发现的必然性是多么微小啊！它教导我们的一切都仅仅暂时是正确的：今天被称赞为最明智的东西，明天可能被否认，而代之以别的东西，尽管这东西将再次被证明仅仅是暂时的。于是，最新的错误被认为是真理。而且，为了这个真理，我们将牺牲我们的最高利益。

我想，只要自己是受上述言论冲击的科学宇宙观的支持者，这种批评就不会过于严重地动摇自己的信心。在此，我要提起一段曾传遍奥匈帝国的话。有一次，那个"恶魔"对着他所厌恶的议会大声咆哮："这不是一般的反对意见！它是派别性的反对！"与此类似，正如人们所知，宗教以一种不公正的、邪恶的方式，夸大地指责科学尚未解决有关宇宙的问题。科学的确还没有足够的时间来取得这些伟大的成就，因为科学还非常年轻——是较晚形成的人类活动。仅选几个日期为例，我们应该记得，开普勒发现行星运动法则距今只有大约300年；把光分析为各种颜色的光谱，并建立万有引力定律的牛顿逝世于1727年，也就是说，距今不过200多年；拉瓦锡仅是在法国大革命前不久才发现氧的。相对于人类发展的历程，个体的生命是极其短暂的。现在我可能是一个年事已高的老人了，然而达尔文出版其著作《物种起源》时，我却早已出生了。同年即1859年，镭的发现者居里夫人也诞生了。即使再往前追溯，一直追溯到希腊时期精密科学的起源，追溯到阿基米德，追溯到哥白尼的先驱、萨姆斯岛的阿里斯塔恰斯，甚至追溯到巴比伦时期天文学的最早开端，也只不过涵盖了人类学家所确定的人类，从类人猿形态进化到人的肯定是十几万年的历史长河中的一小段。而且，我们应该记得，19世纪产生了如此丰富的新发现，带来了科学如此迅猛的进步，以至于我们完全有理由对科学的前景充满信心。

在一定程度上，我们必须承认上述批评的正确性。科学的前进的确是缓慢的、摇摆不定的和艰辛的。这一事实无可否认或改变。难怪在另一个阵营中的先生们感到不满意。他们被宠坏了："天启"使得他们过得安逸自在。科学研究的进展一如精神分析的进展。我们把各种期望带入工作中，而这些期望又必须严格地加以控制。在观察中，我们时而在这里，时而在那里，会发现某种新东西，但一开始，它们只是一些不能黏合的碎片。我们提出推测，建立假设，倘若没有得到进一步证实，我们就必须放弃这些推测和假设。我们需要巨大的耐心和准备，用以等待任何意想不到的事情。我们放弃了早期的信仰，以免因它们而忽视那些意想不到的因素，最后我们付出的所有努力都有了回报，那些支离破碎的发现自行组合起来了。我们因而洞察到精神事件的全貌，这样我们就完成了自己的任务，可以从事进一步的工作了。但在分析中，不得不在没有实验所提供的帮助下进行研究。

宗教在对科学的批判中存在着大量的夸张。它认为科学盲目地从一个实验摇摆到另一个实验，用一个错误取代另一个错误，这都不是真的。科学通常像雕塑家摆弄自己的泥制模型，孜孜不倦地修改着这一样稿或者往上加点什么，或者拿掉一些什么，直到达到一种满意的程度，即他感到作品与他所看到或想象的物体相似为止。此外，至少在那些更古老和更成熟的科学中，甚至今天仍然存在着一种坚实的基本原理，它只是被修改过和改善过，却没有被推翻。在科学活动中，情况看起来并不像批判中的那么糟糕。

对科学的这些猛烈的污蔑最终又是为了什么？尽管科学目前还不完善，而且困难重重，但对我们而言，科学仍是必不可少的，没有什么东西可以取代它，它可以取得意想不到的进步。而宗教的宇宙观则不然，它的要点完美无缺，如果它曾经是谬误，那么它肯定永远都是谬误。它对科学的贬低绝不可能改变这样的事实：科学正在努力考虑到我们对外部真实世界的依赖性，而宗教却是一种幻想，它的势力来源于我们各种本能的欲望性冲动。

我有责任接着考察与科学宇宙观相对立的别的宇宙观，但我极不情愿这样做，因为我知道，严格地说，我没有能力评判它们。在此，我必须首先提及哲学的各种不同体系，它们敢于根据那些多半是遁世的思想家的想法来描绘宇宙图景。我已经努力对哲学的特征作了普遍的考察，但我恐怕不具备少数人那样的资格，因为他们曾经建立了对哲学不同体系的评价。

第一种宇宙观好似政治上无政府主义的复本，而且可能就来源于它。当然，过去就已有这种理智的虚无主义者，而现代物理学的相对论似乎冲昏了当今虚无主义者的头脑。他们的确是从科学出发的，但他们设法迫使科学自我取消，乃至自绝，他们派给科学一项任务，即通过否认自己的各种权利来消除自身。在这方面，人们通常认为，虚无主义仅仅是一种暂时的态度，上述任务一完成，它就不复存在了。一旦科学被消灭了，这个空出的空间就可能被某种神秘主义填满，或者被陈旧的宗教宇宙观所填满。按照无政府主义理论来讲，并不存在像真理那样的事物，即对外部世界的确定认识。我们所公布的像科学真理的一切都不过是自身需要的产物，因为这些需要一定会根据外部条件来获得满足，这再一次证明，它们是幻想。归根到底，我们只能发现需要的东西，只能看到想看的东西，这是绝无例外的。因为真理的标准——与外部世界相一致——是不存在的，它与我们采取什么样的观点毫不相关。它们都同样正确或同样错误。任何一个都无权指责另一个是错的。

对认识论有兴趣的人可能发现，探索那些无政府主义者，借以成功地从科学中得出上述结论的途径——诡辩论——是富有诱惑力的。无疑我们将会遇到类似于那些来自众所周知的科里特人的悖论中的情况，科里特人说所有的科里特人都是撒谎者。但我既不希望也没有能力对这个问题做深入的探讨。我所能说的一切就是，只要这种无政府主义理论涉及关于对抽象事物的看法，它听起来就具有神奇的优越性，但它向现实生活迈出的第一步就是不成功的。现在，人们的行动是由他们的观点和知识支配的，正是这个同样的科学精神推测出原子的结构或人类的起源，设计了一架能够承受重物的桥梁结构。假如我们信仰的一切均无足轻重，假如根本不存在知识与现实相符而相悖于我们的观念的情形，那么我们就可以用硬纸片，而不是用石头来造桥，就可以把催泪瓦斯而不是乙醚当作麻醉剂。即使是这些理智的无政府主义者，也将强烈地否认他们的理论在实践上的这种应用。就上述有关精神分析与宇宙观问题的关系做一个总结，我认为，精神分析没有能力创建自己的宇宙观。它并不需要自己的宇宙观；它是科学的一部分，所以能够遵循科学的宇宙观。但是，论述这种关系几乎不值得用如此宏大的标题，因为科学宇宙观并非包罗万象，它极不完善，也不被认为是自足的，能建构种种体系。人类的科学思想仍然很幼稚，还有太多的重要问题尚无法解决。建立于科学之上的宇宙观，除了对外部真实世界的强调之外，其性质主要是消极的（例如，服从真理，拒绝幻想），若有人不满于现状，要求获得比现在更多的暂时安慰的地方，他们尽可以到能得到这种安慰之处去寻找。对此，我们无可指责，也帮不上忙，但是不能因为他们而改变我们的思考。

四十二、生活的真正价值

简直不可能不得出这样的印象：人们常常运用错误的判断标准——他们为自己追求权力、成功和财富，并羡慕别人拥有这些东西，他们低估了生活的真正价值。但是，在做出任何这类总的评价时，我却可能忘记了人类社会和人类的精神生活是五彩斑斓的。有某些人对同时代的人，并不隐瞒他们的羡慕之情，尽管他们的丰功伟业与大多数人的理想和追求毫不相关。无疑人们可能认为，毕竟是少数人羡慕这些伟人们，而大多数人是对他们漠不关心的。但是，由于人们的思想和行动的差异性，以及愿望性的冲动千差万别，事情大概并不这么简单。

在这极少的人中，有一个人在给我的信中自称是我的朋友。我曾经把我那本认为宗教是幻想的小册子送给他，他回信说完全同意我的宗教观点。但是，他感到遗憾的是我没有正确认识到宗教情感的真正根源。他说，这种根源存在于一种独特的感觉中，他本人一直有这种感觉，并发现其他的许多人也如此。于是，他就认为上百万的人也如此。他把它称为对"永恒"的感觉。这种感觉是无边无际的，如同"海洋般浩瀚"。他继续说这种感觉完全是主观的事实，不是信条，它不能使人长命百岁，但它却是宗教力量的源泉。各个宗教派别和宗教体系都利用它，把它引入特定的渠道，毫无疑问也详尽无遗地研究它。他认为，只要具有这种海洋般浩瀚的感觉，就可以说是信教的，即使他反对一切信仰和一切幻想。

我极其敬重我的这位朋友，他在一首诗中曾经赞颂过幻想的魔力。他的观点使我遇到很大困难。在我身上体验不到这种"海洋般浩瀚"的感觉。很难科学地研究它。人们可能试图描述它们的生理现象,但这是不准确的(我想对"海洋般浩瀚"的感觉也不适于作这类描述),结果只能求助于某种观念性的东西,因为它很容易与这种感觉发生联系。如果我没有错解我的朋友的话,那么他所指的"海洋般浩瀚"的感觉即是一种慰藉,就像当剧中主角面临着玩火自焚的危险时,一个不同寻常的有点古怪的剧作家给予他的那种慰藉一样。"我们不可能脱离这个世界。"也就是说,这是一种牢固结合的感觉,是与外部世界联结为一体的感觉。在我看来这似乎是一种理智的认识,当然,这种认识实际上总是伴随着感情色彩的。然而,在同类的其他思维活动中也会有类似的现象。从自己的经验来讲,我不能让自己信服具有这种慰藉性质的感觉,但是不否认它确实存在于其他人身上。问题的关键在于是否能正确地解释它,是否应该把它看作是宗教全部需要的根源。

对于这个问题的解决,我提不出什么具有决定意义的建议。通过一种一开始就是致力于使人和世界结为一体的目的的直接的感觉,人们知道了他们与周围世界的结合——这种观念是不可思议的,是与我们的心理结构相悖的。因此,有必要寻找一种精神分析的方法,即发生学的方法来解释这种感觉。下面的思维线索说明了这一点。通常没有比对自己或自我更确定的感觉了。在人们看来,这种自我似乎是独立存在的、单一的、与其他一切大相径庭。但是,这种看法是站不住脚的。恰恰相反,自我向内延伸到一种潜意识的精神存在中,我们称为本我。二者之间没有什么明显的界限,自我是掩饰本我的门面。上述发现最初产生于精神分析的研究中,这一研究在自我与本我的关系方面,还有许多东西将会告诉我们。但是,对于外部世界,自我似乎总是保持泾渭分明的界限。只有一种状态——一种公认为不平常但不应贬之为病态的状态——在这种状态中,自我不保持它与外界的界线:在恋爱的较高境界中,自我与对象的界线有消失的可能。热恋中的人宣称"我"和"你"是一体的,并且表现得好像这是真的,尽管他的各种感觉现象与此相悖。生理（即正常）作用能够暂时消除的东西当然也会受到疾病的搅扰。病理学使我们认识到许多状态，在这些状态中，自我和外部世界之间的界线变得模糊不清，或者说事实上被错误地确定下来。在某些情况下，一个人自己身体的各个部分，甚至精神生活的认识、思想、感觉对他来说都变得很陌生，不像他自我的一部分；在另外一些情况下，把显然来自他的自我而且应该得到自我确认的事情归到外部世界。因此，即使我们的自我都可能失调，但自我的界限也是不固定的。

　　进一步的探索告诉我们，成年人的自我感觉不可能生来就是如此的，它一定有一个发展过程。当然，这是不能用实例表明的，但是在很大程度上，却可以在思维中将其组建起来。吃奶的婴儿还没有把自我与作为他的感觉来源的外部世界分开。在对各种刺激的反应中，他逐渐学会了区分。他一定会深深地认识到某些兴奋的来源，并在任何时候都是可以感觉到的，而另外一些来源有时是感觉不到的，只是在他大哭着求援时才能得到，例如，最渴望得到妈妈的乳房。这样，第一次出现了与自我相对的"对象"，它从存在于"外部"的事物的形式中出现，只有采取特殊的行动才能促使它出现。区分自我与综合的感觉即关于"外部"或者外部世界的认识的更深的刺激是由痛苦和不快的感觉提供的。这种感觉是经常出现的、多样的、不可避免的，只有在快乐原则无所限制地发挥时，才能消除和避免这种感觉。这时就会出现一种趋势，要从自我中区分出一切不快的根源，把它抛到外面，以便建立一个与陌生的而且具有威胁性的"外部"相对抗的纯粹的快乐的自我。这种单纯的、快乐的、自我的界线还要受到经验的更正。人们不想放弃某些东西，因为它们能带来快乐，但这些东西却不是自我而是对象；人们想极力避免的某些痛苦，实际上却与自我不可分割，因为这些痛苦来源于内部。人们逐渐掌握了一种方法，即通过感觉活动的、有目的性及适宜的肌肉活动，可以区分什么是内部的（属于自我的），什么是外部的（来自外界的）。这样，人们就向在将来发展中占据主导地位的现实原则迈出了第一步。这种划分当然具有现实意义，它使人们能够抵御所感受到的，或者可能降临到头上的不快感觉。为了抵挡来自内部的不快的兴奋，自我所采取的办法与它用来抵挡来自外部的不快的方法是一样的，而且这就是许多疾病的出发点。

这样，自我就与外部世界分离了。或者更确切地说，最初自我包括一切，后来它从自身中分出一个外部世界。因此，我们现在的自我感觉只是一个范围更广的，甚至包罗万象的感觉——它相当于自我与它周围世界的更为密切的联结——的凝缩物。如果说在许多人的精神生活中，上述最初的自我感觉在某种程度上一直存在着，那么它与范围更狭窄、界限更分明的成熟的自我感觉是并存的，就仿佛是成熟的自我感觉的同胞姐妹。在这种情况下，与最初的自我感觉相对应的观念，肯定是无边无际的观念和与宇宙牢不可分地联系在一起的观念，这与我的朋友所阐述"海洋般浩瀚"的感觉是一样的。

但是，是否能说最初存在过的事物的残存物，与后来从其中衍生出来的事物并存呢？完全可以这么说。无论是在精神领域还是其他领域，这种现象都是毫不奇怪的。在动物的王国里，我们认为最高级的物种是由最低级的物种发展来的。但是，发现所有的低级形式至今仍然存在。蜥蜴类已经发展成哺乳动物，原来的蜥蜴绝种了，但是它名副其实的代表——鳄鱼，仍然生活在我们的这个世界上。这个类比也许跟我们的问题相差太远了，而且由于生存下来的较低级的物种在大部分情况下，并不是今天已经发展到较高级阶段种类的真正祖先，所以这个类比也不够充分。一般的规律是两者之间的中间环节已经消失了，只有通过推想才能为我们所认识。另外，在精神的王国中，原始的东西与在它基础上产生的改变了的东西是并存的，这是极其普通的，因此没有必要再举例加以论证。这种情况的发生通常是由于在发展中出现了分叉，即（在数量意义上的）一部分态度或本能冲动保持不变，而另一部分却向前发展了。

由此又产生了一个更广泛的问题——精神区域中的保存问题。这个问题几乎还没有研究过，但是它很吸引人，而且很重要。我们不妨来探讨一下，尽管这里的理由不很充分。由于纠正了错误，不再认为我们所熟悉的遗忘是记忆痕迹的破坏，即记忆痕迹的消亡，我们倾向于采取相反的观点，即在精神生活中，一旦形成了的东西就不会再消失了。在某种程度上，一切都被保存了下来，并在适当的时候，例如，当回复倒退到足够的程度时，它还会再出现。从另一个角度打个比方来理解这个问题。我们以"永恒的城市"的历史为例。历史学家告诉我们最古老的罗马是四方城，它是位于巴勒登山丘上用栅栏围起来的居住点。接下来的是七山城阶段，这是由在不同丘陵上的居住点组成的联盟。再往后是用塞维路城墙围起来的城市，继它之后，经过共和国与恺撒的早期阶段的变动，形成了由奥瑞里安皇帝用他的城墙围起来的城市。我们不再追溯这个城市所经历的变化了。但是，我们要提出一个问题。假如有一个历史和地形知识渊博的人来到这里，他还能找到多少早期阶段的遗迹呢？除了一些缺口，他会看到奥瑞里安城墙几乎没有什么改变。在某些地方，他可以看到挖掘出土的塞维路城墙。如果他所知道的比考古学所了解得更多，他大概能够从城市的构图中发现这个城市的所有部分以及四方城的布局。至于这个地区原来的建筑物，他会找不到，也许只有很少的废墟，因为它们都不存在了。有关罗马共和国时期的最丰富的知识不过是使他能够指出那个时期的庙宇和公共建筑的遗址。这些地方现在已成为废墟，但是，不是共和国时期的建筑物的废墟。而是火灾和破坏之后重新建造的那些建筑物的废墟，几乎没有必要指出，所有这些古罗马的遗迹都与文艺复兴以来经过几个世纪发展起来的大都市混杂在一起了。当然，古代的遗物并没有至今仍被埋在这个城市的土壤中或是现代建筑物之下。这就是过去的东西保存在历史遗迹中的方式。

现在，让我们插上想象的翅膀，假设罗马不是人的居住地，而是具有同样长时间的、同样丰富内容的经历的心理实体。在这一实体中，一经产生的事物就不会消亡，所有发展的早期阶段与晚期阶段并存。这就是说一直到被哥特人围攻时，罗马恺撒和塞弗尤斯宫殿，仍然像原来一样宏伟地屹立在巴勒登山丘上，圣安吉罗堡的城垛上仍然有着美丽的塑像为城市增色。但是，不仅如此，在卡法累利宫的所在地之上，还屹立着朱庇特·卡彼托尔神庙，卡法累利宫则不必被迁移，而且这个神庙不仅保持当时的那种形态，就像罗马帝国所见到的那样，还具有它最早的形态，仍然体现着伊特刺斯坎人的风格，仍然用玻璃砖的檐口式装饰。在现在圆形大剧场的地方，我们可以同时赞美尼禄时代消失的金门。在万神祠广场上，我们不仅可以找到今天的万神祠，即由哈德良传给我们的万神祠，在这同一个地方，还可以找到拉格瑞帕人所建的最初的大厦，在同一块土地上，矗立着圣母玛利亚教堂和建筑在它对面的古老的米涅瓦神庙。观察者大概只需要改变他的视线或位置就可以看到其中的一个。

很显然，没有必要再进一步展开我们的想象了，因为这可能导致不可想象的甚至是荒诞的事物。如果要在空间上表现历史顺序，只能通过在空间上进行并列的方式，因为在同一个空间内不能同时存在两个不同的物体。我们上面的类比好像是个无聊的游戏，它只有一个理由：它向我们表明通过形象的描述，我们距离掌握精神生活的特性还有多远。

还要考虑到一个异议。人们也许会问，为什么我们偏偏选择一个城市的过去来与精神的过去进行比较。一切过去的事情都被保存下来的假定甚至适用于精神生活。但有一个前提，精神器官必须完整无缺，而且它的组织没有受到过创伤或炎症的损害。但是，破坏因素可以被比作病因，这在一个城市的历史中是司空见惯的，即使这座城市不像罗马的过去那样盛衰无常，或即使它像伦敦那样，几乎没有遭受过敌人的入侵。楼房的拆毁和更新可以出现在一个城市发展中最平静的时期。因此，一座城市从本质上讲是不适合与这类精神有机体进行比较的。

我们同意这种异议，放弃进行鲜明对比的想法，而是用联系更为密切的事物进行比较——动物的身体或人的身体。但是，这里也会发现同样的情况。发展的早期阶段绝对没有保存下来，它们已经被融于晚期，并为晚期提供材料。在一个成年人身上是找不到胚胎的。童年的胸腺在青春期被结缔组织代替后就消失了。在成年人的髓骨中，固然可以找到小孩骨骼的痕迹，但是小孩的骨骼本身已经消失了，它不断地增长、增厚，直至获得成熟的形态。事实就是如此，只有在精神中，早期阶段和最后的形态才有可能并存，我们不可能形象地描述这种现象。

也许应该满足于这样的结论，就是精神生活中的过去可能被保存下来，而不是必然被破坏。总是存在这种可能性：即使在精神中，无论是在事物的正常发展中，还是在例外的情况下，某些过去的事情被忘却了或者被吸收了，结果，无论怎样都不能恢复它们的原状或生机。或者存在着这种可能性：一般来说保存是依赖于一定的有利条件的。这是可能的，但是我们对它一无所知。我们只能笃信在精神生活中过去的保存是一条规律而不是例外。

因此，我们完全赞同许多人有"海洋般浩瀚"的感觉，把它追溯到自我感觉的早期阶段。于是又产生了一个问题：是什么东西要求必须把这种感觉视为宗教需要的根源的？

对我来说，这个要求并不那么吸引人。如果感觉本身是一种强烈需要的表现，那么它毕竟只能是一个能源。我认为宗教的需要，无疑是从婴儿的无能为力和由此引起的对父亲的渴望中衍生出来的，尤其因为这种感觉不仅超出了童年时代，而且由于恐惧命运的至上权力，它被永久地保存了下来。我认为童年时代没有任何需要能超过对父亲保护的需要。因此，力图恢复无限自恋的"海洋般浩瀚"的感觉所引起的作用被从显要的位置上驱逐了。宗教态度的根源可以很清楚地追溯到婴儿无能为力的感觉。也许，在它背后还隐蔽着什么，但是目前还没有研究清楚。

我可以想象到"海洋般浩瀚"的感觉后来与宗教发生了联系。"与宇宙同一"构成了宗教的观念内容，它好像是把宗教当成慰藉的第一个尝试，就仿佛它是消除自我感到的、来自外界的、对它构成威胁的危险的另一种方法。我再一次承认很难研究这些几乎是不能感知的因素。我的一个朋友如饥似渴地追求知识，做了异乎寻常的实验，最后获得了极为广博的知识。然而，他向我保证说，通过瑜伽修行、从尘世隐遁、注意身体的功能和使用独特的呼吸方法，你可以在你身上激发起新的感情和一种感觉。他认为它们是像很久以前就被遮掩的精神的原始形态的回复。他从中看到了可以说是神秘主义的智慧重要的生理学基础。在这里不难找到一些与精神生活的某些难以解释的变化的关系，如入迷和忘我状态。但是，我要用席勒的潜水者的话来说：

……让他欣悦吧，
那在玫瑰色的光芒中呼吸的人。